知識ゼロからの東大講義

坪井　貴司

丸善出版

まえがき

21世紀の初頭にヒトの体の設計図にあたる遺伝情報（ヒトゲノム）が解読されました。これによりさまざまな生命現象や病気が発症するしくみについて分子レベルで説明できるようになったといっても過言ではありません。そのため、21世紀は生命科学の時代ともいわれます。生命科学とは、ヒトを含むさまざまな生物の生命現象を取り扱い、生物学・生化学・医学・心理学・生態学や社会科学・倫理学・法学などの分野と結びつき、総合的に研究を行う学問です。その発展が、ヒトの理解や医療にもたらした恩恵ははかり知れません。

生命科学の飛躍的な進歩の影響からか、最近、新聞や雑誌、インターネットで、ヒトの健康や病気、ダイエットやサプリメントなどに関するさまざまな情報を頻繁に目にするようになりました。これらの情報は玉石混淆で、なかには人の弱みに付け込んだ明らかに間違っているものも含まれていたりします。その中から正しいものだけを取捨選択して、私たちの体や健康を守るためにはどうすればよいのでしょうか。それにはやはり、巷にあふれる情報を鵜呑みにするのではなく、正しい生命科学の観点から、自らの推論に基づいて判断できるようになる、つまり生命科学リテラシーを高めることが、これからの現代社会を生きる私たちにとって必要だと考えられます。

大学に入学してくる理系の学生たちの多くは、大学入試の受験科目で生物を選択していません。生物の代わりに、物理と化学を選択しています。学生たちに話を聞くと、生物を選択しなかった一番の理由は、生物は暗記科目で（確かに覚えるべき専門用語の数は２０００語以上あります）、点数を稼ぎにくく入試で不利だからというものでした。それに加えて、物理と化学は、理論さえ理解していれば満点を目指せるので、生物を積極的に選択する理由がないとも言われました。理系でこのような状況ですから、文系の学生にとって生物という科目は、受験に不利で暗記も多いので勉強したくない科目だと思われているようです。そのため、大学に進学してから一度も生命科学に接することなく、そのまま社会へ旅立っている学生もいます。

このような学生の状況をふまえ、生物を勉強したことがない人でも、ある程度の正しい生命科学の知識を身につけ、私たちの身近にある問題、たとえば、アレルギーはどのように発症するのか、がんはどのようにして発生するのか、生活習慣病はどのようにして起こるのか、コラーゲンを摂取すると美容に良いのか、といった事柄について、文系理系に関係なく自らの言葉で説明できるようになる、また生命科学について知的好奇心を持ってもらうきっかけになればとの思いで、生命科学の講義をしています。

と、大層なことを言いましたが、文系の学生や生物を選択しなかった理系の学生に対して、最先端の生命科学の知識を伝えるのは至難の業です。そもそも生命科学に苦手意識のある学生は、すこしでも講義がつまらないと寝てしまうか、私語を始めてしまいます。講義中にバタバタと学生が寝ていく姿を見るのはつらかったです。恥ずかしい話、講義を初めて担当した年の授業評価アンケートは、「難しすぎる」「眠かった」と散々な評価をもらいました。

どのような講義をすれば学生に興味を持ってもらえるのか、今でも悩んでいます。いろいろと試行錯誤を重ね、今ではありがたいことに、「今学期で一番わかりやすい講義だった」「はじめは興味がなかったが面白かった」「文系といえども自分の体のことについてくらいは科学的見識を持って然るべきだと思った」といった評価をもらえるようになりました。

本書は、筆者の東京大学教養学部での講義をベースに、他大学で受け持っている複数の講義の要素も取り入れ、学生たちが興味を持った数あるトピックスの中から選別して執筆しました。そして本書のタイトルを「ヒトの生物学」としました。これは、みなさんがこれまで学んだことのあるなじみの深い「生物学」と、その生物学に含まれない「ヒトの病気」について取り扱うことを強調したかったためです。また本書は、大学生だけでなく、年齢を問わず生命科学に興味のある一般の方や中高生にもお読みいただきたいという思いから、できるだけわかりやすい記述を心がけ、講義の臨場感を少しでも残すために、講義で実際に使っているたとえや雑談も織り交ぜています。ただ、お伝えしたいことがあふれてしまい、内容を詰め込み過ぎている部分があったり、専門的な言葉や内容が出現したりするため、部分的に難しく感じる箇所があるかもしれません。ですが、身近なトピックスが次々に登場しますので、難しいところは気にせずに読み飛ばしていただいて、まずは気になるところから読み始めてみてください。

本書が完成するまでには非常に多くの方々のご尽力を賜りました。東京大学大学院総合文化研究科生命環境科学系坪井研究室のみなさんには、若者ならではの視点や意見、イラスト作成に協力して頂きました。旧知の友人からは、異業種ならではの斬新な意見や温かい激励を頂きました。石坂公成先生と多田富雄先生の貴重なお写真と資料を、関係者の皆様のご厚意により掲載させて頂くことができました。そしてこのような機会を与えてくださった丸善出版株式会社、的確なアドバイスをくださった米田裕美さんのおかげで本書を世に出すことができました。この場をお借りして皆様に厚く御礼を申し上げます。

本書を通して、ヒトの生命現象の不思議を味わっていただければ、筆者として大きな喜びです。そして私たちの体の細胞ひとつひとつに想いを馳せながら、「いのちをより良く生きる」ためのヒントになれば幸いです。

さあ、「そうだったのか！」が満載のヒトの生物学の世界へようこそ！

2019年10月

坪井貴司

目次

ウェブサポートページのご案内

本文103、188、237ページのQRコードより、動画をご覧いただけます。

弊社サポートページ https://www.maruzen-publishing.co.jp/info/n19674.html にも同様の動画およびそれらの詳しい情報を掲載しています（パスワード：zero_bio）。

＊なお、本サービスは予告なく変更、または停止、終了することがございますので、予めご了承ください。

知識ゼロからの東大講義

そうだったのか！

ヒトの生物学

序章

春の風物詩といえば、花粉症。花粉症とは、スギやヨモギ、シラカンバなどの植物の花粉が原因で起こるアレルギー反応のことです。花粉症は、今や国民の約3割が悩まされ、経済的損失は3000億円にものぼるといわれます。花粉以外にも、ハウスダストやカビ、さらにはディーゼル排気ガスや黄砂、PM2・5などによってもアレルギー反応は起こります。そのため、部屋をまめに掃除してハウスダストやカビを減らすことが、アレルギーを引き起こさないために重要です。

2005年、当時東京都知事だった石原慎太郎氏は、公務で多摩地域を訪問した際、花粉症を初めて発症しました。石原氏は、花粉症の症状に相当悩まされたのか、花粉症の撲滅に立ち上がりました。具体的には、従来のスギと比べて花粉量がたった1%しかないスギを、現在植わっているスギと植え替えるという事業を開始したのです。残念ながらその効果が出るまでに100年以上は必要だといわれているので、花粉症である私は、死ぬまで花粉症と付き合わなければならないようです。では、なぜ花粉によってアレルギーが引き起こされるのでしょうか?

▼クラゲとアレルギーの意外な関係

アレルギーの発見は、20世紀初頭の1901年、モナコで数多くの海水浴客が「カツオノエボシ」（通称、電気クラゲ）に刺され、亡くなったという事故がきっかけです。モナコといえば、モナコ大公レーニエ3世と結婚した女優のグレース・ケリーを思い浮かべるかもしれません。事態を重く見たモナコ大公アルベール1世は、実験室を完備している自身のヨットに、ソルボンヌ大学のシャルル・ロベール・リシェと、パリ海洋学研究所のポール・ポワチエを呼びつけ、カツオノエボシに刺されるとなぜ人は死ぬのか、その原因を探るように言いました。リシェとポワチエは、7月にフランス南東部の地中海に面した都市、トゥーロン港を出発し、8月初頭ヴェルデ岬（アフリカ大陸最西端のセネガル領域内の岬）付近で、カツオノエボシを大量に採取しました。そして、ヨット上で、カツオノエボシの毒素を抽出することに成功しました。陸に戻り、この毒素をハト、アヒル、モルモット、カエルに注射すると、注射された動物は、麻痺して眠るように即死したのです。そこでこの毒素をギリシャ神話の「眠りの神」の名である「ヒプノス」と、古代ギリシャ語で毒という意味の「トキシン」を組み合わせ、「ヒプノトキシン」と名づけました。つまり、このヒプノトキシンの毒が原因で人は死ぬと、リシェは考えたのです。

1902年、フランスに帰国したリシェとポワチエは、生物の毒に魅了されたのか、パリでも容易に入手できるイソギンチャクに注目しました。そして、イソギンチャクから毒素を抽出することに成功しました。リシェは、イヌにイソギンチャクの毒を大量に注射しました。すると、即死することがわかりました。しかし、死なない量の毒素をイヌに注射すると、イヌはくしゃみや鼻水を流すことを発見しました。そして1か月後、このイヌに、前回注射した毒素よりも少ない量の毒素を注射すると、出血、嘔吐、呼吸障害などの強烈なショック症状を起こして死ぬことを発見しました。

これらの結果からリシェは、生物の毒が直接死を引き起こすのではなく、毒が体内に入ることで、血中に何らかの物質が増加し、その増加した物質によってショック症状が起こり、死に至ると考えたのです。そしてこの現象を、「防御（ギリシャ語でphylaxis）がない状態」という意味で、否定の接頭語であるaをつけて、aphylaxie（アフィラキシー）と名づけました。しかし、アフィラキシーでは発音しにくいため、aではなく、同じく否定の接頭語であるanaをつけて、1902年にanaphylaxie（**アナフィラキシー**）と名づけました[1]。スズメバチに刺されてショック死した人は、アナフィラキシーショックが原因で死亡したと報道されることがありますが、このアナフィラキシーという言葉は、リシェが作り出したのです。

この「アナフィラキシーショックの発見」でリシェは、1913年のノーベル生理学・医学賞を受賞しました。ちなみに、2008年のノーベル化学賞は、オワンクラゲが持つ緑色に光る蛍光タンパク質を発見した下村脩(しもむらおさむ)に贈られました。クラゲの毒を調べることがアナフィラキシーショックの発見につながったり、クラゲが光る原因を調べることが、その緑色蛍光タンパク質でがん細胞を光らせて、がんが転移するしくみを解明することにつながるなんて、誰にも予想できません。今は何の役に立つかわからず脚光を浴びていない基礎研究でも、必ず価値はあるのです。

▼伊達政宗と夏目漱石の共通点

伊達政宗といえば、独眼竜。なぜ政宗は、右目を失ったのでしょうか。原因は、**天然痘**ウイルスが眼に感染したためだといわれています。天然痘ウイルスは、致死率が高く、治癒した場合でもひどい「あばた」を残します。そのため、眼に感染すると失明してしまうのです。実は、夏目漱石も天然痘に感染し、自分の容姿に劣等感を抱いていたといわれています。当時から撮影した写真に修整を加えることが普通だったので、今残っている夏目漱石の写真にはあばたの跡が見られません。

この天然痘、日本では1955年に根絶され、1980年5月8日の世界保健機関（WHO）の総会で、地球上から根絶されたと宣言されました。つまり、現在の自然界には、天然痘ウイルスは存在しません。さて、この天然痘ウイルスの感染を防ぐためには、**ワクチン**を接種する必要がありました。天然痘ワクチンを接種すると、接種後1週間ぐらいから皮膚に水疱（すいほう）が現れ、3週間するとかさぶたができます。オーストリアのクレメンス・フォン・ピルケは、天然痘ワクチンを2回接種すると、1回目の接種よりもすばやく、しかも1回目よりもさらに大きな水疱ができることを発見しました。1906年にピルケは、この反応をギリシャ語の「変わった」を意味する allos と、「反応」を意味する ergo を組み合わせ、allergie（**アレルギー**）と名づけました。ピルケは、このアレルギーを、免疫反応とアナフィラキシーの両方を含む概念として提唱しました。しかし現在では、アレルギーとは、免疫反応が引き起こす体への障害を指します。アナフィラキシーショックやアトピー性皮膚炎などがその良い例です。

▼アレルギーとアナフィラキシーショック

その後、世界中の研究者たちは、アナフィラキシーショックやアレルギーを引き起こす、血中に存在する物質を探しました。1932年、英国のヴィルヘルム・フェルトベルクがアナフィラキシーを起こしたモルモットの肺から**ヒスタミン**という物質を発見し、アナフィラキシーショックにヒスタミンが関わることを発見しました。そして、１９５３年スコットランドのジェームス・Ｆ・ライリーとジェフリー・Ｂ・ウェストは、アナフィラキシーショック時に血中に増えるヒスタミンは、肥満細胞から分泌されていることを発見したのです。

この肥満細胞、肥満の人に多く見られる細胞や肥満症に関係する細胞ではありません（！）。細胞の中に多数の顆粒があり、細胞がパンパンに膨れ、肥満しているように見えるところから、肥満細胞と呼ばれるようになりました。英語では**マスト細胞**（mast cell）と呼ばれており、１８７９年にドイツのパウル・エールリヒが、この顆粒を周囲の組織に栄養を与えるものだと勘違いし、古代ギリシャ語で「私は食べ物を与える」を意味するmastと「細胞」を組み合わせたことに由来します。

ちなみに、私たちの体は、約37兆個の細胞からできています[2]。細胞には、神経細胞、筋細胞、上皮細胞（皮膚などの細胞）、肝細胞（肝臓の細胞）などさまざまな種類があり、その数は２７０種類にもなるといわれています。これらはすべて、見た目も機能も大きく異なります。私たちの体の中で一番数が多い細胞は、何でしょうか？　答えは、体内のすべての細胞に酸素を送る赤血球で、推定26兆個といわれています。つまり、ヒトの体の細胞の3分の2は赤血球なのです。それだけ、酸素を体のすみずみまで送ることは重要なのです。

このマスト細胞は、皮膚や粘膜の中に存在し、その顆粒の中には、ヒスタミンが多数含まれています。つまり、体内にカツオノエボシやイソギンチャク、はたまたスズメバチなどの毒が入ると、何らかの反応が体中で起こります。その結果、マスト細胞が刺激され、ヒスタミンが皮膚の中や血中に放出され、ヒスタミンの作用によって、アナフィラキシーショックやアレルギー反応が起こることがわかったのです。

ヒスタミンには、血管の拡張、血管透過性の促進、平滑筋（胃や小腸、大腸などの内臓を動かすための筋肉）の収縮、粘液の分泌を促進するなど多彩な作用があります。血管が拡張すると、血液の通り道が広くなるので、血圧が低下します。血管の透過性が上がると、血管の外に水分が漏れ出し、浮腫（ふしゅ）（腫れ、むくみ）になります。たとえば蚊に刺された場合、刺されたところの皮膚が腫れ上がりますね。これは、蚊の唾液中にヒスタミンの分泌を促す成分が含まれているためです。つまり、蚊の唾液が私たちの体内に注入されると、血管の透過性が促進され、その結果、局所的に腫れるのです。また、蚊に刺されたかゆみも、ヒスタミンの影響です。蚊に刺されたら、刺された場所をかいてはダメです。かけばかくほどヒスタミンが周囲の組織に広がり、ますます腫れが大きく、かゆみが強くなってしまいます。

ヒスタミンは、気管支の収縮も引き起こすため、気道が狭くなり、呼吸困難を引き起こすことがあります。同時に、気管支からの粘液の分泌も増加するため、呼吸困難に拍車がかかります。日本では、年間に数十名ほどの方がスズメバチに刺され、アナフィラキシーショックで亡くなっています。ハチ毒にはヒスタミンが少量含まれているため、多量のハチ毒が体内に入った場合、初めてハチに刺された場合でも、アナフィラキシーショックが起こる場合があります。また、強烈なアナフィラキシーショックの場合、15分ほどで亡くなるともいわれていますので、ハチに刺されないように気をつけるに越したことはありません。

また、ハチ毒だけでなく、薬剤や食物が原因でアレルギーになる場合もあります。江戸時代の川柳に、「はつかしさ　いしやにかつほの　ねがしれる」(恥ずかしさ、医者に鰹の値が知れる)というものがあります。これは、カツオを食べてアレルギーになったことを詠んだものです。マグロやサバ、イワシやサンマといった血合いの濃い魚を食べるとアレルギーになることがあります。これらの魚は、常温で放置していると、ヒスタミンを作り出す細菌が増殖し、その結果、魚に含まれるヒスタミンの量が増えます。つまり、これらの魚は買ってきたらすぐに食べるか、保存するならば冷凍しなければなりません。ヒスタミンは、およそ100度で3時間加熱しても壊れないので、少し傷んでいても加熱すれば食べられると考えるのは、非常に危険です。

最近では、ハチに何度も刺されたことのある人、食物アレルギーのある人、つまりアナフィラキシーショックを引き起こす可能性のある人に対する「エピペン®」という薬があります。これは、**アドレナリン**の入った携帯自己注射薬です。アドレナリンには、気管支を広げる作用や心臓の機能を増強して血圧を上昇させてショック症状を改善する作用があり、アナフィラキシーショックに対して効果があります。

免疫のプレ講義　体が異物を排除するしくみ

私たちの体は、どのようにして異物を排除しているのでしょうか？　そこでは「免疫反応」が非

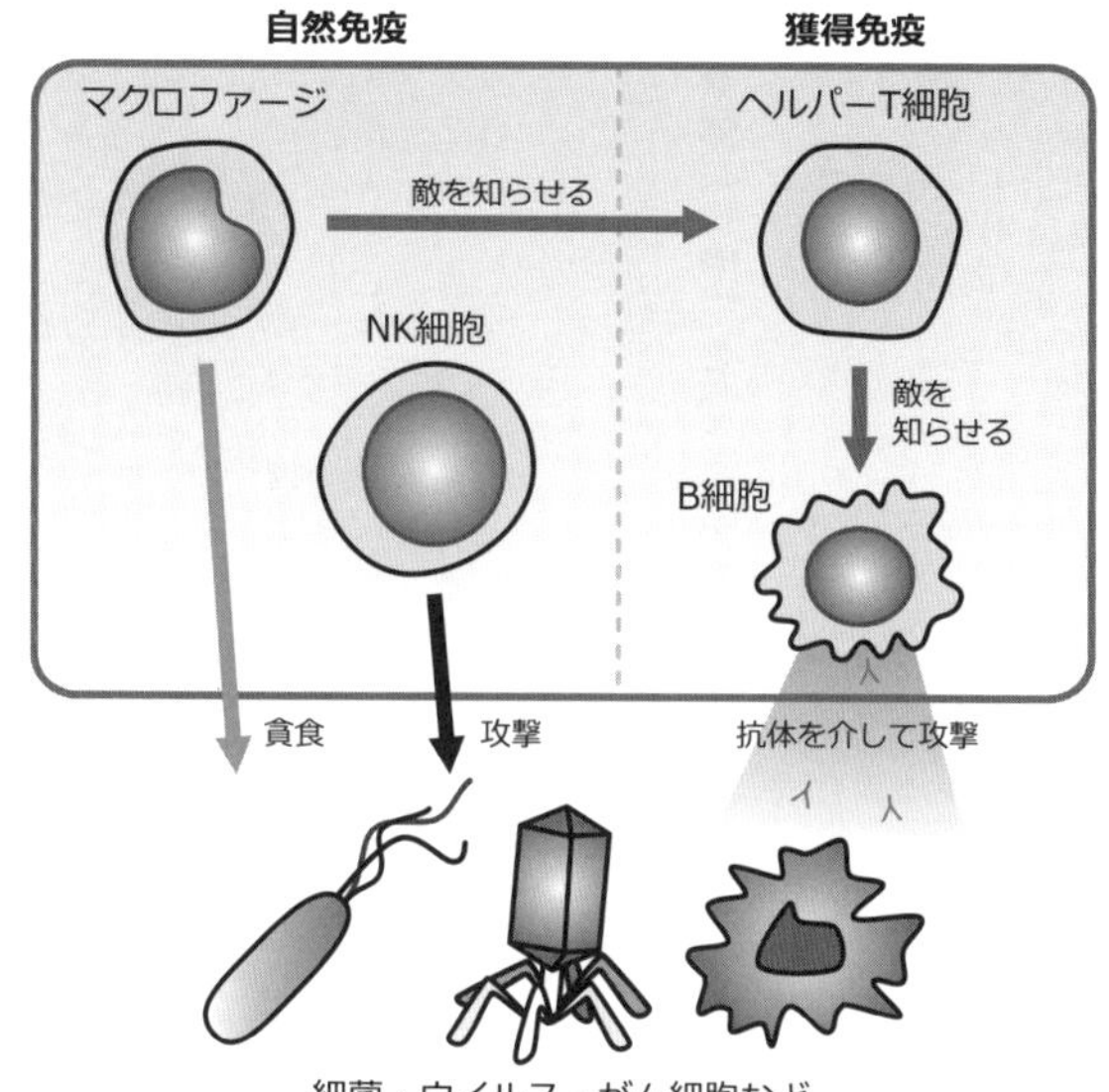

図1　自然免疫と獲得免疫

常に重要なはたらきをしています。**免疫**とは、自分（自己）と自分ではないもの（非自己）を見分けるしくみのことです。私たちの体には、この免疫を担当する細胞が存在し、体外から侵入してきた細菌、ウイルス、寄生虫などの病原体や、がん細胞など、非自己を見つけると、それらを異物として体から取り除きます。

第1章で詳しく説明しますが、この免疫には2種類あり、簡単にいうと、体内で異物と遭遇したときその場で対処する**自然免疫**と、再び同じ異物と遭遇したときのために備える**獲得免疫**があります。自然免疫を担当する細胞は、体内を常に巡回し異物がないかチェックしています。巡回中に異物を見つけると、ただちに異物を攻撃して破壊したり、異物を自分の体に取り込んで、つまり食べることで取り除いたりします（**貪食**（どんしょく）といいます）。そして、攻撃した異物を貪食することで、異物だけが持つ目印情報を得て、その目印情報を、獲得免疫を担当する細胞に伝えます。この目印情報は、**抗原**と呼ばれるタンパク質です。別の言い方をすると、抗原とは異物の指名手配書です。

異物の手配書（抗原）を受け取った獲得免疫は、異物の姿かたちを記憶し、来る戦いに備えています。いざ体内でその異物を見つけたときには、抗原に結合するタンパク質である特殊な武器を多量に産生し、異物を破壊します。この抗原に結合するタンパク質のことを、**抗体**といいます。つまり獲得免疫とは、初回に攻撃した異物と似たものが再び体内に侵入した場合や、がん細胞などの異常を見つけたとき、抗体を用いてすばやい免疫反応を起こして、体を守るしくみのことです（**図1**）。

▼体（背中）を張った実験と抗体の発見

抗体の発見には、日本人研究者が大きく貢献しました。異物は、抗原と呼ばれますが、特に抗体と結合してアレルギーを引き起こす抗原を、**アレルゲン**と呼びます。

１９６０年代、アレルギー患者の**血清**（血液が凝固する際に、上澄みにできる淡黄色の液体で、抗体を含む）を健常な人の皮膚内に注射し、24時間後、血清を注射した場所にアレルゲンを注射すると、じんましんのようなアレルギー反応が起こることが発見されました。つまりアレルゲンと反応する何らかの「未知の物質 X」がアレルギー患者の血清中に存在し、アレルギー症状を引き起こしていたのです。そこでアレルゲンと反応する未知の物質Ｘのことを、仮で「レアギン」と呼び、その正体を探すようになりました。

同じ頃、抗体は1種類ではなく多種類あることが知られており、これらの抗体を総称して、**免疫グロブリン**（immunoglobulin：Ｉｇ）と呼ばれていました。現在では、免疫グロブリンは、形の異なるＩｇＡ、ＩｇＤ、ＩｇＥ、ＩｇＭ、ＩｇＧの5種類あることがわかっています。

その後の研究から、アレルギー患者のＩｇＡがレアギンだと考えられるようになりました。しかし、石坂公成は、アレルギー患者の血清からＩｇＡを取り除いてから、健康な人の皮膚内に注射しても、アレルギー反応が起こることから、ＩｇＡがレアギンだという説に反対しました。ＩｇＡがレアギンではないとすると、どんな抗体がレアギンなのか？　そこでまず石坂は、アレルギー患者の血清からＩｇＡだけでなく、当時わかっていた別の種類の抗体であるＩｇＭ、ＩｇＧも取り除きました。このＩｇＡ、ＩｇＭ、ＩｇＧを取り除いた血清を健康な人の皮膚内に注射したところ、アレルギー反応が起こったのです。つまり、レアギンは、ＩｇＡ、ＩｇＭ、ＩｇＧではなかったのです。次に石坂は、ウサギを使ってレアギンにだけ結合する抗体（抗レアギン抗体と呼びます）を作り出しました。そして、ＩｇＡ、ＩｇＭ、ＩｇＧを事前に取り除いたアレルギー患者の血清に、抗レアギン抗体を混ぜ、血清中に含まれるレアギンを取り除きました。そして、石坂は、共同研究者だった多田富雄の背中の皮膚を用いて実験を行いました。当時20代で高身長であった多田の背中は、普通の被験者よりも1か所多く注射することができました。実験の結果、見事にアレルギー性皮膚炎が抑えられることがわかったのです。つまり、レアギンの正体は、ＩｇＡ、ＩｇＭ、ＩｇＧでは

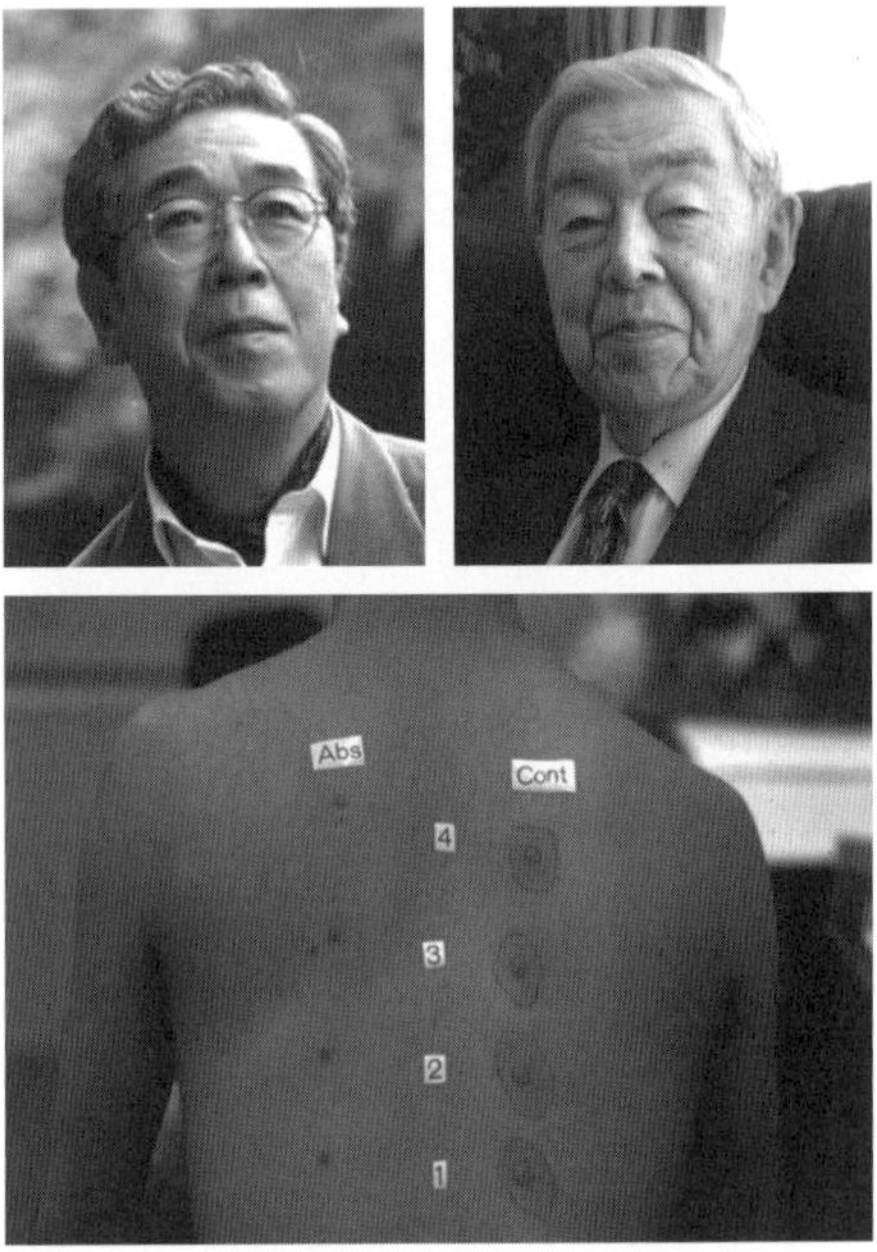

なく、まったく新しい抗体だったのです。
　多田の背中の写真は、世界中の学会で公表されました。昭和天皇もご覧になったそうで、世界で一番有名な背中のアレルギー性皮膚炎の写真かもしれません（**図2**）。
　石坂は、この研究結果から、レアギンは、アレルギー性皮膚炎（erythema：紅斑）を引き起こす抗体ということで、1966年にγEと名づけ[3]、その後、1968年のWHOの会議でIgEと呼ばれることになりました。石坂は冗談で、「私は、生まれながらにしてIgEを発見する運命にあった。なぜなら、私の名の中にIgE（KimishIgE）があるからだ」と講演で話をしていました。アレルギー発症のしくみを解明したことでノーベル賞候補にも何度も挙げられていましたが、2018年7月6日、この世を去られました。

図2　石坂公成博士（上右）と多田富雄博士（上左）、多田富雄博士の背中で見られるアレルギー反応（下）
〔写真提供：山形大学医学部（上右）、谷口 克（上左・下）〕

細胞のプレ講義　細胞が外界の情報を感受するしくみ

すべての生物は細胞から成り立っています。私たちの体も、約37兆個の細胞からできています。その細胞の細胞膜は、**リン脂質**という物質からできています。リン脂質はコリン、リン酸、グリセリンそして脂肪酸の複合体です。細胞膜は、リン脂質の二重の膜（**脂質二重層**）からできており、その厚さは8〜10ナノメートル（髪の毛の太さの1万分の1程度）と非常に薄いです。

細胞膜の重要な機能は、細胞の外と内を仕切ることです。細胞膜のおかげで、細胞内に必要な物質を高濃度に貯蔵できるだけでなく、

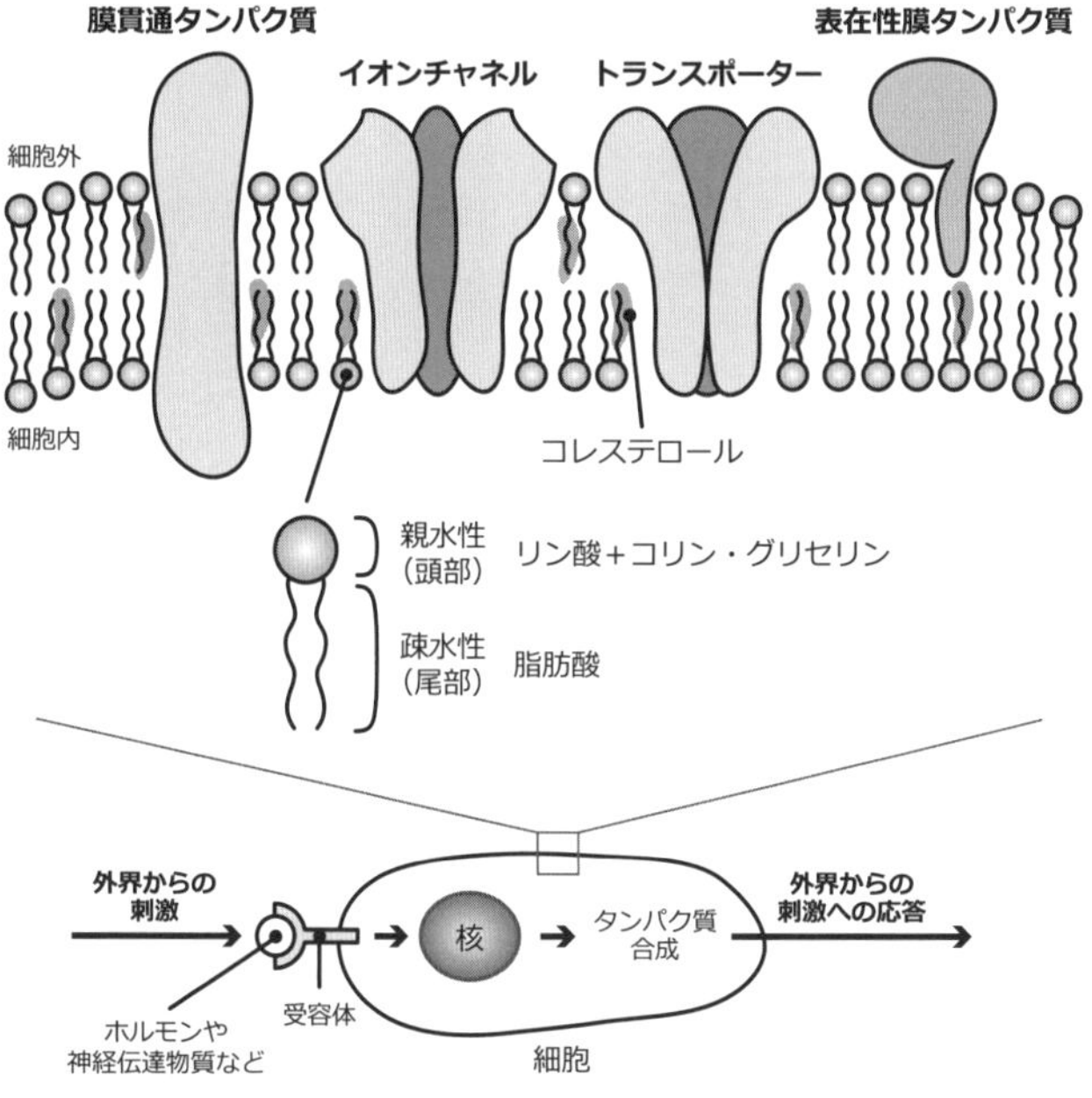

図3　細胞の模式図

細胞内に新たな機能を持つ区画、たとえば**核**や**ミトコンドリア**といった細胞小器官を作り出すことができます。しかし、細胞膜はリン脂質であるため、細胞外の水溶性の物質、たとえば**ホルモン**や**神経伝達物質**などは膜を透過して細胞内に入ることができません。そのため細胞表面には、外界からの情報を受け取るための鍵穴である**受容体**やイオンを通すための孔である**イオンチャネル**、細胞内外に物質を輸送するための特殊なタンパク質である**トランスポーター**などが細胞膜を貫く形で存在しています（図3）。

▼アレルギーの薬から胃潰瘍（いかいよう）の治療薬へ

ヒスタミンが引き起こすさまざまな生理反応のうち、目が赤くなったり、鼻水やじんましんが出たりといったアレルギー症状は、勉強や仕事だけでなく日常生活にも支障をきたしてしまうので、非常に困ったものです。そこで、世界中の研究者が、アレルギーを抑える薬を開発することに躍起になっていました。1937年、ダニエル・ボベットがヒスタミンの作用を抑える薬を開発しました。この薬は、ヒスタミンの作用に抗うという意味で、抗ヒスタミン薬とも呼ばれます。この薬の物質名は、ジフェンヒドラミンといい、鼻炎やじんましんの治療薬として使えることがわかりました。同時にボベットは、南アメリカの先住人が狩猟に用いる矢の先端に塗る毒物である、クラーレの研究も行っていました。このクラーレは、植物から抽出した猛毒の樹液で、運動神経を麻痺させ、筋肉を弛緩させる作用があります。このクラーレを麻酔薬としてヒトに使用できるように世界で最初に化学合成に成功したのがボベットです。これらの研究業績から1957年、ボベットは、クラーレの発見と作用機序の解明でノーベル生理学・医学賞を受賞しました。

ヒスタミンには、粘液の分泌を促進する作用があると前に述べましたが、胃酸の分泌も促進します。胃酸の分泌が多すぎると、胃酸によって胃粘膜が傷つけられ、胃炎や胃潰瘍などが起こります。**胃潰瘍**は、日本人の10人に1人はなるといわれるほどありふれた病気で、たいしたことではないと思われがちです。しかし、胃潰瘍を甘く見てはいけません。たとえば、小説家の夏目漱石は、胃潰瘍からの大量出血で失血死しています。このように胃潰瘍は、かつては人の命を奪う病気でした。これまで胃潰瘍の治療には、食事を制限するか、胃潰瘍の部分を切除する手術しか方法がありませんでした。そのため、胃酸の分泌を促進するヒスタミンの作用を抑えることができれば、胃潰瘍が良くなるのではないかと多くの研究者は考えました。

そこで、ヒスタミンの作用によって起こるアレルギーの治療薬であるジフェンヒドラミンを、胃潰瘍の患者に投与する治験が行われました。しかしながら、胃酸の分泌を抑えることはできず、胃潰瘍は良くなりませんでした。このことから、胃酸を分泌する細胞の表面にあるヒスタミン受容体と、気管支を収縮させる細胞の表面にあるヒスタミン受容体には、どうも何かしら違いがあることがわかりました。ちなみに受容体とは、ヒスタミンを鍵とすると、細胞がヒスタミンを受け取るための鍵穴と言い換えることができます。つまり、細胞によってヒスタミン受容体、つまり鍵穴の形が少しずつ異なるのではないかということがわかってきたのです。血管の透過性を促進させ、じんましんや鼻炎などのアレルギーを引き起こすことに関与するヒスタミン受容体と、胃酸分泌を引き起こすヒスタミン受容体は、別の種類だったのです。

区別するために、毛細血管の拡張と透過性の促進にはたらくヒスタミン受容体を、一番目に発見されたことから**H1受容体**、胃酸分泌を引き起こすヒスタミン受容体を、2番目に発見されたことから**H2受容体**と呼ぶようになりました。ボベットが開発に成功したジフェンヒドラミン、つまり抗ヒスタミン薬は、ヒスタミンH1受容体には結合してヒスタミンの作用を抑えますが、ヒスタミンH2受容体には結合しません。ならば逆に、ヒスタミンH2受容体に結合して、ヒスタミンの作用を抑える薬を作れば、胃酸の分泌だけを抑えることができるのではないかと多くの研究者は考えたのです。なかでも、スコットランドのジェームス・ワイト・ブラックは、当時英国スミスクライン&フレンチラボラトリーズ（現在のグラクソ・スミスクライン社）で、ヒスタミンH2受容体の機能を阻害する薬（H2ブロッカーと呼ばれます）の開発研究を行い、最終的にはシメチジンという薬の開発に成功しました。このシメチジンは、胃潰瘍や十二指腸潰瘍を、食事制限や手術などを行わずに薬の投与だけで治療できるという、画期的な新治療法をもたらしました。その後、このH2ブロッカーは改良が加えられ、さまざまな薬が各製薬会社から販売されるようになりました。その結果、胃潰瘍という病気が日本から劇的に減ったのです。ブラックは、ヒスタミンH2ブロッカーの開発の業績が讃えられ、1988年にノーベル生理学・医学賞を受賞しました。このように、ヒスタミンの作用を抑える薬の研究で二度もノーベル賞が与えられています。

▼抗ヒスタミン薬が睡眠導入薬に？

抗ヒスタミン薬の登場で、鼻炎やじんましんで悩んでいた人たちは、これまでのつらい鼻水やかゆみなどの症状から解放されました。しかし、今度は眠気に悩まされることになりました。日中から強い眠気が起こってしまうと、勉強や仕事に悪影響が出てしまいます。抗ヒスタミン薬を服用している人の中には、眠気を感じず、また眠気以外にも何の副作用も何も感じないという人もいます。しかし、そのような人でも、実は集中力や判断力、また作業効率が低下することがわかっています。たとえば、抗ヒスタミン薬の中には、1回量を服用するだけでおおよそ40 mLものアルコールを飲んだときとほぼ同程度の認知状態になるものもあるといわれています。このように、抗ヒスタミン薬の服用によって作業効率が低下する現象を、**インペアード・パフォーマンス**や鈍脳といいます。

では、なぜ抗ヒスタミン薬を服用すると、インペアード・パフォーマンスが起こるのでしょうか。ヒスタミンH1受容体は、血管、気管支、皮膚の細胞だけでなく、脳にも存在し、特に覚醒状態を司る**視床下部**（ししょうかぶ）と呼ばれる部位の神経細胞に存在します。脳には、**血液脳関門**という機構が存在します。これは、脳にとって必要な物質を血中から選択して脳へ供給し、逆に脳内で産生された不要物質を血中に排出するしくみです。言い換えると、脳にとって有害な物質が脳内に侵入することを防ぐ機構です。ただし、この血液脳関門は、毛細血管と細胞から成り立っていて、その細胞膜は脂質でできています。そのため脂溶性の物質は、透過することができてしまいます。ボベットが開発した抗ヒスタミン薬（第一世代抗ヒスタミン薬と呼ばれます）は脂溶性のため、この血液脳関門を透過してしまいます。そのため、第一世代抗ヒスタミン薬を服用すると眠気が起こるのです。

また、第一世代抗ヒスタミン薬は、ヒスタミンH1受容体だけでなく、**アセチルコリン**と呼ばれる情報伝達物質に反応する**アセチルコリン受容体**にも結合します。これは、ヒスタミンH1受容体がアセチルコリン受容体と非常に似た形をしているためです。そのため、第一世代抗ヒスタミン薬には、アセチルコリンのはたらきを抑える作用（抗コリン作用）もあり、便秘や口が渇いたりする副作用が起こりやすいのです。

その後の抗ヒスタミン薬の開発は、いかに眠気が起こらないようにするか、との戦いでした。そして1983年に、いわゆる第二世代の抗ヒスタミン薬が開発されました。第一世代抗ヒスタミン薬が脂溶性であったのに対し、第二世代の抗ヒスタミン薬は水溶性のため、血液脳関門を透過しにくく、神経細胞に到達しにくくなりました。そして、近年ではさらに副作用が起きにくい第三世代の抗ヒスタミン薬が開発されています。

近年、第一世代抗ヒスタミン薬は、その副作用を逆手に取り、睡眠改善薬や乗り物酔い止めの薬として販売されています。かぜ薬の中には、鼻水、くしゃみを和らげるために、第一世代抗ヒスタミン薬が含まれています。子どもがかぜをひいた場合、ぐっすり寝かせて症状を早く改善させようという狙いもあり、あえて第一世代抗ヒスタミン薬が含まれている薬を医者が処方する場合もあります。しかし先ほども述べたように、インペアード・パフォーマンスが起こるため、安易な服用はお勧めできません。やはり薬は「諸刃の剣」になることを頭の中に入れておくのが無難です。

1

感染と免疫

外敵から体を守る

1章　感染と免疫　外敵から体を守る

夏の暑い日に、焼肉屋でよく冷えたビールを飲みながら焼肉を食べた数時間後、トイレから出られなくなる、つまり食中毒になってしまうことがあります。また、かぜをひいたり、インフルエンザにかかったり、はたまた風疹（ふうしん）や麻疹（はしか）になることもあります。このように私たちの体は、病気の原因となる異物、つまり**細菌**や**ウイルス**、**真菌**などの**病原体**に常にさらされています。私たちが健康で快適な生活を営むためには、これらの病原体から身を守るしくみが必要です。このしくみは**免疫**と呼ばれています。この章では、病原体に感染するということはどういうことなのか、そして私たちの体はどのようにしてその病原体を排除しているのか、そのしくみについて述べていきたいと思います。

▼細菌が作り出す毒素で感染症に

私たちは細菌に感染することで、肺炎、膀胱炎、下痢、結核などになる場合があります。たとえば、コレラ菌に感染すれば下痢が起こり、肺炎球菌に感染すれば肺炎になります。このように、どの臓器にどのような細菌が感染するかによって、引き起こされる病気や症状が異なってきます。

焼肉を食べてなぜ食中毒になってしまうのでしょうか？　ひとつには、肉を焼くときに使っていた箸のままで、ご飯やサラダを食べてしまうことが考えられます。生肉に付着していた食中毒を引き起こす原因菌が箸についてしまい、その箸でご飯やサラダを食べてしまったため、食中毒になってしまったのです。生肉を焼くときには、専用のトングや箸を用意して、食事を摂るための箸で生肉を触れないように注意することが必要です。

日本における腸管出血性大腸菌（O-157）による食中毒は、平成19年～平成29年の11年間で、年間10～30件、患者数は100～1000人で推移しています[1]。ちなみに、O-157のOとは、大腸菌の表層にある抗原を意味します。この大腸菌のO抗原は、1番から181番まで存在し、O-157は、157番目のO抗原を持っていることを意味します。また、O-157以外にも、O-26、O-111、O-121なども腸管出血性大腸菌として知られています。一般の食中毒を引き起こす原因となる細菌は、10万～100万個以上の細菌を食べないと発症しないといわれています。一方で、O-157などの腸管出血性大腸菌は、感染力が非常に高く、100～1000個の細菌を食べただけでも発症すると考えられています。ただ、O-157は、75℃で1分以上加熱すれば死滅するので、食材は十分に加熱して食べることが重要です。

通常、大腸菌は毒素を作り出しませんが、この腸管出血性大腸菌は、大腸の表面の粘膜に付着してベロ毒素を作り、大腸の表面を覆っている粘膜上皮細胞を破壊します。大腸の粘膜上皮細胞の下には無数の毛細血管が張りめぐらされているため、粘膜上皮細胞が破壊されると大腸から出血が起こるのです。また、ベロ毒素が血液中に入り全身を循環した結果、貧血や血小板減少、急性腎不全などになる溶血性尿毒症症候群（hemolytic uremic syndrome：HUS）に至ることもあります。

ベロ毒素の名前の由来ですが、その背景には、1960年代にかけて世界各地で流行したポリオウイルスによって引き起こされる**小児麻痺**が関係しています（⇒ウイルスについては36ページ）。実はポリオウイルスの研究を行うためには、ウイルスが大量に必要です。しかし、ポリオウイルスをヒトに感染させてウイルスを回収することなど到底できません。当時千葉大学医学部に所属していた安村美博は、試行錯誤の結果、1962年、アフリカミドリザルの腎臓から取り出した細胞がポリオウイルスを増殖させるのに非常に有効であることを発見しました。その後この細胞は、さまざまなウイルスを増殖させるのに有効であることもわかりました。しかし、なぜサルの腎臓細胞でウイルスがよく増えるのか、そのメカニズムはいまだに不明です。安村は、アフリカミドリザルの腎臓の細胞を「緑の腎臓」という意味のVerda Renoを短縮したVero細胞と呼ぶことにしたのです。

腸管出血性大腸菌は、このベロ細胞に対して毒性の高い毒素を産生して殺してしまいます。そこで、腸管出血性大腸菌が出す毒素のことをベロ毒素と呼ぶようになったのです。その後の研究から、腹痛、血便および粘液便を引き起こす**赤痢菌**が作り出す**志賀毒素**とベロ毒素が非常に類似していることがわかりました。なお、赤痢菌の学名は*Shigella*ですが、これは、日本人の志賀潔によって1898年発見されたことから命名されました。ちなみに、病原細菌の学名に日本人研究者の名前がついているのは、この赤痢菌ただ1つだけです。このように、細菌が病原性をもたらす原因の1つには、細菌が作り出す毒素による場合があります。

感染の基本講義① 細菌

細菌が細胞の中に入って細胞を破壊することで、病原性をもたらす場合もあります。その例が、**結核菌**です。肺結核は明治初期まで労咳（ろうがい）と呼ばれ、年間数十万人もの人が亡くなっていました。たとえば、新選組の沖田総司や俳人の正岡子規なども肺結核で命を落としています。

肺に侵入した結核菌は、血液中の二酸化炭素と酸素の交換の場である**肺胞**に定着します。その後結核菌は、肺胞に存在する免疫細胞である**マクロファージ**（⇩詳細は41ページ）によって貪食されます。通常、細菌がマクロファージに貪食されると、マクロファージの中で**ファゴソーム**（**食胞**）と呼ばれる袋に包まれます。そして、殺菌成分の入った袋であるリソソームがファゴソームと融合します。それによって、ファゴソームの中に入った細菌を殺菌します。たとえば、ビニール袋の中に汚れのひどい洋服が入っている状態を思い浮かべてください。これがファゴソームです。そして、その洋服の汚れを落とすために用いるジェルボール洗剤がリソソームに

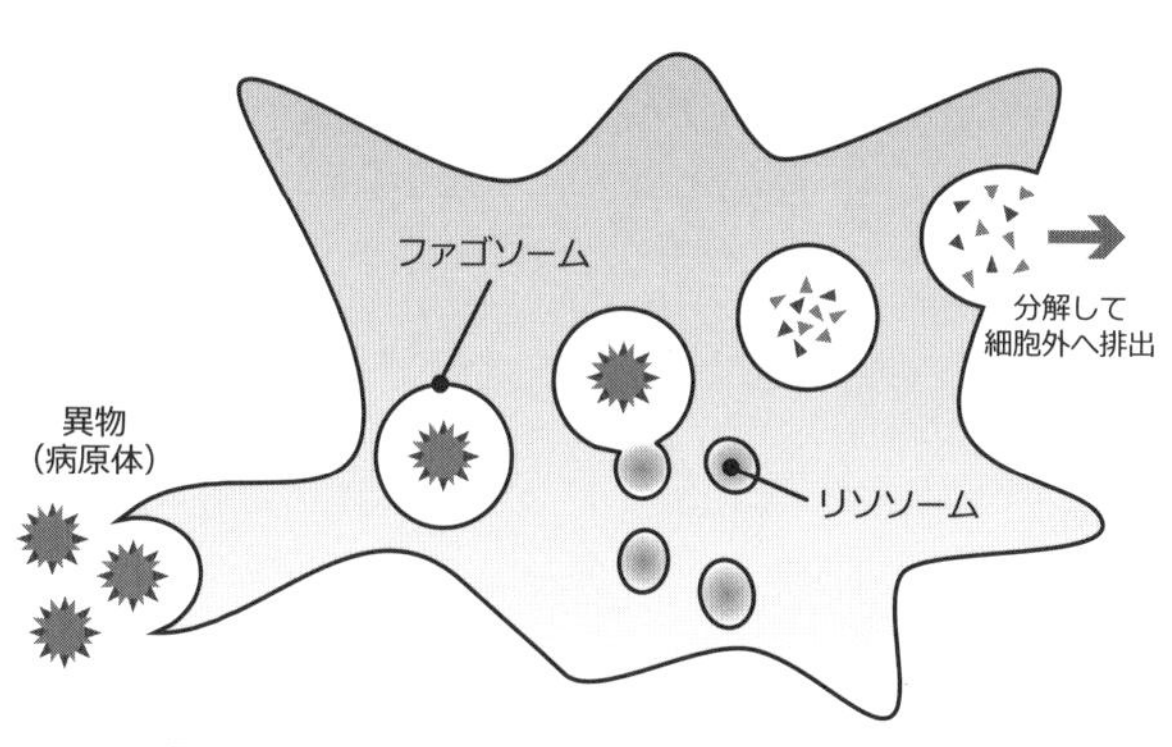

図4 マクロファージによる異物の貪食と分解

相当します。つまり、洋服の汚れを落とすためには、ビニール袋（＝ファゴソーム）にジェルボール洗剤（＝リソソーム）を入れて混ぜ合わせる必要があります（**図4**）。

結核菌は、通常の細菌と同様にファゴソームに取り込まれます。しかし、結核菌の**細胞膜**の外側を覆っている**細胞壁**（⇒詳細は30ページ）の脂質の成分は、ファゴソームとリソソームの融合を阻害します。つまり、ビニール袋にジェルボール洗剤を入れることができないようにしてしまいます。そのため、結核菌はマクロファージの中で増殖し続けます。そして最終的には、マクロファージを破壊してしまいます。その後、他のマクロファージの中でも増殖を続けます。これを繰り返して、他の肺胞にも感染を拡大していきます。マクロファージが破壊されても、大半の正常な免疫能力を持つ健康なヒトであれば、**T細胞**（⇒詳細は41ページ）の助けを借りて、結核菌に感染したマクロファージごと駆除するので、無症状あるいは軽い症状ですみます。しかし、乳児や免疫力の低下した人では結核を発症してしまいます。

▼結核がいまだになくならない日本

第二次世界大戦中（１９４３年）の日本の結核死亡率は、人口10万に対して２３５人（約４２５人に１人、２０１７年の約１３０倍）でした。そのため結核は、亡国病とも呼ばれていました。戦後は、急激に結核感染者数が低下し、結核の流行は終わったのではないかといわれるほどにまでなりました。しかし、結核は決して過去の病気ではなく、１９９６年から3年連続で患者数が増加したため、国も「結核緊急事態宣言」を出して注意を呼びかけました。その結果、現在では、患者数がようやく減少傾向に転じています。

特に最近の結核の特徴としては、過去に感染したことのある高齢者の再発が多いことがわかっています。また「結核は過去の病気」との誤解から、咳が続いても受診しなかったり、受診しても医師が結核を疑わず発見が遅れたりすることもあります。そのため、結核は発症が一時期減少していたけれども再び注目されるようになった感染症、つまり**再興感染症**として日本では注視されています。2017年、日本で結核に感染する割合（罹患率）は、人口10万に対して13・3人（約7500人に1人、毎年新たに1万7000人程度の患者が発生しています）です。これは、他の先進諸国の数倍（2016年の統計では、アメリカは人口10万に対して2・7人、イギリスは人口10万に対して8・8人）の高さで、アメリカの1970年代の水準にあることから、日本はいまだに「結核中進国」と位置づけられています[2]。

▼コッホの原則

この結核菌は、1882年にドイツのロベルト・コッホによって発見されました。余談になりますが、当時コッホが医師として派遣されていたドイツの片田舎の町では、4年間で528人もの人間と5万6000匹もの家畜が炭のような黒いかさぶたができて後に死んでしまう、炭疽病という原因不明の病気が蔓延する事態に陥っていました。そこでコッホは、炭疽病で死んだヒツジの血液を回収し、その血液をマウスに注射しました。するとそのマウスは、やはり炭疽病で死んでしまいました。その後コッホはさまざまな実験を繰り返し、試行錯誤の結果、最終的には炭疽病で死んだヒツジの血中に、肉眼では存在が確認できないけれども光学顕微鏡を用いて観察できる大きさの糸状の微生物を発見し、その微生物だけを培養することに成功します。そして、培養した微生物をマウスに注射すると、やはりそのマウスは炭疽病で死ぬことを確認しました。そこでコッホは、その糸状の微生物を炭疽病の原因菌であるということで、1876年に炭疽菌と命名しました。

コッホが炭疽菌を発見するのに用いた上記の実験の道筋は、「コッホの原則」として現在でも非常に重要な原則です。それは、(1)病気の原因となる微生物は必ず病巣から発見されなければならない、(2)その微生物を病巣から分離し、純粋培養したものを健康な動物に接種したとき、同じ病気が起こらなければならない、(3)その病巣からも増殖した同じ微生物が発見されなければならない、というものです。この原則を用いて、コッホは、先の結核菌だけでなく、1884年にはコレラ菌も発見しました。コッホは、「結核に関する研究と発見」で1905年にノーベル生理学・医学賞を受賞しています。

しかし、病気の原因となる細菌が発見されても、すぐにその感染症を克服できるというわけではありません。つまり、治療法を開発する必要があるのです。そこでコッホは、結核菌を培養し、加熱して滅菌したあと、濾過して、結核菌本体を取り除いた濾過液を作製しました。そして濾過液を「ツベルクリン」と呼び、ツベルクリンをヒトに注射することで結核を予防したり治療できるのではないかと考えました。しかし、残念ながら結核を治す薬にはなりませんでした。

▼失敗は成功のもと ― 世界を変えた薬 ペニシリン

細菌の研究には、寒天培地を用います。これは、細菌を培養するための栄養素を含んだ培養液に寒天を混ぜて煮沸消毒し、それをガラス製の平皿（研究室ではペトリ皿と呼びます）に注いで冷やし固めて作ります。この寒天培地に細菌を塗りつけると、細菌は寒天中の水分と栄養素を吸収して増殖していきます。空気中には、多かれ少なかれカビの胞子や細菌がただよっています。そのため、カビの胞子や空気中の細菌が寒天培地に混入すると、とたんに寒天培地はカビや細菌だらけになり、実験は失敗に終わります。このような失敗をコンタミネーション（研究室ではコンタミと呼びます）と言いますが、いかにコンタミを防いで実験を注意深く進めるかが非常に重要です。そこで研究室では、実験器具類を使用する直前にガスバーナーで殺菌し、ペトリ皿を用いる操作は、空気の流れのない場所で行います。このような細心の注意を払ってもコンタミすることがあります。

イギリスのアレクサンダー・フレミングは、ある日ペトリ皿に細菌を塗りつける実験をしていました。その実験の最中、フレミングはくしゃみをしてしまいました。数日後、フレミングはくしゃみをして唾液を吹きかけてしまったペトリ皿に面白いことが起こっていることに気づきました。それは、くしゃみをして唾液がかかってしまった部分だけ細菌が増殖していなかったのです。そこでフレミングが、黄色い不透明な細菌の懸濁液に唾液を加えたところ、数分もたたないうちに細菌の懸濁液は水のように透明になったのです。つまり、唾液には細菌を殺す成分、殺菌作用があることを発見しました。

その後フレミングは、唾液だけでなく、鼻水や涙、血清などにもこの殺菌成分が含まれることを発見し、特に卵の卵白にはその成分が大量にあることを発見しました。1922年にフレミングはこの殺菌成分を、細菌を溶かす（lysis）酵素（enzyme）という意味で、**リゾチーム**（lysozyme）と名づけました[3]。残念ながらこのリゾチームは、病原性の高い細菌には効果がなく、細菌感染の治療薬とはなりませんでした。

その後フレミングは、私たちの鼻の中や皮膚に住んでいて、通常は何の悪さもしないブドウ球菌のいろいろな種類（菌株と呼びます）の毒性と、寒天培地上で増えたときの色との関係性を調べていました。フレミングが家族との夏休み休暇をスコットランドで過ごし、研究室に戻って、休暇中に研究室の学生が続けてくれていた実験の結果を確認していたとき、ある1枚のペトリ皿が目にとまります。そのペトリ皿にはアオカビが増殖していました。普通なら、コンタミしていると実験が下手で、実験室の整理整頓が悪いといって叱られるようなものですが、フレミングはそのようなことを言わず、アオカビの生えた周囲には、ブドウ球菌が生えていないことに気づいたのです。リゾチームを発見した経験のおかげで、アオカビが、細菌の生育を阻害する物質、つまり**抗生物質**を作っていると直感したのです。それは、リゾチームの発見から6年後の1928年9月のことでした。その後フレミングは、このアオカビをカビの専門家に見せて鑑定してもらったところ、ペニシリウム・ノタツム（*Penicillium notatum*）という名のカビだということがわかりました。そこでフレミングは、アオカビが作る抗生物質を**ペニシリン**と名づけました[4]。

ちなみに、フレミングがペニシリンを発見したペトリ皿は、大英博物館でコンタミしないように今も大切に展示されています。フレミングは、このアオカビを研究室の学生に食べさせました（今では、パワハラ?アカハラ?と言われてしまいそうな事例ですが）。その学生は、そのアオカビを食して、ブルーチーズのような味だと言い、また幸いなことに何の副作用も起きませんでした（食した学生の勇気には敬意を表します）。フレミングは、アオカビの培養液をマウスに注射しましたが、何の副作用も起きませんでした。つまり、アオカビ自体には毒性がなかったのです。ただし、アオカビが生えた食品では、他の有毒なカビ毒（たとえば、肝臓がんを引き起こすアフラトキシン）を産生するカビも増殖している場合もあるので、アオカビが生えた食品は安易に食べないでください。その後フレミングは、アオカビから多量に純粋なペニシリンを精製することを試みますが、うまくいきませんでした。実はペニシリンは化学的に非常に不安定で、長期保存することも純粋に取り出すことも難しかったのです。

▼ペニシリンの大量合成と第二次世界大戦

ペニシリンが発見されてから10年後の1938年、ハワード・W・フローリーとエルンスト・B・チェーンは、フレミングのペニシリンの発見に感銘を受け、ペニシリンの研究を開始しました。1940年にはペニシリンを抽出することに成功し、細菌を感染させたマウスにペニシリンを投与すると、マウス自体には何の副作用も引き起こさず、細菌だけを駆除することに成功しました[5]。そして、ペニシリンを濃縮する技術を確立し、1943年には、1か月に50万人以上を治療するペニシリンを作ることに成功し、第二次世界大戦中の負傷した兵士の治療薬として用いられ、多くの人の命を救うことになりました。そして、第二次世界大戦が終結した1945年、フレミング、フローリー、チェーンの3人は、「ペニシリンの発見、その種々の伝染病に対する治療効果の発見」でノーベル生理学・医学賞を受賞しました。

細菌は、弱い細胞膜の外側に**細胞壁**と呼ばれる多糖でできた非常に頑丈なよろいを身にまとうことで、外界から自分の体を守っています。フレミングが発見したリゾチームは、細菌の細胞壁に存在する多糖を分解する酵素であるため、細胞壁をバラバラにします。その結果、細胞壁がなくなった細菌の細胞膜はすぐさま破れてしまいます。そして、細菌が溶けてしまう、すなわち**溶菌**(ようきん)するのです。一方、ペニシリンは、細菌が細胞壁を作るときに必要な酵素に結合して、酵素の機能を失わせてしまいます。そのため細菌は、細胞壁が作れなくなり、増殖できなくなります。これがペニシリンの抗菌作用だったのです。フレミングが学生にアオカビを食べさせても副作用が起きなかった理由は、偶然にも私たちヒトやマウスなどの動物細胞には、細菌のような細胞壁がないためです。そのため、抗生物質であるペニシリンは、ヒトやマウスなどの動物には無害だったのです。

このペニシリンのおかげで、破傷風菌、結核菌、赤痢菌に感染しても、私たちの命は守られることになったのです。ちなみに、細菌の増殖を抑えたり、細菌を殺したりする薬の総称を**抗菌薬**といいます。この抗菌薬のうち、ペニシリンのように細菌や真菌といった「生き物」から作られるものを、特に抗生物質と呼びます。

▼フレミングの予言 ― 進撃の薬剤耐性菌

当初ペニシリンは、非常に効果的に細菌感染を抑えました。しかし、ペニシリンが効かない細菌が増えてきました。それは、ペニシリンを分解する酵素を細菌自身が作り出していたからです。このような細菌は、**薬剤耐性菌**と呼ばれ、400万年以上前の洞窟や[6]、北極の永久凍土からも見つかっています[7]。つまり細菌には、環境に適応する能力があるのです。実は、この薬剤耐性菌の出現を、フレミングは1945年の自身のノーベル賞受賞スピーチで予言していました。

なぜ細菌は、抗生物質に対して抵抗力を持つようになるのでしょうか？　これは、細菌自身の遺伝子が突然変異した結果、その能力を持つようになったり、他の細菌から抗生物質を分解するための遺伝子をもらったり、はたまた抗生物質の不適切な使用によって引き起こされます。私たちの体には、胃や腸といった消化器、皮膚や口腔、鼻、膣などさまざまな場所に、約1000種類以上100兆個を超える細菌が常在しています。この状態を**マイクロバイオーム**といいます。マイクロバイオームには、善玉菌、悪玉菌そして日和見菌が存在しています。これらの細菌は、お互いの数のバランスを保ちつつ増殖しているので、ふだん私たちに病気を引き起こすことはありません。しかしマイクロバイオームの中には、薬剤耐性能力を獲得しようとする細菌も存在します。ただ、そのような細菌は、自分の能力を変化させることにエネルギーを費やしているため、マイクロバイオームの中で少数派として細々と生きているので、すぐに病気を引き起こすことはありません。しかし、私たちの体にとって有益な大多数の善玉菌、日和見菌が消失してしまったらどうなるでしょうか。

この、大多数の細菌が姿を消すという状況が、「抗生物質の服用」という状況です。大多数の細菌には抗生物質がよく効きます。抗生物質の服用により大多数の細菌が消失すると、抗生物質に対して耐性を得た少数派の細菌は、急激に増殖を開始します。つまり、抗生物質の服用によってさまざまな細菌が殺菌されればされるほど、薬剤耐性菌の増殖を抑えてくれる細菌が消失し、薬剤耐性菌が増えるのです。

また、本来3日間飲むべきだった抗生物質を、体調が良くなったからといって1日でやめてしまうと、さらなる問題を引き起こします。正しく抗生物質を服用していれば細菌を殺菌できたにもかかわらず、一部の細菌が生き残ってしまい薬剤耐性を持つようになるのです。そのため、現在では抗生物質がまったく効かない「悪魔の耐性菌」〔カルバペネム耐性腸内細菌科細菌（Carbapenem resistant enterobacteriaceae：CRE）と呼ばれます〕が出現してしまっています[8]。

かぜをひくと、かぜ菌にやられたという人もいるかもしれません。あるいは、病院に行ったら抗生物質をもらった、という人もいるかもしれません。しかし、かぜ菌というものは存在せず、ほとんどのかぜは後述するウイルスによって引き起こされます。このウイルスは、細菌とまったく異なる構造をしているため、抗生物質はウイルスの駆除にまったく効果がありません。それよりも、細菌感染で病気が起こっていないのにもかかわらず抗生物質を服用することで、薬剤耐性菌が出現する可能性が増加します。ですから、かぜをひいて抗生物質を服用することはお勧めできません。ただし、肺炎やひどい急性副鼻腔炎（鼻の奥がつまって頭痛があるようなとき）などの場合は抗生物質を飲む必要があります。やはり、信頼できる医師に診てもらい、相談することが大切です。

▼真菌 ― 実はふだん食べていますがときには猛威を振るいます

カビや**酵母**などは、細菌とは呼ばず、**真菌**と呼ばれます。一般に酵母といえば、「パン酵母」や「ビール酵母」を思い浮かべるのではないでしょうか。酵母は、卵形の丸い形状に小さな粒がくっついた形をしています。一方カビといえば、お風呂の目地に見られる黒カビや、ミカンやお餅に生えるアオカビのような丸くぽつぽつ広がっているものを思い浮かべると思います。味噌や醤油、日本酒を作るときに使う麹(こうじ)も、実はカビです。そして、キノコも真菌に属する微生物です。実は、真菌類を私たちはふだんから食しているのです。

この真菌の感染力は、ふだん食しているぐらいですから、非常に弱いです。そのため、真菌に感染する場合、多くは免疫力が低下しています。真菌による感染症で最も身近でかつ頻度の高いのは、皮膚に白癬菌(はくせんきん)が感染して起こる**水虫**です。真菌に感染すると、真菌が組織に侵入して増殖することで炎症反応が起こり、かゆみや発赤が起こります。また、皮膚の常在菌のバランスが崩れることで顔や背中に**ニキビ**のような発赤が出る場合があります。これまでニキビは、プロピオニバクテリウム・アクネス(*Propionibacterium acnes*:アクネ菌)と呼ばれる細菌によって引き起こされると考えられていました。しかし最近の研究から、マラセチア・フルフル(*Malassezia furfur*:マラセチア菌)と呼ばれる真菌も、ニキビの悪化に関係していることがわかったのです。つまり、細菌と真菌の両方に対してきちんと対処しなければ、ニキビは良くならない可能性があるのです[9]。

真菌は、細菌と同様に細胞壁を持っています。しかし真菌は、私たちヒトの細胞と構造や代謝系が似ているので、抗生物質を用いることができません。また、真菌を殺すための薬剤である抗真菌薬は、ヒトの細胞にも有害なため、真菌だけを攻撃できる効果の高い抗真菌薬は限られています。

▼寄生虫 ― 意外なところに隠れています

寄生虫は、自身よりも大きい動物、たとえばヒトやマウスなどの動物に寄生することで生命活動を営む生物のことをいいます。大きさも顕微鏡を用いて観察しなければ見えないほどの、赤血球に寄生するマイクロメートル（0・001ミリメートル）の大きさのマラリア原虫から、腸に寄生し数メートル（！）まで大きくなるサナダムシなど多様です。寄生虫の中には、寄生した臓器の細胞を破壊したり、炎症を起こしたりすることで、宿主に傷害を与える場合もあります。

近年、サバ、サケ、サンマ、アジ、イカなどに寄生する寄生虫、アニサキスによる食中毒（**アニサキス症**）は、年間約7000件にものぼるといわれています。このアニサキス症は、アニサキスの幼虫が寄生した魚介類を刺身などで生食することで起きます。これは、低温流通システムが発達したことで、冷凍しなくても魚介類を新鮮なうちに食べられるようになったからです。つまり、以前なら食べる前に加熱、もしくは冷凍していたものを、現在は生食するようになったからです。北海道の郷土料理である「ルイベ」は、サケやマスを冷凍し、凍ったままの切り身などを食べる料理です。これは、アニサキスがサケやマスに存在することを前提に、冷凍することでアニサキスを死滅させ、食中毒を起こさせないための昔の人の知恵だったのかもしれません。また、「イカそうめん」や「アジやイワシのたたき」は、魚介類を細かく切ることで、魚介類に寄生している寄生虫も一緒に細かく切ることになり、食中毒を防ぐ料理法だったとも考えられます。

▼10億人以上もの人を救う薬の発見

カイセンという病気を知っていますか？　海鮮丼を食べすぎて起こる病気ではなく、疥癬（かいせん）虫という大きさが0・1ミリ程度のヒゼンダニがヒトの皮膚に寄生することで起こる、非常に強いかゆみを伴う皮膚の病気です。疥癬は、老人保健施設や寮など、集団生活をする場でみられる感染症で、施設内に1人でも疥癬に感染した患者がいると、すぐさま感染が拡大してしまいます。そこで、即座に治療をする必要があります。これまでは、殺ダニ剤であるガンマベンゼンヘキサクロリドという軟膏を全身に塗ることを数か月続けることで駆除することが一般的な治療法でした。しかし、全身に軟膏を塗った後、6時間後にお風呂に入って洗い流す必要があり、また洋服やシーツなどがべたべたになるので、老人保健施設などで感染が広がり多数の患者が出た場合には、看護する側の負担を非常に増やす薬です。

現在では、より簡単に疥癬を駆除できる特効薬があります。動物に寄生した寄生虫の駆虫剤として開発された薬が、実はヒトにも使えたのです。その薬の名前は、イベルメクチン（商品名：メクチザン®）です。1974年、大村智（おおむらさとし）が静岡県川奈のゴルフコースの近くの土から「ストレプトマイセス・アベルメクチニウス *Streptomyces avermitilis*」という細菌の一種である放線菌を発見しました。この菌が作り出すエバーメクチンは、寄生虫の動きを止め、殺虫効果を示すことがわかりました。その後、エバーメクチンをヒトで使える薬として改良されたのが、イベルメクチンだったのです。

アフリカでは、川の近くでブユに刺されることで、フィラリアと呼ばれる糸状の虫に感染する場合があります。フィラリアは体内を移動します。目の組織も例外ではなく、フィラリアが移動する際、目の組織を傷つけてしまうため、視覚障害や失明に至ることもあります。このフィラリアに感染して起こる失明は**オンコセルカ症**と呼ばれ、世界で30万人近くが失明したといわれています。

イベルメクチンは、動物薬としてすでに2兆円以上もの売上を記録していました。そこで開発会社のメルク社は、オンコセルカ症に対する治療薬であるイベルメクチンをアフリカの人々へ無償提供しました。その結果、10億人以上もの人がイベルメクチンを服用し、何十万人以上の人が失明せずにすんだといわれています。世界中で寄生虫や疥癬に感染した患者を救った薬イベルメクチンを開発した大村は、その功績が認められ、２０１５年にノーベル生理学・医学賞を受賞しました。

感染の基本講義②　ウイルス

ウイルスと聞いて、**インフルエンザ**を思い浮かべる人が多いと思います。ウイルスによって引き起こされる感染症は、かぜ、麻疹、風疹、おたふくかぜなどです。このウイルス、外側はエンベロープと呼ばれるタンパク質の殻でできていて、その内部には、遺伝情報であるＤＮＡやＲＮＡといった核酸しか入っていません。ウイルスには細菌や真菌とは異なり、細胞壁や細胞膜がありません。抗生物質や抗真菌薬は、細胞壁の合成を阻害するので、細胞壁を持たないウイルスには効果がないのです。

では、細胞壁や細胞膜を持たないウイルスは生物なのでしょうか？　生物は、細胞外の物質を取り込み、それを分解して自らが生きるためのエネルギーを作り出すという代謝を行いながら、繰り返し増殖し、そして自身の遺伝情報を次世代に引き継ぎます。一方ウイルスは、自己で増殖できないため、生物ではないと考えられています。ウイルスは、感染した細胞（宿主（しゅくしゅ）と呼びます）のしくみを利用して自分を複製させ、増殖します。ウイルスが細胞に感染した後のふるまいは、ウイルスの種類によって大きく異なります。たとえば、下痢の原因となるロタウイルスは、腸の表面を覆う上皮細胞（腸管上皮細胞）に感染し、腸管上皮細胞をただちに殺すことなく、宿主の細胞機能を障害します。具体的には、腸が栄養を吸収し血液中に取り込むために用いる、物質輸送のためのタンパク質の合成を阻害します。そのため、腸は栄養を吸収することができなくなり、下痢が起こります。ウイルスによっては、感染した細胞の増殖を引き起こすものもあります。たとえば、ヒトパピローマウイルスは、増殖性のイボを引き起こします。最近では、このヒトパピローマウイルスが子宮頸（けい）がんの発症に関与しているともいわれています。

ウイルスの感染には、どのような薬が効果を発揮するのでしょうか。ここでは、インフルエンザに感染した場合を例に取り上げて話を進めます。インフルエンザウイルスの表面には、スパイクと呼ばれるとげのようなものが存在します。このスパイクは、インフルエンザの場合、ヘマグルチニン（HA）と呼ばれ、16種類存在します。HAは、細胞膜表面に存在するシアル酸に結合し、インフルエンザウイルスは細胞に取り込まれます。細胞は、取り込んだインフルエンザウイルスをリソ

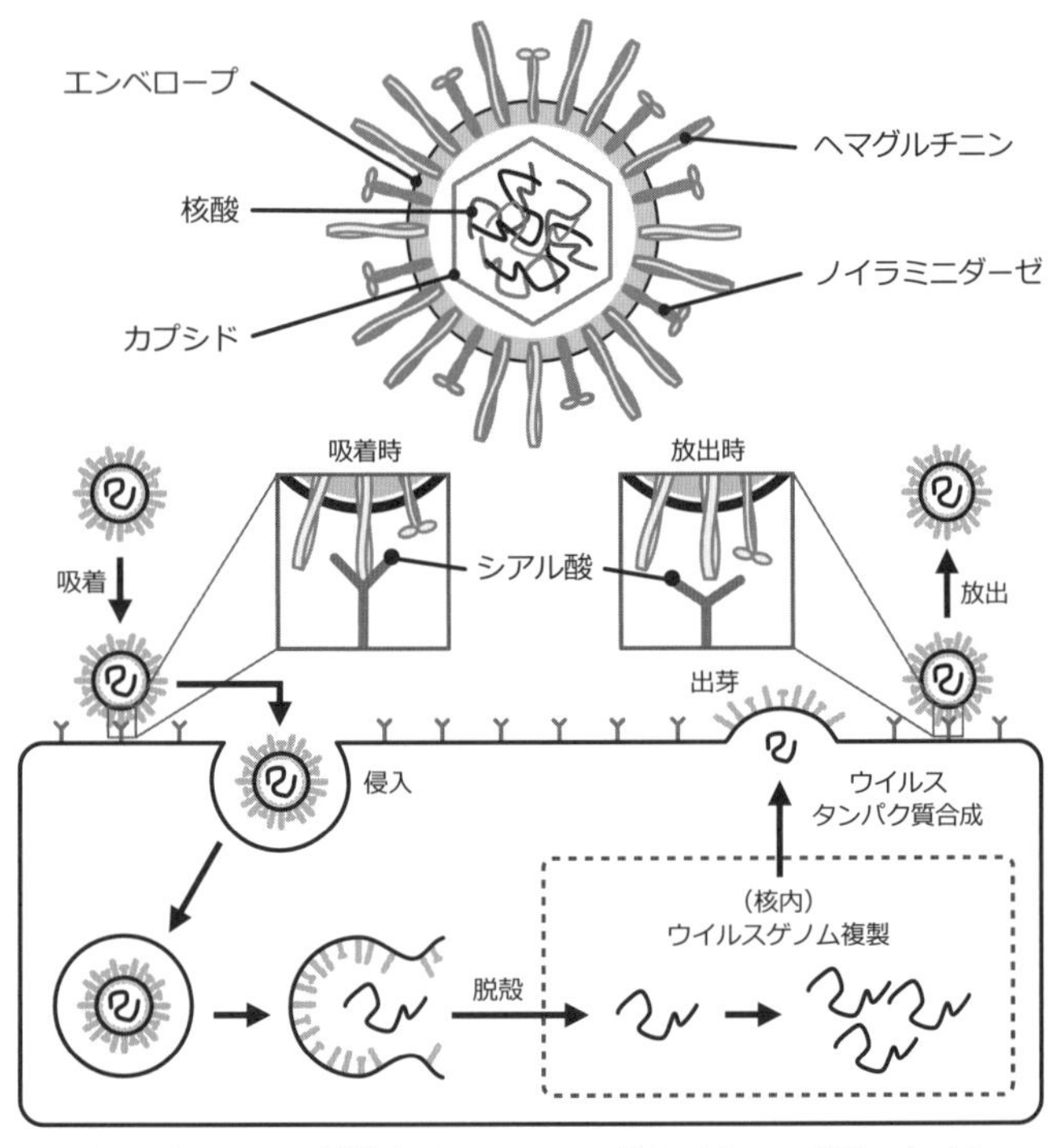

図5　ウイルスの構造とインフルエンザウイルスの増殖のしくみ

ソームで分解します。しかし、分解の途中で、タンパク質でできたエンベロープが破れ、中に入っていた核酸（インフルエンザの場合はRNA）が露出します。その後、インフルエンザウイルスの中に入っていたウイルスRNAは、細胞の遺伝情報の保管場所である核の中で増幅されます。そして、このRNAを元に、増幅されたタンパク質を作り出す設計図である**伝令RNA（メッセンジャーRNA：mRNA）**を作り、インフルエンザウイルスのエンベロープが作られ、そして、複製されたウイルスRNAがエンベロープの中に取り込まれ、細胞膜表面から出ていきます。この過程を、細胞膜に芽が出たように見えることから、出芽といいます。ただ、出芽しただけでは、細胞膜表面からウイルスは離れることができません。そこでインフルエンザウイルスの表面には、ノイラミニダーゼ（NA）と呼ばれる、シアル酸を細胞膜表面やウイルス表面から取り除く酵素が存在しています。このノイラミニダーゼには、9種類あります。つまり、ヘマグルチニンは、細胞膜とウイルスを結合させる糊で、ノイラミニダーゼは、細胞膜とウイルスとの結合を切り離すハサミと言い換えることができます（**図5**）。この糊とはさみには、さまざまな種類があります。みなさんが新聞やテレビで聞いたことのあるAソ連型インフルエンザは、別名H1N1型インフルエンザとも呼ばれます。このHは、ヘマグルチニンを、Nは、ノイラミニダーゼを意味します。つまり、1型のヘマグルチニンと1型のノイラミニダーゼを持っているのがAソ連型インフルエンザです。

▼鳥インフルエンザの正体

鳥インフルエンザは、別名H5N1やH7N9と呼ばれ、元来ヒトに感染することはないとされていました。つまり、5型や7型のヘマグルチニンは、ヒトの細胞には感染できないと考えられていました。しかし、1997年、香港でH5N1の鳥インフルエンザに18名が感染し、うち6名が死亡しました。[10] その後、ベトナム、中国などさまざまな国で散発的に感染が発生しています。なお、1918年に全世界で猛威を振るったスペインかぜは、全世界の人口20億人に対して感染者が約5

億人であり、第一次世界大戦の戦死者よりも多い約５０００万人もの死者が出たといわれています。また、当時人口５５００万人だった日本において、50万人もの人が亡くなったともいわれています。この原因となるウイルスが、１９９７年8月にアラスカの永久凍土にスペインかぜで埋葬されていた4人の遺体から採取されました。そしてウイルスの遺伝子を解析したところ、インフルエンザウイルスＨ１Ｎ１に鳥インフルエンザＨ５Ｎ１の遺伝子が一部混じっていたことがわかりました[11][12]。実は、インフルエンザウイルスのエンベロープの中には、８本のＲＮＡが入っています。そして、感染した細胞の中ではウイルス同士の遺伝子が簡単に交換されるため、新種のウイルスが生まれる可能性が他のウイルスに比べて非常に高くなっています。そのため、すでにインフルエンザに感染しているヒトが、鳥インフルエンザにもさらに感染すると、繁殖力や毒性の強い「新種のウイルス」が生まれる可能性があります。鳥インフルエンザの広がりによって、スペインかぜのような広範囲にわたる感染症の拡大、つまり、パンデミックが起こる可能性があります。

▼感染に対抗するしくみ ― 免疫

これまで述べてきたように、私たちの体にはさまざまな微生物（細菌や真菌など）が生息しています。その中には病原性の微生物もいます。また外界には、インフルエンザウイルスや食中毒を引き起こす細菌、水虫を引き起こす白癬菌、はたまた寄生虫なども存在します。このように私たちは、たえず体内外から病原体の攻撃を受けているにもかかわらず、通常の健康な状態の人であれば、それら外敵から体が守られています。それは、私たちの体は、これら病原体を排除するしくみを生まれながらに備えているからで、このしくみのことを、**免疫**と呼びます。

免疫の基本講義①　自然免疫と獲得免疫

免疫には、**自然免疫**と**獲得免疫**の2つがあります（⇩8ページ「免疫のプレ講義」を復習）。自然免疫は、**マクロファージ**、**顆粒球**（好中球、好酸球、好塩基球の総称）、**樹状細胞**、そして**ナチュラルキラー**（natural killer：**NK**）**細胞**と呼ばれる細胞が担当します。具体的には、これらの細胞が体内を常に巡回し、異物がないかチェックしています。巡回の途中で異物を見つけると、ただちに異物を攻撃して破壊します。たとえば、NK細胞は、その名前のとおり、異物を見つけると穴をあけて、溶かしてしまいます。一方、マクロファージや樹状細胞は、異物を**貪食**して取り除きます。そしてマクロファージや樹状細胞は、攻撃した異物を貪食することで、異物にだけにある目印情報を得て、その目印情報を獲得免疫を担当する細胞に伝えます（**図6左**）。

一方、獲得免疫は、**ヘルパーT細胞**、**キラーT細胞**、**制御性T細胞**、**B細胞**が担っています。獲得免疫は、自然免疫でカバーしきれないもの、つまり血液中に流れている毒素分子や非常に小さい病原体、はたまた細胞の中に入り込んで隠れている病原体などに対応するために機能します。具体的には、ヘルパーT細胞は、自然免疫から異物の手配書（**抗原**）、つまり指名手配書を受け取って記憶し、B細胞とキラーT細胞に指名手配書の内容を伝えます。すると、B細胞やキラーT細胞の細胞数が増えます。それだけでなく、B細胞は、指名手配書、つまり抗原に結合するタンパク質で

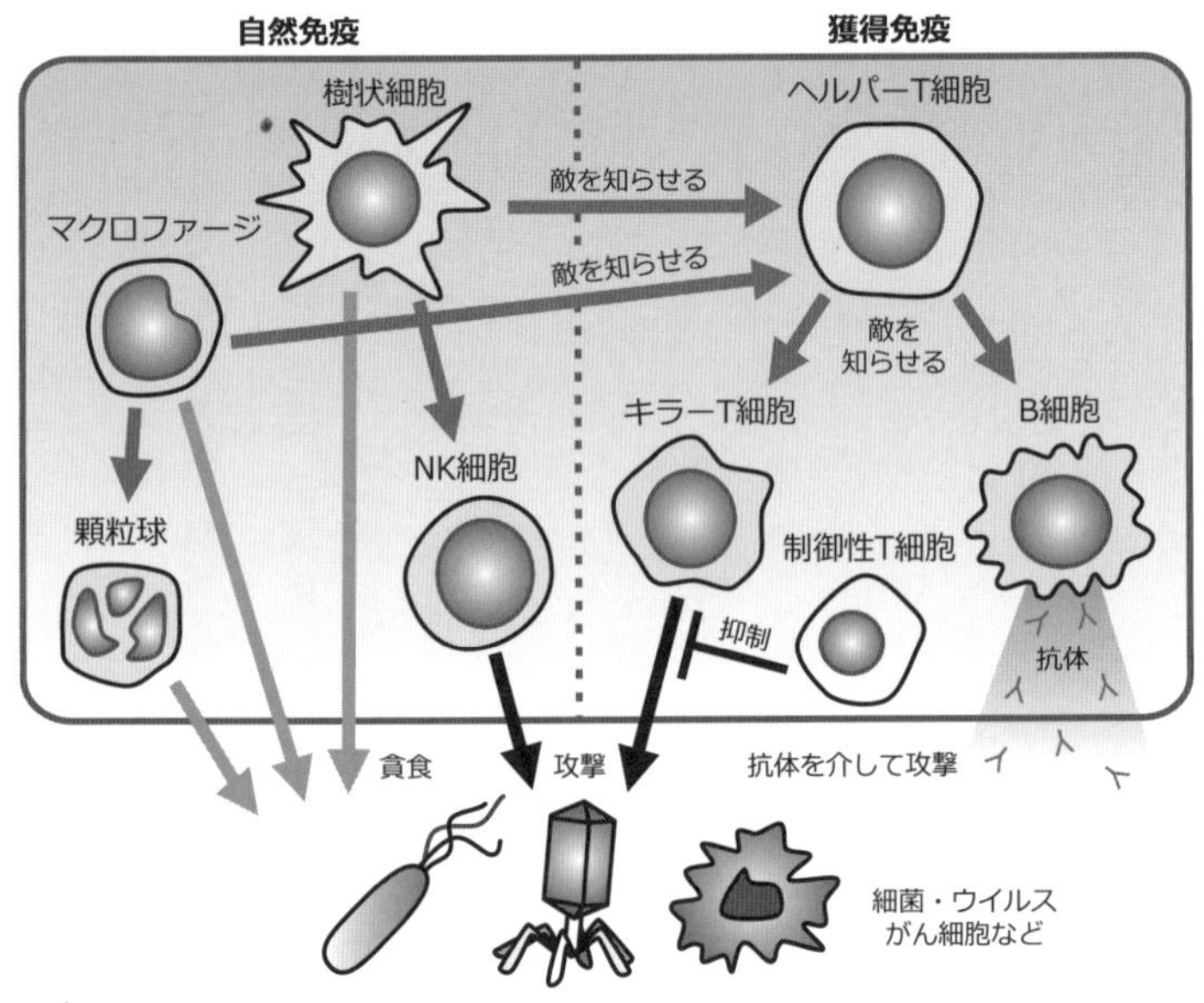

図6　自然免疫と獲得免疫のしくみ

ある**抗体**の産生を開始します。この抗体が血液中に流れている毒素分子や非常に小さい病原体の駆除に役に立ちます。一方、キラーT細胞は、指名手配書、つまり抗原を持つ細胞、言い換えると病原体に感染している細胞を攻撃するようになります。そして異物の排除が完了すると、免疫応答を終了させる制御性T細胞が、キラーT細胞の活動を抑えるようにはたらきます。私たちが日常的に用いている「免疫」という言葉は、この獲得免疫のことを指している場合が多いのです。そして、この獲得免疫とは、初回に攻撃した異物を記憶する免疫記憶のことで、その異物と似たものが再び体内に侵入した場合や、体内のがん細胞など異常な細胞を見つけたとき、直接異常細胞を攻撃して破壊したり、抗体を用いてすばやい免疫反応を起こしたりして、体を守るしくみのことです。**ワクチン**は、免疫記憶のしくみを利用し、不活化した病原体や、弱毒化した病原体を体に接種することで、免疫細胞に病原体の情報を記憶させ、接種した病原体に感染することを防ぎます（**図6右**）。

▼ワクチン後進国、日本

２０１８年、首都圏を中心に**風疹**（ふうしん）が流行しました。風疹は、風疹ウイルスに感染することで起きます。首が腫れて、その後発熱とともに全身に赤い発疹が広がります。妊娠20週までの女性が風疹に感染すると、胎児も風疹に感染します。すると、胎児を死産したり、先天性の心臓疾患や難聴、白内障などの障害を持った子どもが生まれることがあります。このような障害のことを、先天性風疹症候群といいます。風疹に対する治療薬は現時点では存在しないため、風疹ワクチンを接種して予防するしかありません。風疹ワクチンの接種が始まったのは、１９７７年8月です。しかし当時は、女子中学生にだけ集団接種されました。これは、女子中学生が将来妊娠した際に胎児が先天性風疹症候群にかからないようにするためでした。その後、１９８９年からようやく男女全員に風疹ワクチンが接種されるようになりました。１９８９年以前に生まれた現在30歳代の男性よりも上の世代の男性は、風疹ワクチンを接種していないのです。

ちなみに、50歳代後半以降の男性は風疹ワクチンを接種していませんが、多くの人が風疹を経験済みだといわれています。つまり、現在30歳代から50歳代前半の男性で、風疹にかかったことのない人は、いつ風疹に感染してもおかしくない状況です。実際、2018年の風疹患者の6割以上が、30～40歳代の男性で占められていました。そこで厚生労働省は、2018年12月11日、39歳から56歳の男性に対して、風疹ワクチンの接種費用を無料にすることを発表しました。日本での風疹の感染拡大や先天性風疹症候群の発生を抑えるためにも、30歳代以降の男性で、いままで一度も風疹にかかったことがなく、風疹ワクチンを接種したことのない人は、あなた自身の健康のためだけではなく、あなたの大切なパートナーのため、そしてあなたの周りのすべての妊婦のために、ぜひ風疹ワクチンの接種をしてください。先天性風疹症候群は、注射1本で防げます。

免疫の基本講義② 液性免疫と細胞性免疫

講義①（⇒41ページ）で、自然免疫が獲得免疫に異物の情報を伝えることを学びました。ではマクロファージや樹状細胞は、どうやって異物の目印情報を獲得免疫を担当する細胞に伝えるのでしょうか？ ここではある病原体Aを駆除する際、どのように抗体が作られるのかを説明します。

まず自然免疫を担うマクロファージや樹状細胞は、病原体Aを貪食して、細胞内で消化した後、病原体Aのタンパク質の断片、つまり抗原をマクロファージや樹状細胞の表面にある**主要組織適合遺伝子複合体**（major histocompatibility complex：MHC）クラスⅡというタンパク質の上に載せます。MHCクラスⅡは、細胞表面にあるお皿のようなもので、その上に病原体Aの指名手配書を載せているイメージです。マクロファージや樹状細胞は、抗原を細胞表面に載せることから、抗原提示細胞と呼びます。そして、病原体Aの指名手配書を持っている樹状細胞は、**リンパ節**に移動します。かぜをひいたときに顎(あご)の下が腫れたりしますが、この腫れている部分がリンパ節です。

獲得免疫を担う**ヘルパーT細胞**は、2種類の手を持っています。1つは、**CD4**と呼ばれる手です。そしてもう一方の手は、**T細胞受容体**です。ヘルパーT細胞は、CD4の手でMHCクラスⅡを持って、T細胞受容体の手でMHCクラスⅡのお皿の上に載っている異物の病原体Aの指名手配書の情報を受け取ります。そして、数あるヘルパーT細胞のうち、その病原体Aの指名手配書に見覚えがあるヘルパーT細胞だけが刺激を受けて活性化されます。つまり、MHCクラスⅡとT細胞受容体の間で異物の情報のやり取りがなされます(**図7左**)。

一方、B細胞の表面には、**B細胞受容体**(膜型免疫グロブリン(IgM)とも呼ばれます)があります。B細胞は、B細胞受容体に結合した病原体Aや血液中やリンパ液中に流れている病原体Aの破片を取り込んで、細胞の中で分解します。そして分解した破片を、樹状細胞と同様にB細胞の表面にあるMHCクラスⅡのお皿の上に載せます。そして病原体Aの指名手配書をMHCクラスⅡに載せているB細胞と、先ほど病原体Aの指名手配書に見覚えのあるヘルパーT細胞が出合うと、B細胞のMHCクラスⅡと活性化ヘルパーT細胞のT細胞受容体の間で情報がやり取りされます。するとヘルパーT細胞は、B細胞に**サイトカイン**という活性化物質をふりかけ、B細胞に抗体を多量に産生させるようにします。このようにして、同じ病原体Aを攻撃するヘルパーT細胞とB細胞は、お互いに病原体Aを確認しながら仕事をします。このような免疫のしくみを**液性免疫**といいます(**図7中央**)。

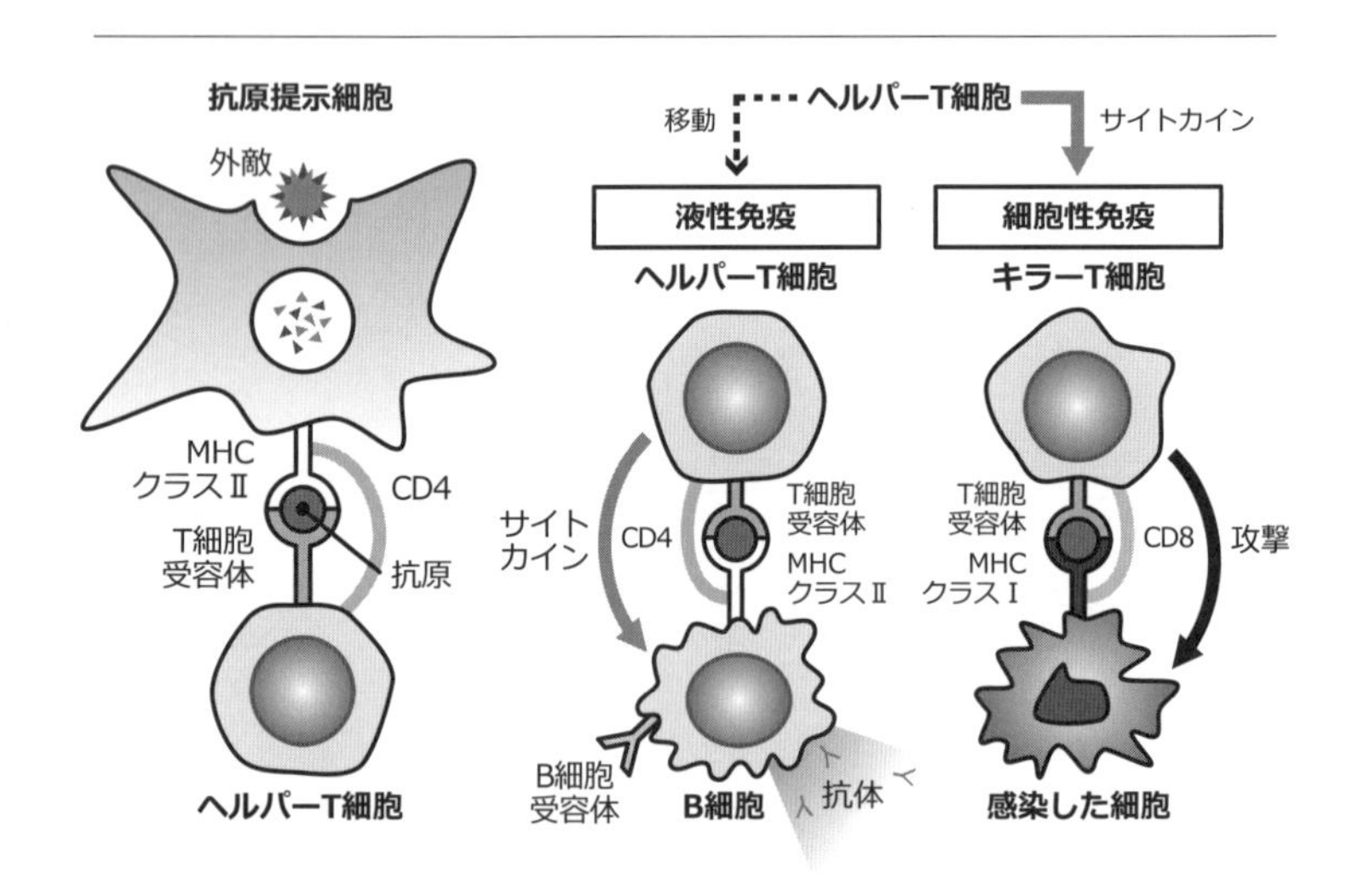

図7　液性免疫と細胞性免疫

NK（ナチュラルキラー）細胞の名前の由来は、生まれながらにしてさまざまな細胞を攻撃する免疫系の細胞という機能に由来しています。といっても、むやみやたらにどんな細胞も攻撃するわけではなく、NK細胞は、MHCクラスⅠを持っていない細胞を攻撃します。実は、このMHCクラスⅠは、ほとんどすべての細胞が細胞表面に持っているお皿です。そして、MHCクラスⅠを持つ細胞は、自分のタンパク質を消化したものをMHCクラスⅠのお皿の上に載せています。つまり、MHCクラスⅠのお皿の上に自分の顔写真を載せているようなものです。このおかげで、NK細胞は私たちの細胞を攻撃しないのです。

一方、ウイルスや細菌などに感染すると、感染した細胞は、MHCクラスⅠのお皿の上に、それら病原体の指名手配書を載せるようになります。液性免疫の説明で例に挙げた病原体Aに私たちの細胞が感染したとします。すると、MHCクラスⅠのお皿の上には、病原体Aの指名手配書が載せられます。病原体Aの指名手配書に見覚えのあるヘルパーT細胞は、サイトカインをキラーT細胞にもふりかけ、活性化させます。**キラーT細胞**には2つの手があります。1つは先ほどのヘルパーT細胞と同様の、T細胞受容体です。もう片方の手は**CD8**です。キラーT細胞はこのCD8を使って、感染した細胞のMHCクラスⅠと結合し、T細胞受容体の手でMHCクラスⅠのお皿に載っている写真を確認します。この写真が自分自身の顔写真ではなく、病原体Aの指名手配書が載っている場合にのみその細胞、つまり病原体に感染した細胞を攻撃して取り除きます。このような免疫のしくみを**細胞性免疫**といいます（**図7右**）。

▼体がいろいろな病原体に対応できるわけ

T細胞にあるT細胞受容体やB細胞にあるB細胞受容体は、異物である抗原を認識できます。しかし、1つのT細胞やB細胞が認識できる抗原は、1種類だけです。この1種類だけ認識できる能力のことを**抗原特異性**（とくいせい）といいます。なぜ1つのT細胞やB細胞は、1種類の抗原にしか特異性がないのにもかかわらず、私たちの体は、未知の病原体も駆除できるのでしょうか？　実は、私たちの体の中には、さまざまな抗原と反応することのできる数百万種類以上ものT細胞、B細胞がはじめから用意されているのです。

不思議に思いませんか？　はじめから多数のT細胞、B細胞が用意されているといわれても、病原体はころころと顔立ちを変えるし、これからの未来、どんなウイルスや細菌が現れるかもわかりません。つまり、想定外の敵が突然現れる可能性があります。一方、私たちの遺伝子の数は決まっていて、約2万2000個といわれており、遺伝子の数は変化しません。では、どうやって多様性に富む抗原に対して、多様性に満ちた抗体を作り出すのでしょうか？

免疫の基本講義③　抗体の多様性のしくみ

抗体は、タンパク質からできています。タンパク質は、細胞の核にある遺伝子という設計図を元にして作られます。核の中には、**デオキシリボ核酸**と呼ばれる化学物質、いわゆるDNAでできた長いひも（ゲノムと呼ばれ、約30億塩基対あるといわれています）があります。遺伝子は、そのDNAでできた長いひもの中に飛び飛びに存在しています。通常、1つの遺伝子から作られるタンパク質は、1種類だけ。ここでは、そこだけ頭に入れておいてください。つまり、抗体を作るために使えるDNAの数が限られているのです。このあたりの詳細なしくみについては2章で述べます。

抗体は、Yの字をしていて、重鎖2本、軽鎖2本の合計4種類のタンパク質からできています。抗体は左右対称で、先端部分に抗原に結合する抗原結合部位があります。抗原結合部位の中でも、特に抗原に結合する部分は抗原の種類によってアミノ酸の組成が異なっているので、**可変領域**と呼ばれます。可変領域のタンパク質を作り出す遺伝子の部分には多種類の遺伝子断片が用意されていて、B細胞が生まれる過程でその断片と断片がつなぎかえられることで、さまざまな種類の遺伝子

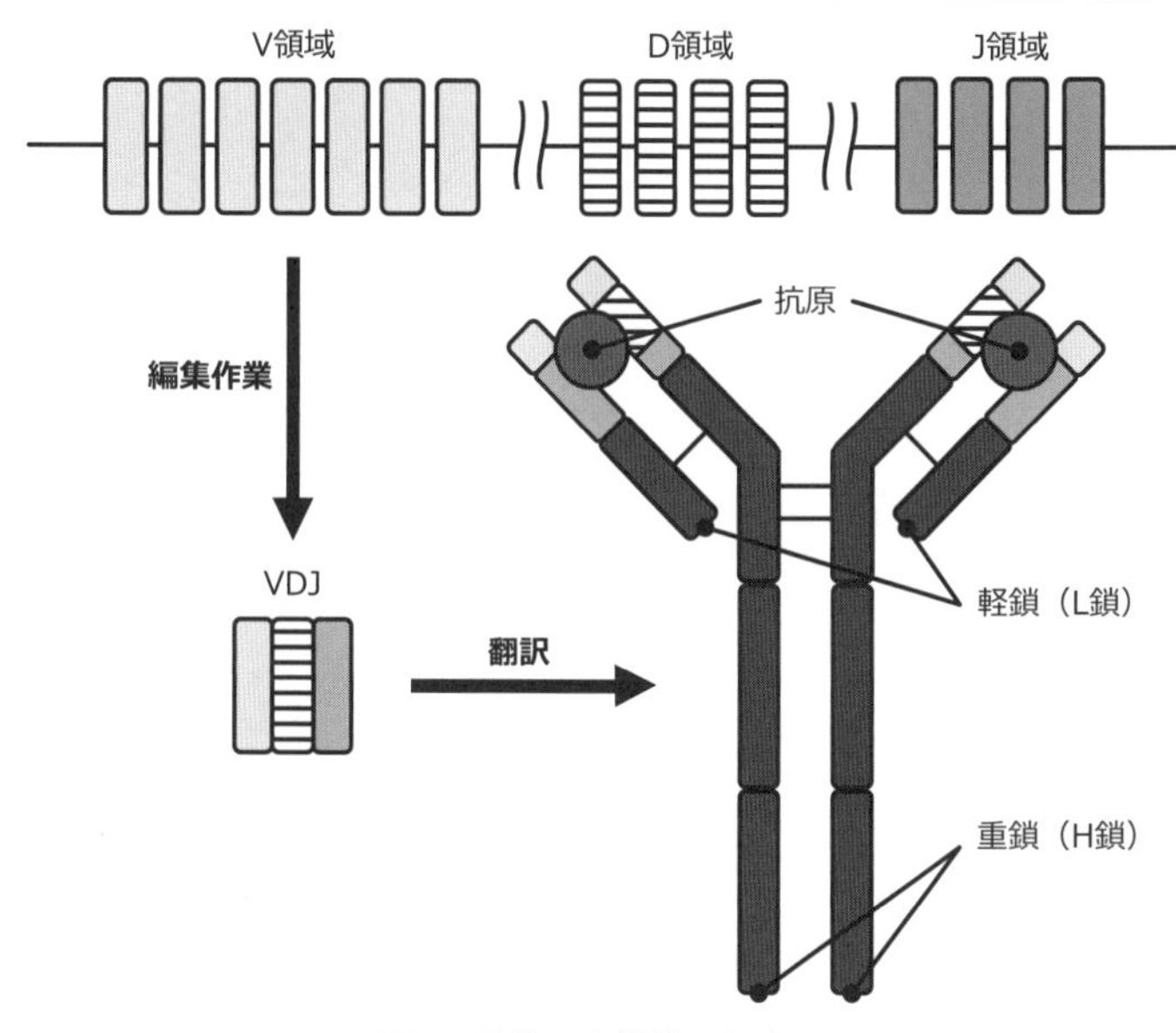

図8　抗体の多様性のしくみ

ができあがります。これが**遺伝子再構成**と呼ばれる現象です。

重鎖は、V、D、Jという3つの遺伝子の断片から構成されていて、その組み合わせから多様な抗体が作られることを計算してみましょう。Vが300種類、Dが25種類、Jが6種類（種類の数は仮定です）あるとすると、300×25×6＝4万5000種類の重鎖ができあがります。一方軽鎖は、VとJの2つの断片からなり、Vが40種類、Jが5種類（種類の数は仮定です）とすると40×5＝200種類の軽鎖ができあがります。したがって、できあがる抗体は、4万5000×200＝900万種類となります（**図8**）。実際には、100億種類以上の抗体が作られるともいわれています。この抗体を作る過程は、ランチバイキングで自分オリジナルのランチを作ることを想像するとわかりやすいかもしれません。重鎖の場合は、300種類のサラダの中から1種類、25種類のメインディッシュから1種類、そして6種類のデザートから1種類選んで、自分オリジナルのランチを作るようなイメージです。また、軽鎖を作る過程は、40種類のパスタから1種類、5種類の飲み物から1種類を選んでパスタランチを作るようなイメージです。このとき、サラダボウルに野菜を山盛りにしたり、メインディッシュのお皿にソースをこぼして汚したり、パスタのお皿は山盛りにしてデザートのお皿にはあまりデザートを盛りつけなかったりと、人それぞれさまざまなランチができあがります。つまり、抗体もこのようなしくみで作り出されているのです。なおこのメカニズム、つまりさまざまな抗体を作り出せる遺伝子再構成のしくみを発見した利根川進（とねがわすすむ）は、1987年にノーベル生理学・医学賞を受賞しました。実は、T細胞受容体も抗体を作り出す遺伝子再構成と同様のしくみを用いて、多様性を生み出しています。

▼再考、花粉症のメカニズム

さて、花粉症発症のメカニズムを理解するために必要な役者がそろいました。序章で述べたように、アレルギー反応には、IgEが必要です。では、IgEがどのようにしてマスト細胞からのヒスタミン放出を引き起こすのでしょうか？

抗体の尾っぽの部分を**Fc領域**と呼びます。実は、マスト細胞の表面には、IgEの尾っぽだけ、

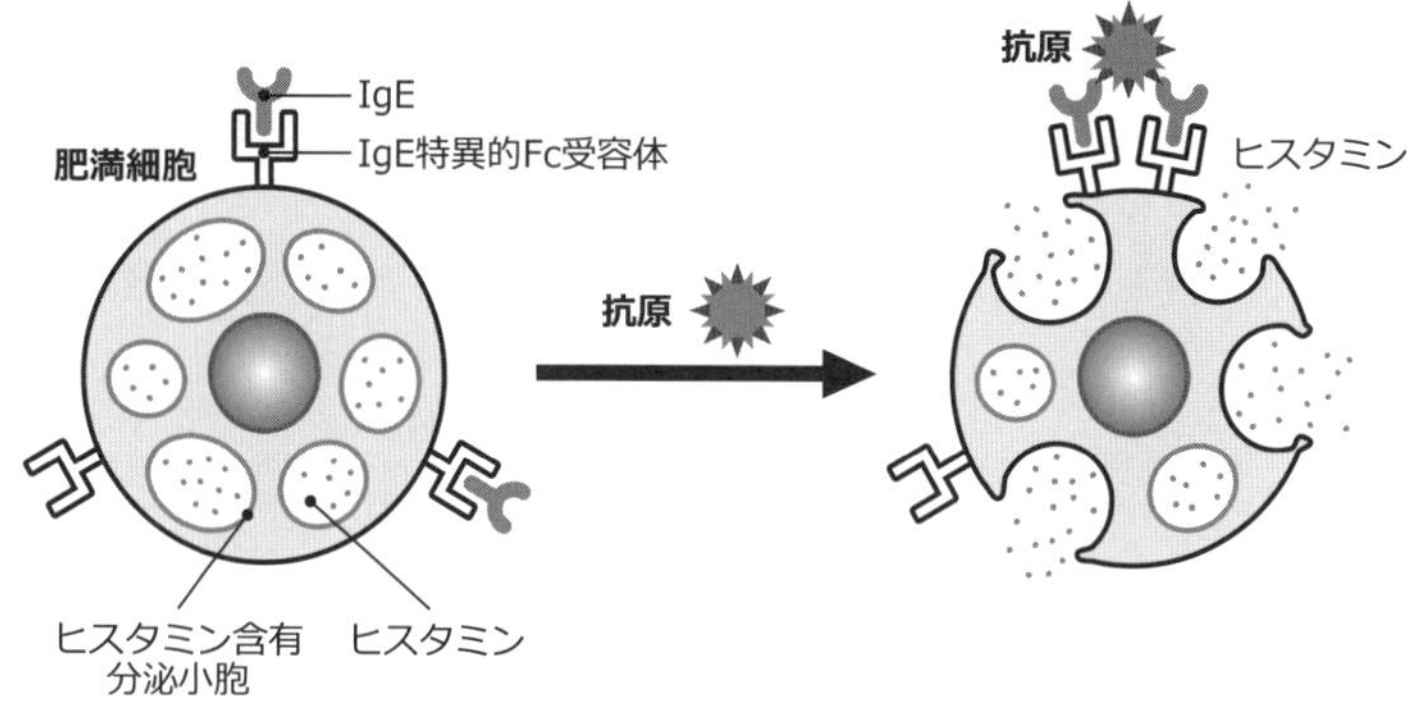

図9　マスト細胞からのIgE抗体を介したヒスタミンの分泌

つまりＩｇＥのＦｃ領域だけが結合でき、他の抗体のＦｃ領域は結合しないタンパク質があります。このタンパク質のことを**ＩｇＥ特異的Ｆｃ受容体**と呼びます。特異的とは、ＩｇＥのＦｃ領域だけに特化して結合するという意味です。そして、マスト細胞表面には、ＩｇＥ特異的受容体を介してＩｇＥがあらかじめ多数結合しているのです。そこにＩｇＥが認識する抗原、つまりアレルゲンがやってくるとＩｇＥに結合します。そしてアレルゲンがＩｇＥに結合すると、マスト細胞からヒスタミンが放出されます（**図9**）。

ＩｇＥのＦｃ領域を「自宅の玄関の扉の鍵」だとすると、ＩｇＥ特異的Ｆｃ受容体とは、「自宅の玄関の扉にある鍵穴」です。つまり、自分の家に入るために玄関の扉にある鍵穴に鍵を差し込むようなイメージです。ただ、この状態ではまだ家には入ることができません。家に入るためには、鍵穴に差し込んだ鍵を回さなければなりません。それから、扉を開いて家に入る必要があります。その鍵を回すステップが、ＩｇＥにアレルゲンが結合するステップ、そして扉を開いて家の中に入るステップが、マスト細胞からヒスタミンが放出されるステップに相当します。この一連の過程を経て、アレルギーが発症するのです。

では、どのようにして花粉症は起こるのでしょうか？　ここでは、スギ花粉症を例にとって説明します。スギの花粉は、ちょうどニワトリの卵のように外側には殻が、内側には栄養細胞と生殖細胞、そしてデンプンが存在しています。スギ花粉は、水分を吸収すると卵のように割れるため、目や鼻の粘膜に到達した花粉は、粘膜の表面で割れます。粘膜には無数の毛細血管があり、先にも述べた自然免疫を担当するマクロファージや樹状細胞が、異物、この場合だとスギ花粉が、いつやってくるのかと待ち構えています。そして、いざ異物である花粉がやってくると、スギ花粉を貪食し、スギ花粉タンパク質を細胞内に取り込んで分解します。そして樹状細胞は、ヘルパーT細胞にスギ花粉のタンパク質が異物であるとの情報を伝えます。するとヘルパーT細胞は、キラーT細胞の数を増やして花粉を攻撃します。また、B細胞にも情報を伝え、B細胞にスギ花粉のタンパク質に結合する抗体、つまりＩｇＥを産生させます。そして、このスギ花粉のタンパク質に対するＩｇＥが血流に乗って全身に運ばれ、また血管から組織へと染み出し、血管周辺に存在するマスト細胞と結合します。そして、次に花粉にさらされたときにすばやく反応できるように待ち構えているのです。そのため、再度スギ花粉が体内に取り込まれると、スギ花粉がＩｇＥに結合してマスト細胞からヒスタミンが放出されます。その結果、あの嫌な鼻水やくしゃみや目のかゆみが起こるのです。世の中には、花粉症にならない人もいます。これは、その人が生まれてから今までにさらされた花粉の量、マスト細胞膜上に結合しているＩｇＥの量、またＩｇＥを産生する能力など、さまざまな要素が、人それぞれ大きく異なるためだと考えられます。

免疫の発展講義　自己と非自己を見分けるしくみ

　ここから少し複雑な話をしますが、これから述べるしくみの大枠さえとらえることができれば、決して難しくありません。そして細かいことは後から必要に応じて追加するようにしてみてください。そうすれば、自己と非自己を見分けるしくみの全体が見えてくるはずです。

　T細胞は、T細胞受容体とMHCクラスⅠやMHCクラスⅡを用いて、自分（自己）と他人（非自己）の細胞を見分けるとこれまで述べてきました。T細胞受容体の遺伝子再構成は、ランチバイキングのように、自由な組み合わせを取ることができるので、自己を攻撃する細胞が出てきてもおかしくありません。また逆に、非自己をまったく認識できない、役に立たないT細胞もたくさん現れてきます。では、どのようにして私たちの体は、これらT細胞の中から、非自己を駆除するのに役立つT細胞だけを選び出すのでしょうか？

　T細胞は、**胸腺**（きょうせん）と呼ばれる組織で作られます。胸腺は胸骨の裏側にあり、ちょうど心臓の上にあります。胸腺の大きさは握りこぶしほどで、小児期にかけて、体の免疫を担う重要なはたらきをしています。その後、成長するにしたがって徐々に小さくなり、成人では退化して脂肪組織となり、その機能を終えるといわれています。

　この胸腺内でT細胞受容体を細胞表面に出したばかりの若いT細胞は、胸腺上皮細胞や樹状細胞に出合います。胸腺上皮細胞や樹状細胞は、MHCクラスⅠおよびMHCクラスⅡの上に自分の顔写真、つまり自己抗原を提示しています。若いT細胞の中には、T細胞受容体が自己抗原の載った

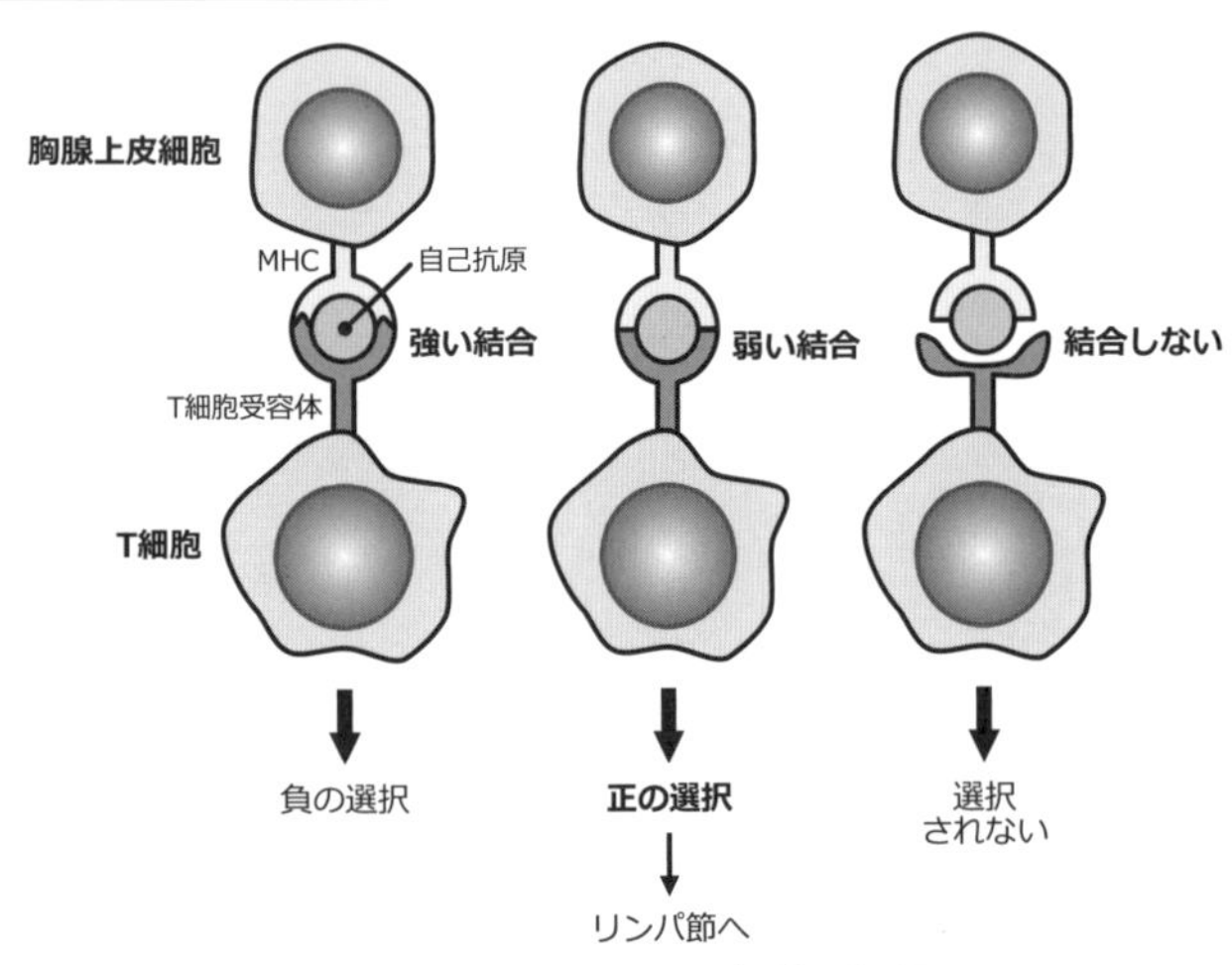

図10 胸腺におけるT細胞の選択

ＭＨＣに強く結合する場合があります。このようなT細胞は、胸腺から出て全身をパトロールするようになると、自分の体の細胞を攻撃してしまう危険なT細胞です。そのため、このような細胞は胸腺から出すわけにはいかず、その場で取り除く必要があります。私たちの体は非常に精巧にできていて、ＭＨＣの上に載っている自己抗原に強く結合してしまう生まれたばかりのT細胞、つまり自己反応性T細胞は、その時点で細胞に強い刺激が加えられ、自分自身で死ぬこと（**アポトーシス**と呼ばれます）で取り除かれます。これを「負の選択」といいます。

一方、ＭＨＣの上に載っている自己抗原に強くは結合しないが、「ちょうどよい強さ」で結合するようなT細胞受容体を持ったT細胞も出てきます。このようなT細胞は、胸腺から出て、自己抗原ではなく病原体の抗原が載ったＭＨＣと出合ったときに、強く結合して異物を取り除くことができる可能性があります。そこで、このようなT細胞は、将来性を見込まれて一次試験合格となります。そして一次試験に合格したT細胞は、引き続き胸腺の中で成熟していきます。このように適度に自己抗原と結合できるようなT細胞を選択する過程を「正の選択」といいます。ただし、ほとんどの生まれたばかりの若いT細胞のT細胞受容体は、MHCと結合できません。そのようなT細胞は、何度か遺伝子再構成をやり直すチャンスをもらいます。しかし、何度か遺伝子再構成を行っても一次試験に合格できなかった場合、そのようなT細胞もやがてアポトーシスで死んでいきます。このような厳しい品質管理を経て、自己と非自己を見分けるT細胞が作られていきます（**図10**）。

▼ヒト免疫不全ウイルス（HIV）と後天性免疫不全症候群（AIDS）

HIVと聞いて、何のことかすぐに理解できる人は少ないかもしれません。HIVとは、**ヒト免疫不全ウイルス**（human immunodeficiency virus）のことで、ヒトの免疫を担う細胞に感染し、最終的には免疫細胞を破壊し免疫系がはたらかなくなった状態を引き起こします。この免疫系がはたらかなくなり指定された疾患を発症した状態を、**後天性免疫不全症候群**（**AIDS**(エイズ)）と呼びます。つまり、HIVに感染したことで、本来健康な状態であれば感染しないような感染力の弱い真菌などに感染してしまっている状態をAIDSというのです。

2019年現在、日本での新規HIV感染者とAIDS患者数は、累計で2万7000人を突破しています（国立感染症研究所）。また、世界中のHIV感染者数は、約3670万人、年間180

万人の新規ＨＩＶ感染者と１００万人のＡＩＤＳによる死亡者が発生しています。このＨＩＶの感染によって引き起こされるＡＩＤＳに対して、現在ではさまざまな薬が開発され、ＨＩＶに感染してもきちんと薬を飲んで治療を行えば、ＡＩＤＳを発症することはなくなっています。つまりＨＩＶ感染症は、現在では治療できる病気です。

しかし、治療できることと完全に治ることとはまったく異なります。ＨＩＶ感染症の完治とは、体内のＨＩＶウイルスが完全に消滅することを意味します。また、ＡＩＤＳを発症することはなくなったといえ、治療薬は非常に高価で副作用も強く、死ぬまで飲み続けなければなりません。そのため、体内のＨＩＶウイルスを完全に消滅させる方法を世界中の研究者は血眼で探しているのです。

これまで述べてきたように、ヒトはこれまでさまざまな病原体と戦ってきました。この１００年ほどは、医学の進歩や数多くの薬剤の開発、衛生環境の向上などで、ヒトの寿命はかなり延びました。しかし、細菌やウイルスの進化には目を見張るものがあり、薬剤耐性菌や薬剤耐性ウイルスが増え、結核や新型インフルエンザなどの感染症が、再びヒトに猛威を振るう日がくるかもしれません。未来はわかりませんが、現在だけのことだけを考えるのではなく、近未来のこともふまえて、薬を正しく適量使用しなければならないことだけは間違いなさそうです。

コラム　HIV感染からの生還

HIVの感染を完治できた症例があります。その患者は、1995年にHIVに感染したティモシー・R・ブラウンです。ブラウンが感染したところ、HIVに感染するような危険な行為を繰り返してもHIVにまったく感染しない人の存在が報告されました。HIVは、自身のGP120という手を使ってCD4を持つT細胞やマクロファージに結合します（⇒44ページ「免疫の基本講義②」を復習）。そして、T細胞やマクロファージの細胞表面にあるCCR5というタンパク質を使って、細胞の中に入り込んで感染します（**図11**）。実は、HIVにまったく感染しない人は、このCCR5の遺伝子の32塩基が欠損していて、CCR5を細胞膜の上に作り出すことができなかったのです（CCR5Δ32遺伝子と呼ばれます）。つまり、CCR5の一部が欠けていると、HIVに感染しないことがわかりました。[13] なお、このCCR5Δ32遺伝子を持つ人は、北ヨーロッパの白人の約16％に見つかります。一方で、CCR5Δ32遺伝子を持つ人は、「西ナイルウイルス」に感染しやすく、[14] またインフルエンザに感染した際の死亡率が高いというデータもあります。[15] しかし、アジアで

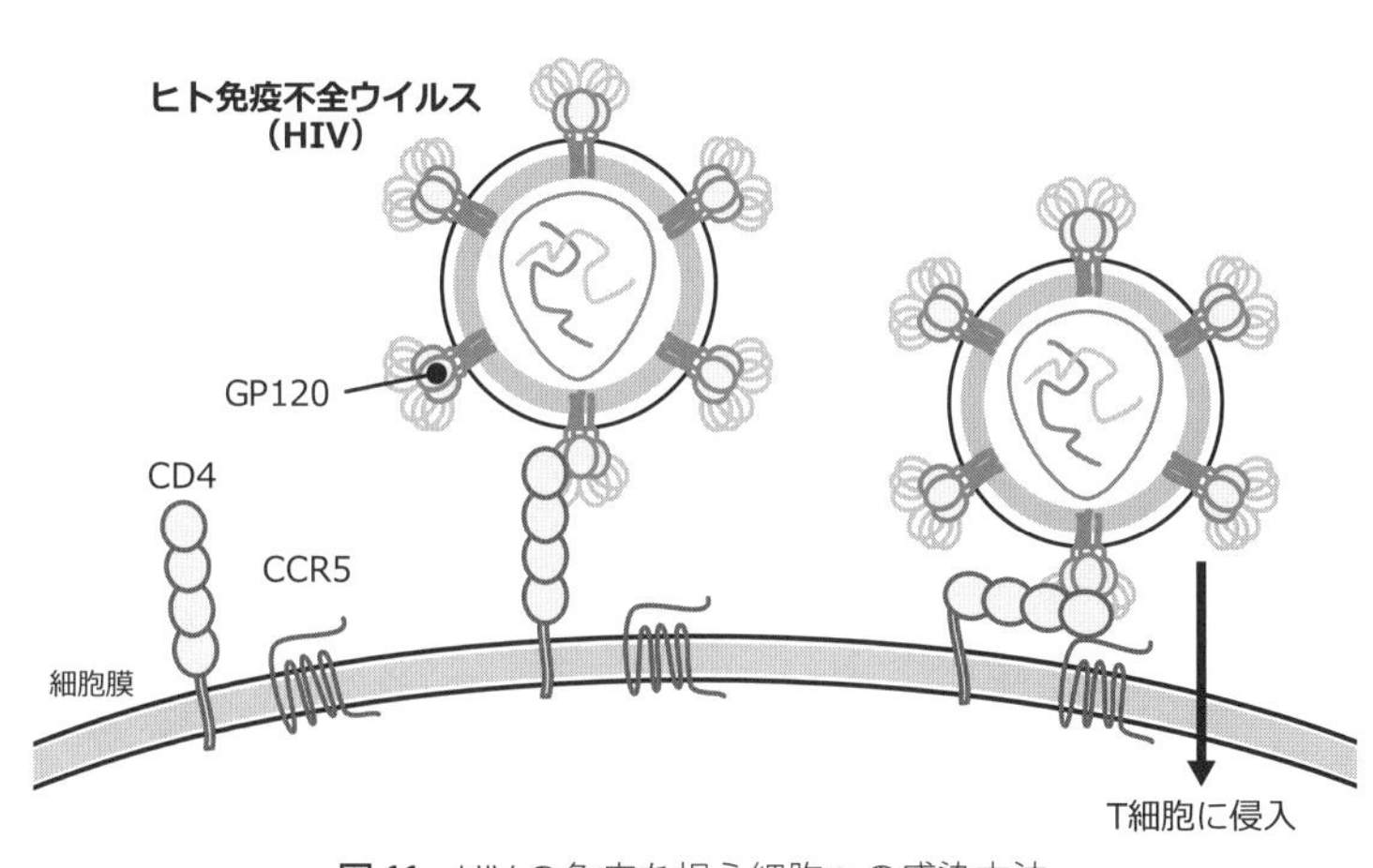

図11　HIVの免疫を担う細胞への感染方法

はこのような突然変異を持つ人は現在のところ見つかっていません。

　ブラウンは、1995年にHIVに感染してから、標準的な治療（3剤以上の抗HIV薬を組み合わせて服用する多剤併用療法）を受け続け、体内のHIVのウイルス量は、一定の状態で保たれていました。しかし2006年に、急性骨髄性白血病にかかってしまったのです。

　ブラウンには、まず抗がん剤を用いる治療が行われ、徹底的に体の中のがん細胞を死滅させました。そしてその後、ある挑戦的な造血幹細胞移植が試みられました。

　造血幹細胞移植を行うと、HIVの感染先であるマクロファージやT細胞は、造血幹細胞を提供してくれたドナーの細胞に入れ替わります。そこで、ブラウンの担当医は、CCR5Δ32遺伝子を持っているドナーからブラウンへ造血幹細胞移植をすれば、HIVが感染できず増殖できなくなるT細胞に置き換えることができるのではないかと考えたのです。そして、CCR5Δ32遺伝子を持つ造血幹細胞をブラウンへ移植したところ、体内からHIVウイルスが消失したのです。つまり、ブラウンは完治したのです。[16] その後、2019年にロンドン在住のHIV陽性の患者に対して、ブラウンの担当医が用いたのと同様の手法を用いることで、18か月間体内にHIVウイルスが消えている状態にあるとの報告がありました。[17]

　しかし、この治療法は非常に危険です。なぜならHIVに感染しているということは、T細胞やマクロファージの機能が弱っている、つまり免疫力が低下している状態です。そのうえ、体外から非自己の造血幹細胞を移植するのですから、いつ免疫不全、つまりAIDS症状が現れてもおかしくない状態だからです。

　この挑戦的な治療方法でHIVを駆除できたことをヒントに、現在、HIVに対するさまざまな治療法が開発されています。たとえば、HIVに感染した場合の多剤併用療法に用いられる薬に、マラビロク（商品名：シーエルセントリ®）という薬があります。実はこの薬は、CCR5阻害剤です。つまり、HIVがマクロファージやT細胞に結合しないようにする薬です。また、CCR5遺伝子をある遺伝子組換えによって破壊するなど、遺伝子治療なども研究開発されています。[18] 近い将来、HIV感染を完全に克服できる時代がくるかもしれません。

2

遺伝子、タンパク質、体質とエピジェネティクス

あなたがあなたであるわけ

2章　遺伝子、タンパク質、体質とエピジェネティクス　あなたがあなたであるわけ

同じお酒を同量飲んでも、二日酔いになる人とならない人がいたり、同じ薬を同量服用しても、よく効く人と、まったく効かない人がいたりします。このように、人によってアルコールや薬の作用が異なることを、私たちは体質と呼んでいます。では、体質はどのようにして決まるのでしょうか？

▼体質って何？ ― 薬の効きやすい人と効きにくい人

消化管で消化・吸収された食べ物の栄養素は、肝臓へ運ばれます。そして、肝臓に存在する何百種類もの酵素が、栄養素を分解し、その分解した物質を使って別の物質を産生します。これらの過程を、**代謝**と呼びます。代謝された栄養素は、肝臓に蓄えられたり、血液中に放出されたりします。

肝臓には私たちの体にとって有害である食品添加物や薬剤、細菌なども運ばれ、これらの有害物質の無毒化、つまり**解毒**も行っています。この解毒は、肝臓の細胞にある**シトクロムＰ４５０**（ＣＹＰ：シップと呼ばれます）という**酵素**によって行われます。このＣＹＰは、食品添加物や薬剤など体にとっての異物を水に溶ける物質に分解し、尿として体外へ排出させ、体内に異物が蓄積しないようにさせます。

ヒトには、約60種類以上のCYPがあります。イネにいたっては、300種類以上あるといわれています。イネにCYPが多いのは、土壌に含まれるさまざまな化学物質や微生物由来の毒素などを分解する必要があるためです。ヒトのCYP1は、がんを引き起こす物質であるダイオキシンを分解します。CYP2は、植物由来の毒であるアルカロイドを分解します。CYP3はさまざまな薬を分解する酵素ですが、グレープフルーツジュースに含まれる成分によって、その作用が抑えられます。グレープフルーツジュースで薬を飲むことはないとは思いますが、仮にグレープフルーツジュースで抗がん剤を飲んだ場合、抗がん剤を分解するCYP3の作用がグレープフルーツジュースに含まれる成分で抑えられてしまうため、抗がん剤が肝臓で分解されず、体内に残り続けます。すると、体内での抗がん剤の濃度が高くなりすぎてしまうため、副作用が強く出ます。ですから薬は、グレープフルーツジュースで飲んではいけません。このようにCYPがさまざまな物質を代謝してくれることで、私たちの体はうまく機能しています。つまり、CYPの代謝能力が、私たちの体質に関係することは想像に難くありません。

▼CYPとオーダーメイド医療

薬の効果とCYPとの関係は、意外なところから解明されました。1920年代にアメリカで発生した、牛が内出血を起こし、死亡してしまう病気が発端です。その後の調査で、餌として与えていたスイートクローバー（別名シナガワハギ *Melilotus officinalis* など）が腐敗していたことが、内出血死の原因とわかりました。しかし、なぜ腐敗したスイートクローバーが内出血を引き起こすのか、その詳細については不明でした。スイートクローバーが微生物によって分解されると、桜餅の甘い香りの成分であるクマリンが作られます。そしてこのクマリンが、細菌（*Penicillium nigricans* など）によって分解されると、ジクマロールができます。実は、このジクマロールが血液を固める作用、つまり凝固作用のあるビタミンKの作用を阻害し、内出血死を引き起こしたのです。逆にいうと、ビタミンKが欠乏すると出血しやすくなります。ヒトの新生児は、内出血を防ぐために、出生当日、産科退院時、そして1か月健診時の合計3回、ビタミンKシロップを与えられます。このビタミンKには、血液凝固作用のほかに骨形成を促進させる作用もあります。そのため最近では、骨粗しょう症改善のための治療薬としても用いられています。

このジクマロールは、ネズミを駆除する薬として1941年に販売されました。その後、ジクマロールを改良したワルファリン（商品名：ワーファリン®）が1948年に販売されました。実はこのワルファリン、現在ではネズミを駆除する目的に使われるのでなく、ヒトの病気、特に脳の毛細血管に血の塊である血栓がつまることで起こる脳梗塞の治療に用いられます。これは、ワルファリンがビタミンKの作用を阻害し、その結果、血栓が溶ける作用を利用しています。ワルファリンを服用している人は、納豆を食べてはいけません。納豆は、ビタミンKを多量に含む食材であるだけでなく、納豆に含まれる納豆菌が、腸内でビタミンKを多量に作り出すため、ワルファリンと結合して、血栓を溶かす効果を抑えてしまうからです。

ワルファリンを脳梗塞の治療に用いる際、60㎎のワルファリンを投与しなければ効果が出ない人と、その100分の1の量である0・6㎎を投与するだけで効果が出る人がいます。つまり、人によって薬の効き方が異なることが経験的に知られていました。そのため、臨床の現場では、まず少量のワルファリンを投与して、効果が見られるのを確認しながら、徐々にワルファリンの濃度を上げていきます。投与する量を間違えると、内出血が起こり最悪な場合死に至る危険性があるため、使い方が非常に難しい薬です。

このワルファリンは、CYP2によって分解されます。また、CYP2がワルファリンを分解する能力は、人によって大きな違いがあり、強力な分解能力のCYP2から分解能力の低いCYP2まで4種類あることがわかりました。0・6mgという微量のワルファリンで薬の効果が得られる人は、分解能力の低いCYP2を持つ人で、一方60mgという薬が必要な人は、強力な分解能力のCYP2を持つ人だったのです。このように、同じCYP2を持っていても、人によって薬を分解する能力には違いがあることが明らかになったのです。

では、自分の治療に必要なワルファリンの量を事前に知る手立てはあるのでしょうか? 実は、みなさんの **CYP2遺伝子**を事前に調べることができれば、自分が分解能力の低いCYP2を持つのか、はたまた分解能力の高いCYP2を持つのかがわかります。そして、自分の治療に必要な薬の適量を知るだけでなく、薬代や副作用も減らせる可能性があります。このような医療は、**オーダーメイド医療**と呼ばれ、そう遠くない未来に実現されているかもしれません。ただ、オーダーメイド医療を行うためには、みなさんの *CYP2* 遺伝子の情報を知る必要があります。*CYP2* 遺伝子を含むみなさんの遺伝子をすべて解読する技術のことを「ゲノム解析」といいます。さて、**ゲノム**とはいったい何のことでしょうか?

分子の基本講義① DNAと二重らせん

誰でも一度は、**DNA**という言葉を耳にしたことがあるでしょう。このDNAとは、いったい何のことなのでしょうか？ 英語では、deoxyribonucleic acid、日本語では、**デオキシリボ核酸**と訳されています。つまりDNAとは、デオキシリボ核酸という「化学物質」を指す言葉です。講義をしていると、「DNAって"遺伝子"のことではないのですか？」と質問をよく受けます。また、某大企業のCMでは、「創設者のDNAを次世代の従業員へと伝える」と言っていたりもします。これは、DNAを遺伝子という意味で使っているのではないでしょうか。しかし注意していただきたいのは、DNA自体は、遺伝子そのものではないのです。

では**遺伝子**とは、何を意味する言葉なのでしょうか？ 修道士のグレゴール・ヨハン・メンデルは、エンドウマメを人工的に受粉させる実験を行いました。すると、次の世代も親と同じ外見や性質―これらをまとめて**形質**といいますが―を持つエンドウマメが現れたのです。つまり、親の形質が子へと何らかの因子（遺伝子）によって伝えられる現象（**遺伝**）を発見しました。

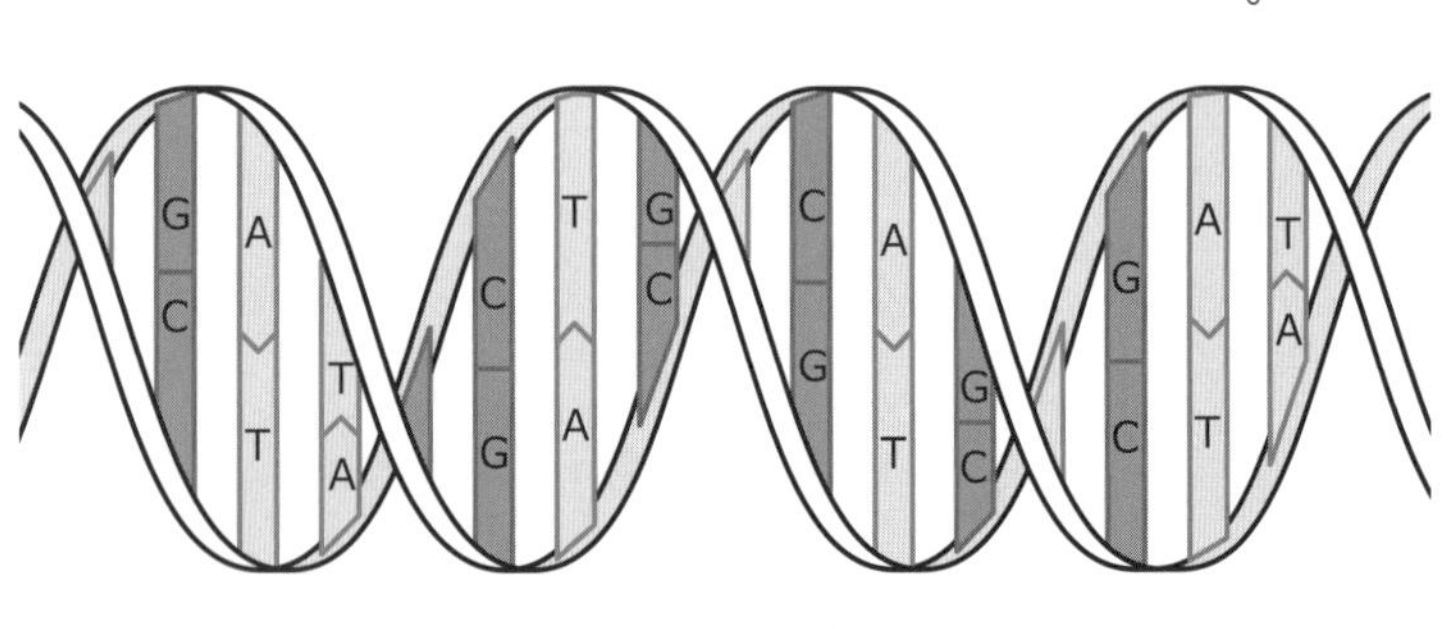

図12 DNAの二重らせん

１９４０年代、ＤＮＡは４種類の**塩基**（アデニン（Ａ）、チミン（Ｔ）、グアニン（Ｇ）、シトシン（Ｃ））からできていることが知られていました。しかし、20種類のアミノ酸からできているタンパク質のほうが、遺伝のような複雑な生命現象を司ることができる、つまりアミノ酸が遺伝情報を記録する物質だと考えられていました。

１９４４年にオズワルド・Ｔ・エイブリーは、遺伝子を作り出す物質、つまり遺伝情報を記録する物質がＤＮＡであることを明らかにしました。５年後の１９４９年には、エルヴィン・シャルガフが、ＤＮＡ中の４種類の塩基がどの細胞の中でも同じ量存在することを発見しました。

ではＤＮＡはどのような構造をしているのでしょうか？　ロザリンド・Ｅ・フランクリンは、ＤＮＡが１本の鎖ではなく２本の鎖でできていて、しかも、らせん状の構造をしていることを、１９５２年頃に予測していました。そして、ジェームズ・Ｄ・ワトソンとフランシス・Ｈ・Ｃ・クリックが、フランクリンの実験結果とシャルガフの実験結果と合わせて、塩基のＡにはＴが、ＧにはＣが結合して、**塩基対**を形成し、この規則的な塩基の結合によって、２本のＤＮＡの鎖がらせん構造をとるという説を１９５３年に提唱しました[1]。これがワトソンとクリックによって発見された、ＤＮＡの「**二重らせん構造**」です（**図12**）。

▼二重らせん構造の発見の舞台裏

フランクリンは、ＤＮＡが二重らせんの構造をとることを予測していたのですが、残念ながら、二重らせんの内部構造、つまり二重らせんの中でＤＮＡ同士がどのように結合して存在しているのかについては、解明できませんでした。

同じ頃ワトソンとクリックは、フランクリン同様に二重らせんの中でＤＮＡ同士がどのように結合して存在しているのか解明を試みていましたが、研究に行き詰まっていました。その中、ワトソンとクリックに、大きなヒントがもたらされます。それは、フランクリンの上司であるモーリス・Ｈ・Ｆ・ウィルキンスやクリックの指導教官だったマックス・Ｆ・ペルーツが、ワトソンとクリックに、フランクリンの実験結果をフランクリンの承諾なしに勝手に教えたのです。そして、２人はＤＮＡの「二重らせん構造」を発表したのです。

１９６２年、ワトソンとクリック、そしてウィルキンスの３人は、「核酸の分子構造および生体における情報伝達に対するその意義の発見」でノーベル生理学・医学賞を受賞しました。残念ながら、ＤＮＡ構造の写真を撮影したフランクリンは、１９５８年に37歳の若さで卵巣がんによってすでに亡くなっていたため、ノーベル賞の受賞は叶いませんでした。また、遺伝子を作り出す物質がＤＮＡであることを発見したエイブリーも受賞には至っていません。

分子の基本講義②　遺伝子とゲノム

ＤＮＡは、二重らせん構造をとって細胞の中に存在しますが、私たちの体を作る1つの細胞の中に含まれる塩基対の数は莫大です。具体的には、約30億個の塩基からできています。つまり、約30

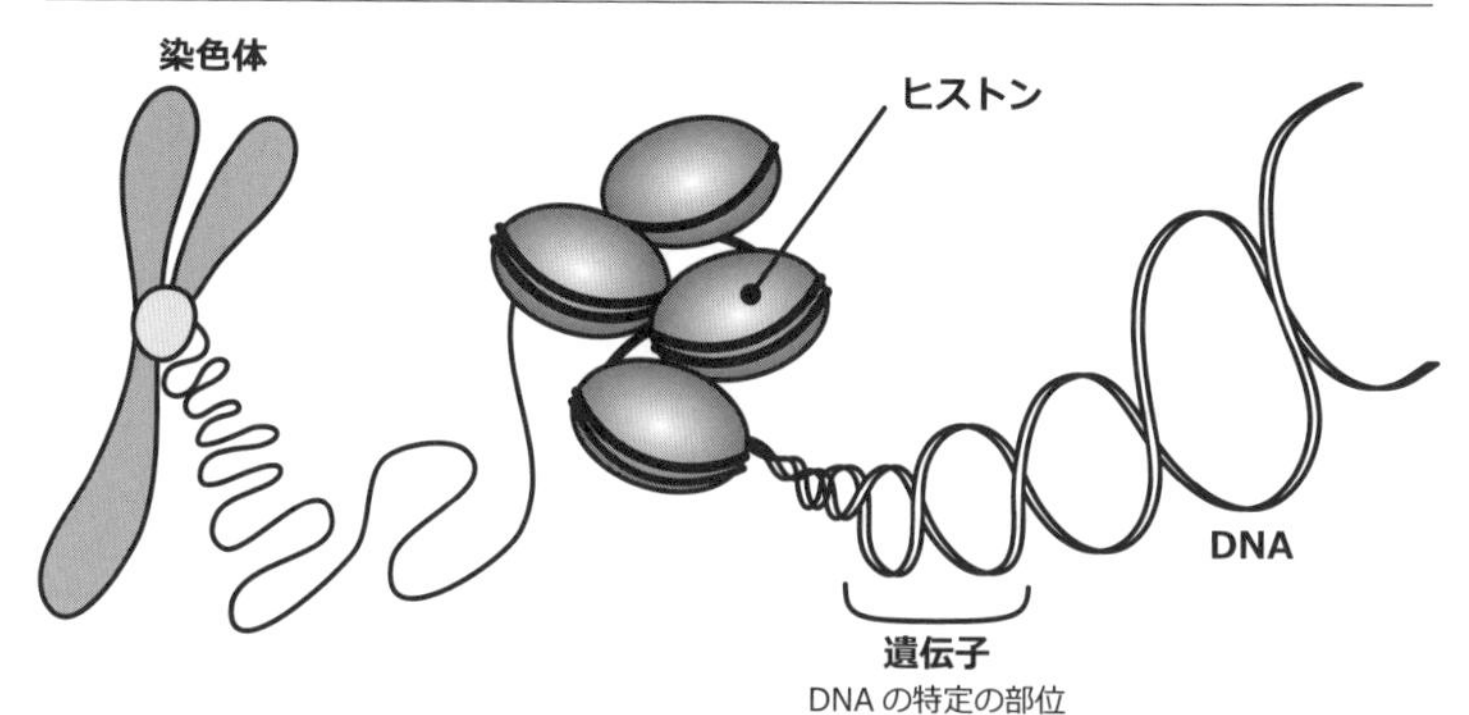

図13　DNA、染色体、遺伝子、ゲノムの違い

億個のATGCという塩基の並び方によって遺伝情報が記録されているのです。この30億個の塩基配列からなるDNAを引き延ばすと、細胞1個あたり約2メートルの長さになるといわれています。では、約2メートルにもなるDNAをどうやって数十マイクロメートルという小さな細胞の中に押し込めるのでしょうか？　実は、DNAは**ヒストン**というタンパク質に巻きつけられて、小さく折りたたまれています。これは、糸（＝DNA）が糸コマ（＝ヒストン）に巻き取られているような状態です。そして、この小さく折りたたまれた状態だと色素でよく染まることから、**染色体**と呼ばれます。この染色体を私たちヒトは、46本持っています（**図13**）。

遺伝子とは、DNAの中で私たちの体の部品であるタンパク質の作り方を記録している塩基配列のことです。この塩基配列の領域のことを**エキソン**と呼びます。実は、DNAのすべてがエキソンというわけではなく、DNAのたった1・5％の部分にしかエキソンはありません。面白いことにこのエキソンは、DNAの中で飛び飛びに存在しています。そしてエキソンとエキソンの間には、タンパク質の設計図ではない

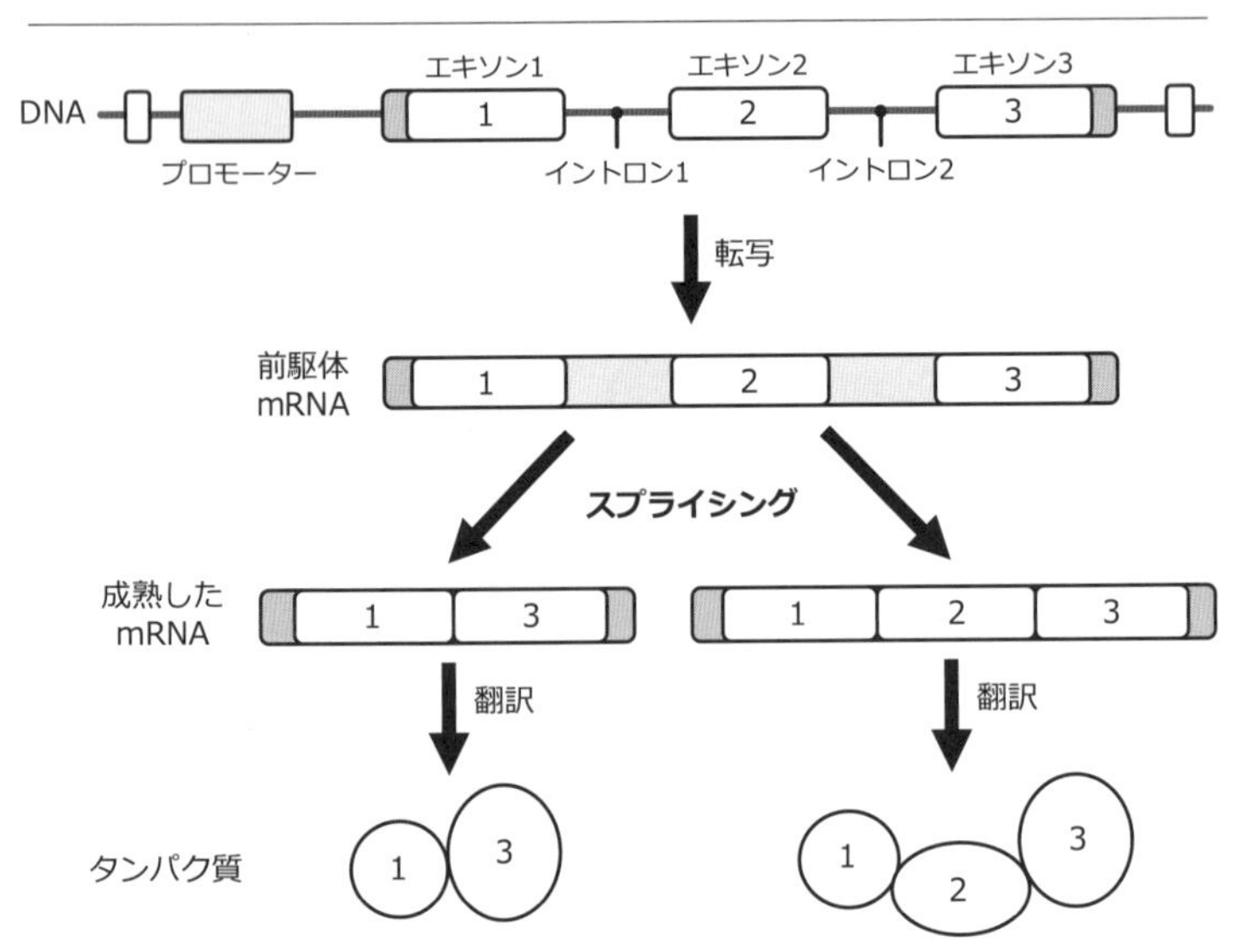

図 14　DNA からタンパク質ができるまで

塩基配列があり、この部分を**イントロン**と呼んでいます。このイントロンには、エキソンからタンパク質を作り出すタイミングや量などを制御するための情報が書かれています（**図 14**）。

さて、**ゲノム**とは、ある生物にとって生きていくために必要なすべての遺伝情報のことで、日本語では、「全遺伝情報」ともいわれます。つまり、ヒトの遺伝情報すべてのことを**ヒトゲノム**というのです。英語でゲノムは genome、遺伝子は gene と書きます。ge-nome は、gene＋ome の造語で、-ome は、集合や集まりのことを意味します。つまり、遺伝子の集まりがゲノムなのです。ちなみに英語では genome は、ゲノムではなくジーノムと発音します。

ここでもう一度、ゲノム、染色体、遺伝子、DNA、塩基の関係についてまとめます。ヒトの染色体を「46巻構成の推理小説シリーズ本」だと考えてみてください。この46巻構成の推理小説シリーズ本全体が「ゲノム」に対応します。そして、シリーズ本の中の1巻に相当するのが1本の「染色体」です。その1巻に書かれている文章が「遺伝子」に対応します。そしてその文章が印刷された紙が「DNA」です。そして文章の文字1つひとつが「塩基」に対応します。

さて、DNAからどのようにして私たちの体の部品であるタンパク質を作り出すのでしょうか？タンパク質を作り出すためには、タンパク質を構成する**アミノ酸**の配列情報が必要です。実は、このアミノ酸の配列情報がDNAの塩基配列に記録されているのです。

みなさんが図書館で本を借りた場合、その本に直接書き込むことはしません。書き込みをしたければ、借りた本の必要な部分だけまずコピーしてから、そのコピーに書き込みをすると思います。私たちヒトも同様で、DNAから直接アミノ酸を作り出すのではなく、一度コピー（**転写**）してから、アミノ酸を作り出します。みなさんが本をコピーする際、元の本とはまったく異なる材質のコピー用紙に文字がコピーされると思います。そのコピー用紙に印刷された文字のことを**リボ核酸**（ribonucleic acid：**RNA**）といいます。

これまで述べたように、DNAにはタンパク質の設計図である塩基配列がある「エキソン」と、遺伝子として機能しない「イントロン」が含まれています。そのためDNAを転写してできたRNAからイントロンを除去しなければなりません。このイントロンを除去する過程を、**スプライシング**といいます。そして、スプライシングされた後のRNAのことを、**伝令RNA（メッセンジャーRNA：mRNA）**と呼びます。

ヒトの遺伝子の数は、約2万2000個程度と考えられています。そこから、数万から数十万種類のタンパク質が作られます。約2万2000個の遺伝子から、どのようにして数十万種類ものタンパク質が作り出せるのでしょうか？　実は、スプライシングの過程で、取り除くイントロンやエキソンのつなぎ方を変えることで、最終的にできあがるｍＲＮＡの塩基配列が異なってきます。このことを**選択的スプライシング**と呼びます。そして、選択的スプライシングを終えた後のｍＲＮＡを設計図にしてタンパク質が作られます。ｍＲＮＡ中の3つの連続する塩基配列が1つのアミノ酸を指定します。この3つの連続する塩基配列のことを**コドン**（遺伝暗号）と呼びます。そして、最初のコドンがアミノ酸に翻訳されると、2番目のコドンに対応するアミノ酸が最初のアミノ酸にペプチド結合でつながります。そして3番目のコドンに対応するアミノ酸が2番目のアミノ酸にペプチド結合でつながります。このような過程が繰り返されて、塩基配列によって指定されたアミノ酸配列を持つタンパク質が作り出されます。この過程のことを**翻訳**といいます。そして、タンパク質が私たちの体の中で機能している状態のことを、遺伝子が**発現する**といいます。これらのことにより同じ遺伝子でも、どのようにエキソンをつなぐかで異なるｍＲＮＡを作り出すことができ、その設計図を元にして異なるタンパク質を作り出すことができるのです。選択的スプライシングは、運動会の様子を撮影した映像を自分の興味のある部分だけ切り取りつなぎ合わせる編集作業にも似ています。いずれにしても私たちは、少ない遺伝子からたくさんのタンパク質を作り出せる非常に効率の良い驚異的なシステムを持っています。

▼遺伝病の例 ― 嚢胞性線維症、ハンチントン病、血友病

ＤＮＡの塩基配列に突然変異が起こると、そこから転写されて作られるｍＲＮＡの塩基配列にも突然変異が引き継がれ、そこから翻訳されて作られるアミノ酸配列にも突然変異が起こります。その結果、タンパク質に異常が起こるために病気になります。ちなみに、特定の遺伝子に突然変異が入ることで起こる病気は、**単一遺伝子病**、またはメンデル遺伝病と呼ばれます。そこでまず、がんのような複数の遺伝子が関わる病気の話をする前に、まずは単一遺伝子病を例に取り上げ、病気が遺伝するしくみを見ていきましょう。

アメリカで最も発症率の高い致死性の遺伝性疾患として**嚢胞性線維症**（のうほうせいせんいしょう）があります。ヨーロッパ人種では２５００人に１人の割合でこの疾患を発症しますが、日本では60万人に１人という稀な病気です。この病気は、*CFTR*（日本語では嚢胞性線維症膜貫通調節因子と呼ばれます）遺伝子の突然変異が原因で起こります。この遺伝子をもとに作られるＣＦＴＲタンパク質は、細胞膜に組み込まれて塩化物イオンの通り道である小さな孔 ― **チャネル**と呼ばれます ― として機能します。これまでに２０００種類ほどの *CFTR* 遺伝子の突然変異が発見されていますが、それらの突然変異の多くは、ＣＦＴＲタンパク質が作られなかったり、細胞膜に組み込まれなかったり、塩化物イオンがＣＦＴＲのチャネルを通れないといった結果になります。塩化物イオンは、粘液の粘度を調節する役割があり、ＣＦＴＲタンパク質に異常が起こると、気管支の粘膜を覆う粘液の成分バランスが崩れ、粘り気が強すぎる状態になり、気管支に粘性の高い粘液がたまり、呼吸が苦しくなります。

つまり、CFTRタンパク質に異常が起こると、生まれて間もない頃から肺炎や気管支炎を繰り返し、最終的には肺の組織が壊れて、若くして死に至ります。

この嚢胞性線維症は、**常染色体劣性遺伝**という様式で次の世代に受け継がれます。なお「劣性遺伝」とは、劣った性質の遺伝、一方「優性遺伝」は優れた性質の遺伝と誤解を招きやすいことから、2017年9月、日本遺伝学会では、劣性を「潜性（せんせい）」、優性を「顕性（けんせい）」という表現に変更することを提案しました。今後は、「潜性」や「顕性」という言葉が用いられるようになると思われます。

遺伝の基本講義① 染色体と遺伝

まず、遺伝の原則を説明したいと思います。ヒトの染色体は、**二倍体**です。ピンとこないと思いますが、私たち1人ひとりが同じ遺伝子を2個ずつ持っていることを二倍体といいます。1つは、母親から、もう1つは父親から受け継いだものです。この同じ遺伝子で父由来のものと母由来のものを**対立遺伝子**と呼びます。**図15**は、通常の男性の染色体を対にして大きなものから順番に並べたものです。染色体によって、縞模様が異なったり、長さがすこし違っていますが、すべて対になっています。ただ例外的に、男性にはX染色体とY染色体があり、対をなしていません。一方女性は、X染色体が2つあり、対をなしています。性別を決めることに関係する遺伝子が含まれているX染色体とY染色体をまとめて、**性染色体**と呼びます。一方、性染色体以外の染色体のことを**常染色体**といいます。

先ほど述べた嚢胞性線維症は、**常染色体劣性（潜性）遺伝**という様式で遺伝します。これは、母親と父親から受け継いだ *CFTR* 遺伝子の両方に突然変異があると発症することを意味しています。つまり、母親と父親がそれぞれ突然変異を持っていて、それを子どもに伝えたときだけに発症します。このような状況では、両親は、嚢胞性線維症を引き起こす *CFTR* 遺伝子に突然変異を持つ**保因者**と呼ばれます。保因者自身は、健康に何の問題もないため、自分自身が *CFTR* 遺伝子に突然変異を持つ保因者であることを知りません。ただ、生まれてきた子どもが嚢胞性線維症を発症して初めて、自分が保因者だったことに気づくのです。

なお、保因者の両親から生まれる子どもは、25%の確率で性別に関係なく常染色体劣性（潜性）遺伝疾患を発症します（**図16**）。

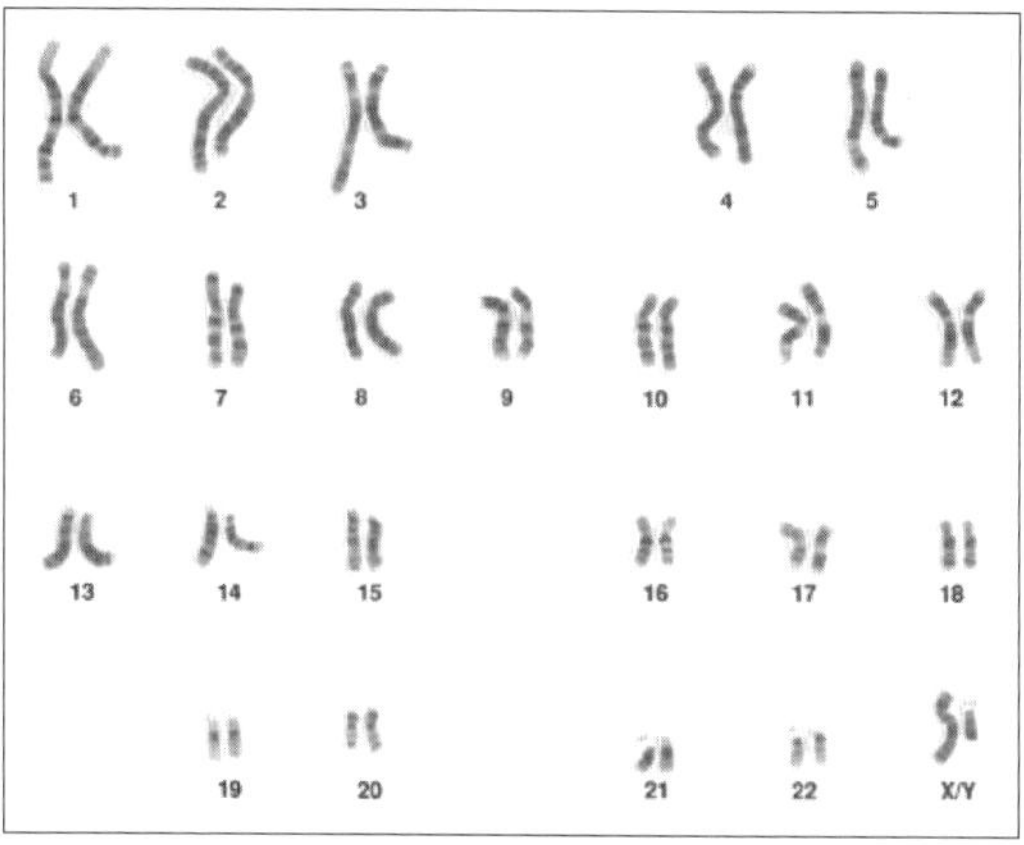

嚢胞性線維症以外にも、常染色体劣性（潜性）遺伝する病気に、**フェニルケトン尿症**があります。これは、アミノ酸の一種であるフェニルアラニンを代謝する、フェニルアラニン水酸化酵素の遺伝子に突然変異があり、フェニルアラニンが体内で過剰に蓄積することで、神経細胞に障害が起こる

図15　染色体

正常なヒト男性の1つの細胞にある染色体。女性の場合、23番目がXとYではなく、2つのXになる。

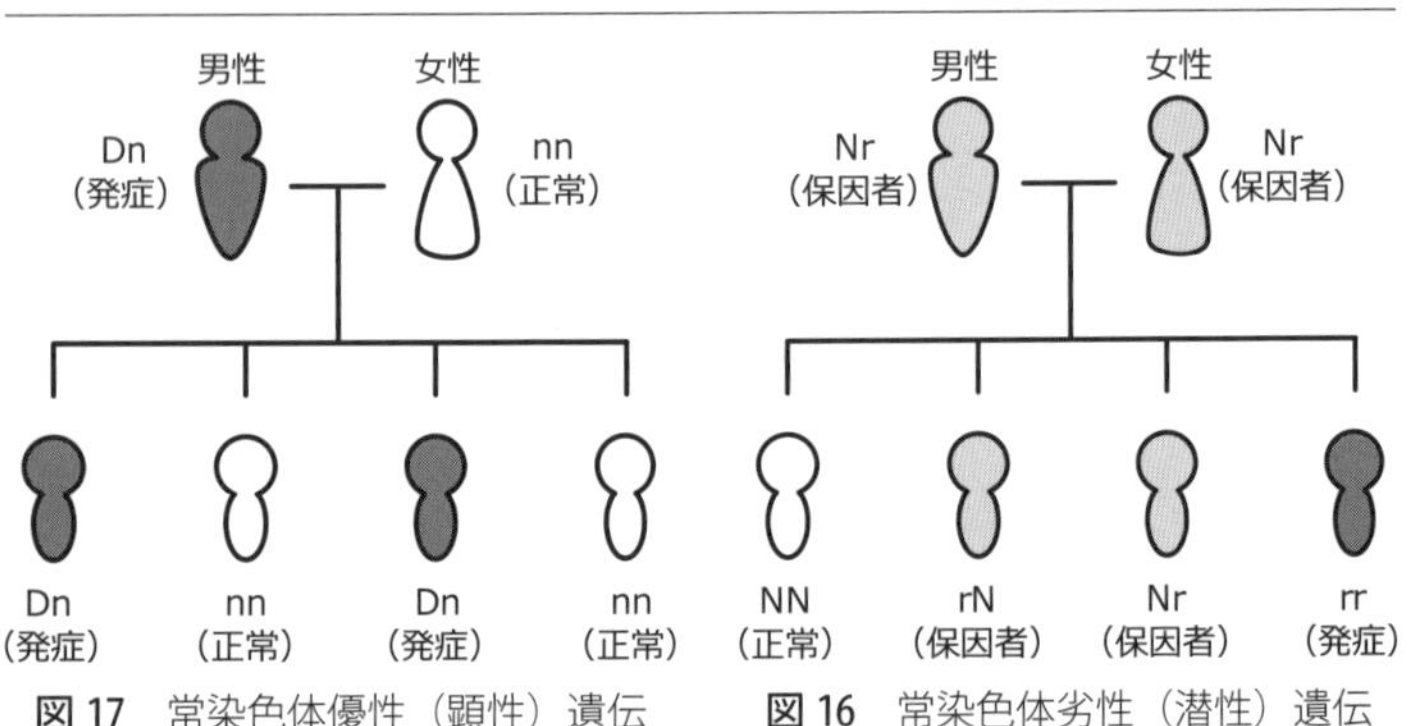

図16　常染色体劣性（潜性）遺伝

図17　常染色体優性（顕性）遺伝

病気です。また、血液中に蓄積したフェニルアラニンは、ネズミ尿臭のあるフェニルケトン体として尿に排泄されるので、フェニルケトン尿症と呼ばれます。

　フェニルケトン尿症は、出生後数日の入院中の赤ちゃんの足の裏から血液を採取することで ― 新生児マススクリーニングと呼ばれます ― 検査を行います。なお、日本での発症率は、8万人に1人といわれています。なお、フェニルケトン尿症は、フェニルアラニンの少ない特殊なミルクで赤ちゃんを育てることで予防できるようになりました。

　一方、常染色体劣性（潜性）遺伝疾患とは異なり、正常な遺伝子1つと突然変異を持つ遺伝子を1つ持つだけで病気が発症してしまう、**常染色体優性（顕性）遺伝**疾患もあります。**図17**のように片方の親が遺伝子に突然変異を1つ持つだけで、50%の確率で、子どもの性別に関係なく遺伝します。常染色体優性（顕性）遺伝疾患として有名なものに、**ハンチントン病**があります。ハンチントン病の頻度は、10万人に5人といわれていますが、日本では100万人に5人と欧米に対して稀な疾患です。

　ハンチントン病は、神経細胞が死んでしまうことによって自分の意思とは関係なく体が動いてしまう不随意運動が起こるだけでなく、性格や人格も変わり認知機能もゆっくりと低下する進行性の難病で、現在までに有効な治療法はありません。ハンチントン病の原因は、4番染色体にあるハンチンチン（*HTT*）遺伝子の突然変異です。*HTT*遺伝子上には、3つの塩基配列（CAG）が繰り返し連なっているCAGリピートと呼ばれる部分が存在します。正常な人の場合、このCAGリピートは26回以下ですが、ハンチントン病の患者では36回以上、多いときでは120回を超えるリピートが発見されています。なぜCAGリピートが増えるとハンチントン病を発症するのか、まだその謎は解明されていません。

これまで常染色体にある遺伝子の突然変異によって起こる遺伝疾患についてお話ししました。では、性染色体にある遺伝子に突然変異が起こっても遺伝疾患は起こるのでしょうか？

遺伝の基本講義②　性染色体と遺伝疾患

性染色体にある遺伝子の突然変異によって起こる遺伝疾患には、**X連鎖性優性（顕性）遺伝**と**X連鎖性劣性（潜性）遺伝**があります。X連鎖性というのは、X染色体にある遺伝子に突然変異があるということを意味します。

X連鎖性優性（顕性）遺伝では、X染色体上に突然変異を持つ遺伝子を1つ持つだけで病気が発症してしまいます。女性は、X染色体を2本持っていますが、どちらか一方のX染色体にある遺伝

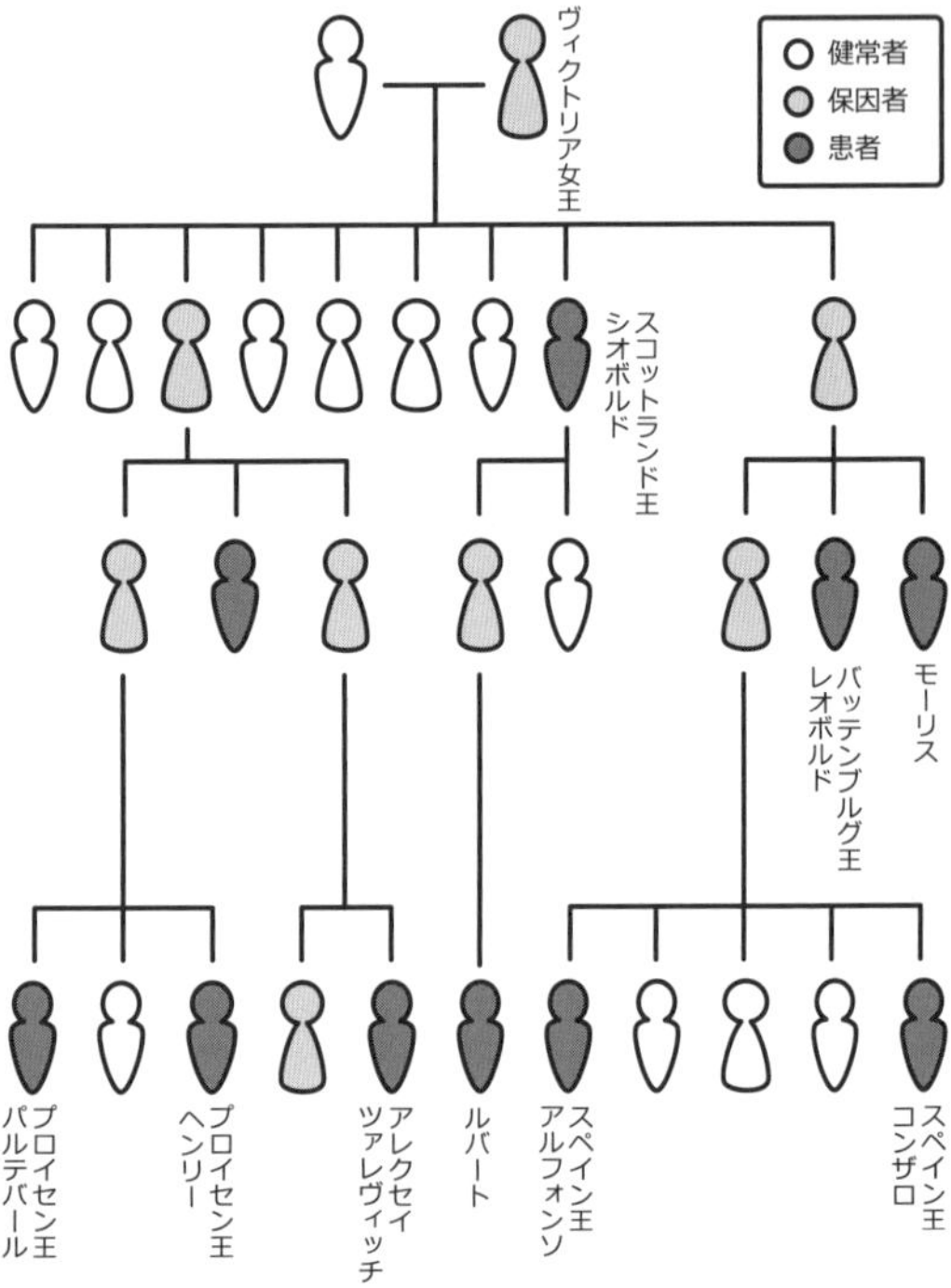

子に突然変異があるだけで発症します。そのため性別に関係なく、病気を発症します。このような遺伝疾患にレット症候群と呼ばれるものがあります。この病気は、進行性の神経疾患で、知能や言語・運動能力の発達の遅れがみられます。

一方、X連鎖性劣性（潜性）遺伝は、X染色体を1本しか持たない男性に多く発生します。そのような遺伝疾患の例として**血友病**があります。

図 18　ヴィクトリア女王の子孫に見られた血友病の遺伝

血友病とは、血を止めるための「血液凝固因子」を作り出す遺伝子に突然変異があることで起こる病気です。そのため、けがなどで出血をすると、血が止まるまでに時間がかかり、脳出血など、重大な出血をきたして死に至ることがあります。血液凝固因子の第Ⅷ因子と第Ⅸ因子を作り出す遺伝子は、X染色体上にあります。これらの遺伝子に突然変異があるために起こるのが血友病で、第Ⅷ

因子の遺伝子の突然変異で起こるのが「血友病A」、第IX因子の遺伝子の突然変異で起こるのが「血友病B」です。

この血友病は、昔から「王家の病気」とも呼ばれ、**図18**のように英国ヴィクトリア女王が血友病を引き起こす遺伝子の突然変異の保因者であったため、代々に渡ってヨーロッパ王族の男性に血友病が現れました。なお日本では年間約60人が血友病を発症するといわれ、2017年の時点で血友病患者数は8666人と報告されています[2]。

X連鎖性劣性（潜性）遺伝をする血友病では、**図19**のように女性の保因者から生まれた子どもは、男児の場合50％の確率で血友病に、女児では50％の確率で保因者になります。一方、男性の血友病患者の子どもは、男児の場合は、患者にならず、女児の場合には100％の確率で保因者になります。

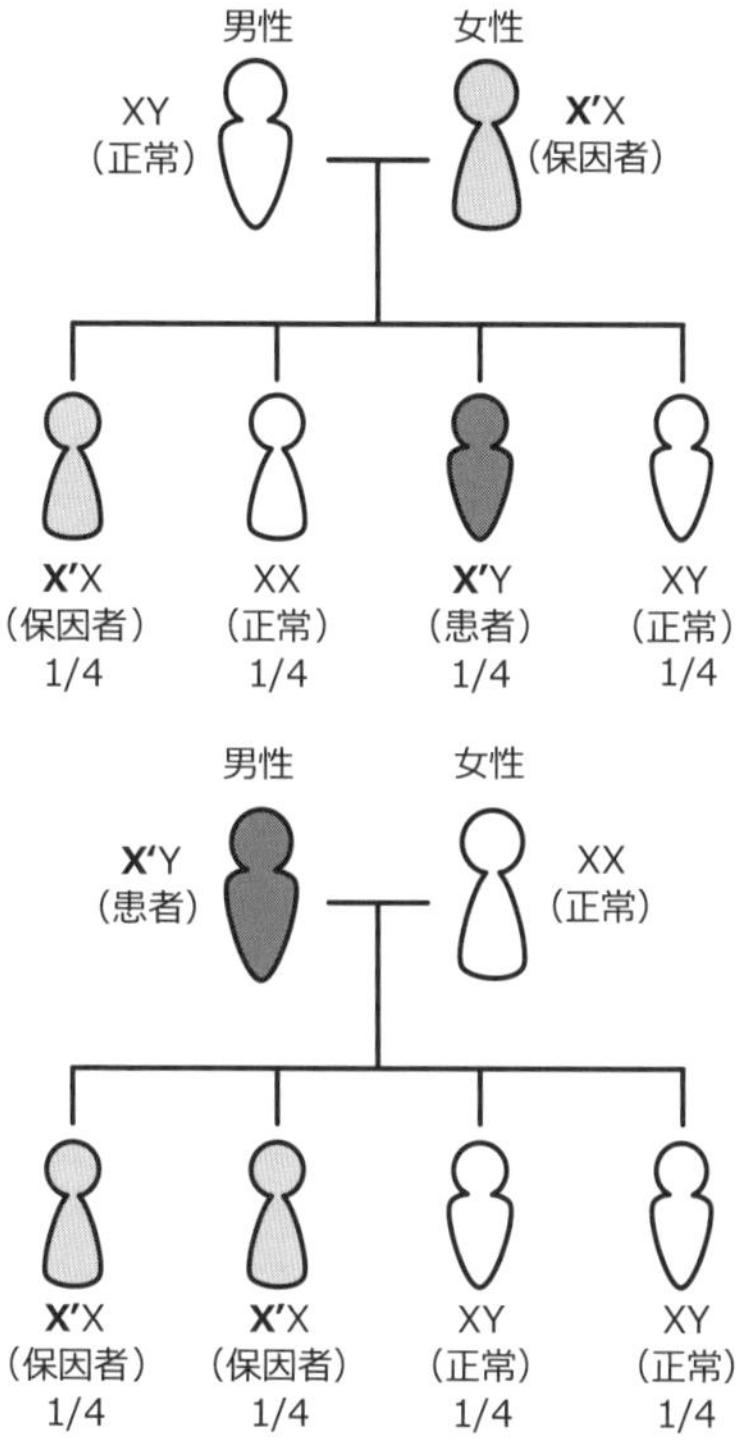

図 19　X連鎖性劣性（潜性）遺伝の様式

▼ほとんどの病気は多遺伝子性疾患

がんや糖尿病、心臓病などの一般的な病気は、ハンチントン病や血友病のように単一遺伝子の突然変異によって起こる遺伝疾患ではなく、複数の遺伝子の突然変異が関与します。このような病気は、**多遺伝子性疾患**と呼びます。１つの遺伝子の突然変異によって病気が発症するリスクは非常に小さいけれども、多数の遺伝子の突然変異が積み重なり、さらにそこへ環境からの影響も受けることで、病気が発症すると考えられています。つまり、病気が発症するメカニズムを明らかにするためには、どの遺伝子に突然変異があるのかを見つけ出し、またどのような環境変化によって遺伝子が変化するのかを明らかにする必要があります。そのためには、ヒトのゲノムにはどのような遺伝子が存在するのかすべて解読する必要がありました。そこで１９９０年から始められた研究が、**ヒトゲノム計画**です。これは、ヒトゲノムのすべての塩基配列を解読するという研究です。解析を開始してから13年後、ちょうどＤＮＡの二重らせん構造の発見から50周年となる２００３年にヒトゲノムの全塩基配列が公開されました。

余談ですが、１人のヒトの全遺伝情報を解読するためのコストは、当時９５３０万ドル（約１００億円）でしたが、あと数年もすると10万円で1人のヒトゲノムが解析できるようになるといわれています。ヒトゲノムが解読されたことで、ヒトとヒトの間の塩基配列の違い、つまり個人差は、０・３％あることがわかりました。つまり、ヒトゲノム全体で約１０００万個の塩基に違いがあることがわかりました。この違いが、薬の効き方やお酒の強さ、はたまた病気への「なりやすさ」を決めているのではないかと考えられています。

▼一塩基多型 ― 遺伝子の突然変異ではなく多様性

ＤＮＡの塩基配列の違いには、これまで述べてきた突然変異（mutation）だけではなく、多様性（variant）と呼ばれるものも存在します。突然変異は、病気などを引き起こす塩基配列の書き間違えのことです。一方、病気などを引き起こさない塩基配列の違いをバリアントと呼びます。そしてバリアントがヒトの集団の１％以上で見られる場合、多型（polymorphism：ポリモーフィズム）と呼ばれます。特にＤＮＡの１塩基だけ異なる場合は、**一塩基多型**（single nucleotide polymorphism）、略して**SNP**（スニップ）と呼ばれます。ヒトをはじめとする生物ではこのＳＮＰが多数あり、このＳＮＰが体質を生み出す源ではないかと考えられています。よく知られているＳＮＰの例として、アルコール代謝に重要な酵素を作り出すアルデヒドデヒドロゲナーゼ２（*ALDH2*）遺伝子があり、*ALDH2* 遺伝子のＳＮＰによって「お酒の飲める強さ」が決まることがわかっています（**図20**）。

自分のゲノムを解析すれば、病気への「なりやすさ」がわかると考えられていると述べました。たとえば、ある遺伝子にＳＮＰがあると、約１・３倍心臓病にかかりやすくなります。これは、ある遺伝子のＳＮＰを持っていない人と比べて統計的に見て１・３倍心臓病にかかる確率が高いことを意味します。この１・３倍を高いと思うか、逆にそれほど高くないと思うかは、人それぞれです。ただ、ＳＮＰがわかれば、病気への「なりやすさ」はある程度わかりますが、いつ心臓病になるの

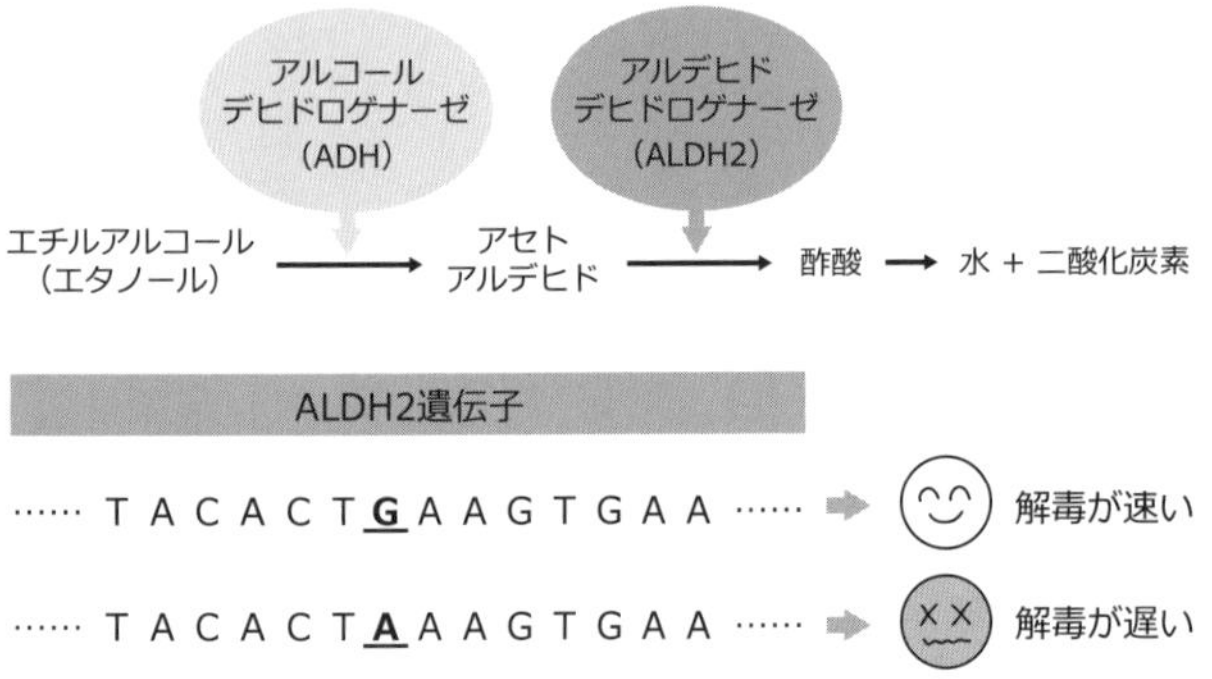

アルコール
デヒドロゲナーゼ
（ADH）

アルデヒド
デヒドロゲナーゼ
（ALDH2）

エチルアルコール（エタノール） ⟶ アセトアルデヒド ⟶ 酢酸 ⟶ 水 + 二酸化炭素

ALDH2遺伝子

…… T A C A C T **G** A A G T G A A …… ➡ 解毒が速い

…… T A C A C T **A** A A G T G A A …… ➡ 解毒が遅い

図 20　アルコール代謝と SNP の関係

かはまったくわからないのです。

一方、**アルツハイマー型認知症**（アルツハイマー病）のなりやすさに関与する遺伝子としてアポリポタンパク質E（*ApoE*）遺伝子があります。この *ApoE* 遺伝子にある特定のSNPがあると、12倍アルツハイマー病になりやすいことがわかっています。しかし、現時点でアルツハイマー病の確実な予防法と治療法がないため、ゲノム解析をすることでそのようなSNPを持っているとわかることが一概に良いこととは言い切れません。逆に、人によっては、いつアルツハイマー病が発症するかと不安になり、心労が増えるだけのようにも思われます。自分自身では健康で病気につながるようなSNPはないだろうと思い、気楽な気持ちでゲノムを解析してみたら、実は予想外の遺伝子の突然変異やSNPが見つかったりする可能性もあります。つまり、自分のゲノムを調べてみたら、自分の未来は明るくもなんともなく不安しかなかったという可能性だってありうるのです。

さてこの話を聞いてみなさんは、自分のゲノムに書かれている設計図を知りたいですか？　この問いに正解はありません。ただ、自分自身でゲノムを解析することのメリットとデメリットを正しく理解し、そして解析するかどうかを自身で決めなければいけません。そのような時代は、すぐ目の前に来ています。

▼染色体の数も大切 — ダウン症候群

遺伝子の突然変異だけでなく、染色体の数や構造の異常によっても、重大な疾患は起こります。有名なものに、21番染色体が通常2本のところが3本ある**ダウン症候群**があります。染色体が3本あることを**トリソミー**といいます。ダウン症候群の場合は、21番染色体が3本あるため、21トリソミーとも呼ばれます。正常な卵と精子は、それぞれ1本の21番染色体を持ちます。それら正常な卵と精子が受精することで、2本の21番染色体を持つ受精卵ができます。しかし場合によっては、2本の21番染色体を持つ卵や精子が作られる場合もあります。そしてそれら21番染色体の数が多い卵または精子が受精をすることで、21番染色体が3本存在するヒトが生まれます。つまりダウン症候群は、遺伝子の突然変異で起こるのではなく、卵や精子を作る際、染色体の数を正しくそろえることができなかったことが原因で起きます。

日本でのダウン症候群の発症率は700人に1人と推定され、患者数は約8万人、推定平均寿命は60歳前後です。ダウン症候群の患者には、特徴的な顔つき、低身長、発達障害などが見られます。実はダウン症候群の患者は、アルツハイマー病を発症しやすいことが知られています。21番染色体には、**アミロイド前駆体タンパク質**（ＡＰＰ）の遺伝子があります。このＡＰＰが分解されると**アミロイドβタンパク質**（Ａβ）という不要物ができ、脳に**老人斑**と呼ばれるＡβの凝集体を作ります。この老人斑が脳に蓄積することで神経細胞が死んでしまい、その結果認知機能が低下してしまうのが、アルツハイマー病です。

ダウン症候群の患者は、21番染色体が3本あるため、正常な人と比べてＡＰＰが多く作られます。そのため、ダウン症候群の患者の脳では、必然的にＡβが蓄積しやすくなり、40代でアルツハイマー病と同じ症状が現れると考えられています。逆にいうと、ＡＰＰの量が増えるだけで知的障害が起こるということは、私たちの体のタンパク質の量は、非常に厳格な調節を受けていることを意味します。

ダウン症候群の発生率は、出産時の母親の年齢によって上昇します。30歳以下の母親から生まれた子どものダウン症発症率は、０・０４％（1万人に４人）ですが、母親が40歳以上になると、０・９２％（1万人に92人）に上昇します。母親の年齢が上昇するとなぜダウン症発症率が上昇するのかは、わかっていません。しかし年齢を重ねるにつれ、正しい染色体の数を持つ卵が作られにくくなるのが原因ではないかと考えられています。ひとつ注意してほしいのは、年齢の若い母親からダウン症候群の子どもは絶対に生まれないというわけではないのです。ちなみに、男性も年齢を重ねるにつれ、正しい染色体の数を持つ精子を作りにくくなることがわかっています。

コラム　新型出生前診断

新型出生前診断のお話をする前に、そもそも**出生前診断**とはどういうものなのかをお話します。妊娠している母体の子宮に長い注射針に似た針を刺して羊水を吸引し、得られた羊水中の物質や羊水中の胎児の細胞をもとに染色体や遺伝子の異常を調べる羊水検査や、超音波検査やMRIによって胎児の奇形の有無を診断する方法、母体の血液から胎児が病気を持っている確率を調べる検査（母体血清マーカー試験）などがあります。なお、イギリスやアメリカでは、すべての妊婦に対して、21トリソミーかどうかを調べる出生前診断を勧めています。一方日本では、染色体異常の子どもを産んだことのある人、近親者に染色体異常の方がいて遺伝が心配な人、35歳以上の高齢出産でダウン症候群のリスクが高い人などで、「検査を希望した人」に行われており、医師が率先して勧めるような状況ではありません。

母体や胎児にとって安全な方法である超音波検査やMRIでは、胎児が順調に育っているか、手足や臓器に異常がないかなどの情報が得られます。日本では、14回ほど行われる妊婦検診の中で、4回ほど超音波検査が実施されます。しかし、超音波検査やMRIでは臓器が正しく機能しているのかどうかまでは調べることはできません。

一方、母体血清マーカー試験では、母体の血液中の4種類の成分（α-フェトプロテイン、ヒト絨毛性ゴナドトロピン、非抱合型エストリオール、インヒビンA）を測定します。これらの成分は、妊娠中に胎児もしくは胎盤で作られる成分です。これらの成分を調べることで、胎児にダウン症、18番染色体が3本ある18トリソミー、開放性神経管奇形があるかどうかを調べることができます。ちなみに18トリソミーでは、心臓の構造に異常が見られ、発達の遅れが起きます。また出産してからも重度の知的障害が起きます。開放性神経管奇形とは、妊娠初期に形成される胎児の神経の管が正常に形成されないために、胎児の脳や脊髄に障害が起きる病気です。具体的には、脊椎が正常に形成されない二分脊椎や、頭蓋骨が正常に形成されないために脳が発達しない無脳症などがあります。この母体血清マーカー試験は、母体の血液採取だけで済むので体への負担は軽いのですが、胎児が正常であると診断できる精度が80～85％と、あまり高くないのが問題です。

一方羊水検査では、妊娠16週前後の母体から得られた羊水を用いて検査します。羊水に含まれる胎児の細胞を用いて、染色体の数の異常（21トリソミー、13トリソミー（口唇裂、口蓋裂や頭皮の部分的欠損、多指といった外見上の特徴を持つだけでなく、重度の心血管系奇形を持ちます。1年間生存できるのは、10％程度といわれています）、18トリソミーなど）や染色体の構造の異常（欠失など）を調べることができ、その検査精度は、ほぼ100％と非常に高いのが特徴です。しかし、子宮に針を刺すため、約0・1〜0・3％（1000人中1〜3人）の割合で流産を引き起こすリスクがあります。そのため、羊水検査でしか染色体の異常を確認できない場合にのみ行われています。

それでは、**新型出生前診断**とはどういったものなのでしょうか？ 1997年母親の血液中に胎児由来のDNA断片が存在することが報告されました[3]。なお胎児由来のDNA断片は、母親の血液中のDNA断片の約10％を占めています。新型出生前診断では、母親の血液中に存在する胎児および母親由来のDNA断片に注目しました。具体的には、母親の血液中に存在するDNA断片を採血で回収し、母親および胎児由来関係なくすべてのDNA断片の塩基配列を解読します。そして解読したDNA断片の塩基配列情報から何番目の染色体由来のDNA断片なのかを決定していきます。この手続きを繰り返すことで、何番目の染色体由来のDNA断片がどれくらい血液中に存在しているのか、その存在比率を知ることができます。たとえばダウン症候群では、21番染色体が3本存在します。胎児が正常であれば、母親と胎児を合わせた21番染色体由来のDNA断片は、全体の1・3％になります。しかし、胎児がダウン症候群の場合、胎児の分だけ21番染色体由来のDNA断片が増えるため、その割合が1・42％に増えます。つまり、母親の血液中に21番染色体由来のDNA断片が増えていれば、胎児はダウン症候群だと診断することができるのです。同様に、13トリソミーや18トリソミーも診断できます。この方法による検査の精度は非常に高く、ダウン症候群の場合、99％の精度で検出できると報告されています[4]。ただ注意しなければならないのは、精度99％というのは、新型出生前診断で陰性つまり正常と診断された場合のことで、陽性と診断された場合には、正確を期すためにさらに羊水検査を行う必要があります。この新型出生前診断は、血液を採取するので無侵襲的と言い切るのは少し抵抗がありますが、**無侵襲的出生前遺伝学的検査**（non-invasive prenatal genetic testing：NIPT）と呼ばれています（**図21**）。

このNIPTは、近年のDNA塩基配列解読技術の飛躍的な性能の向上により可能になった検査で、2011年にアメリカで診断が開始されました。日本では、2013年より臨床研究として日本産科婦人科学会が認定した施設でのみ、遺伝に関わる悩みや不安、疑問について医師に事前に遺伝カウンセリングを受けたうえでNIPT検査を受けることができるようになりました。ただ検査を受けるためには、妊娠時に35歳以上であることや染色体異常児を妊娠した経験があるなどの条件があります。また、費用も高額です。にもかかわらず、2013年4月から2017年9月までの約4年間に51139人もの妊婦がこの検査を受けました。そのうち陽性、つまり異常と結果が出た妊婦は933人でした。その後、羊水検査などの確定検査を受け、陽性が確定した妊婦は700人で、このうち654人、約93%の妊婦が人工妊娠中絶を選択しました。自分のゲノムを知りたいかどうかという質問と同様に、NIPTを受けるかどうかについては、まず遺伝学的な専門知識のある医者などの遺伝子カウンセリングを受けて、メリットとデメリットを正しく理解したうえで決めることが重要です。

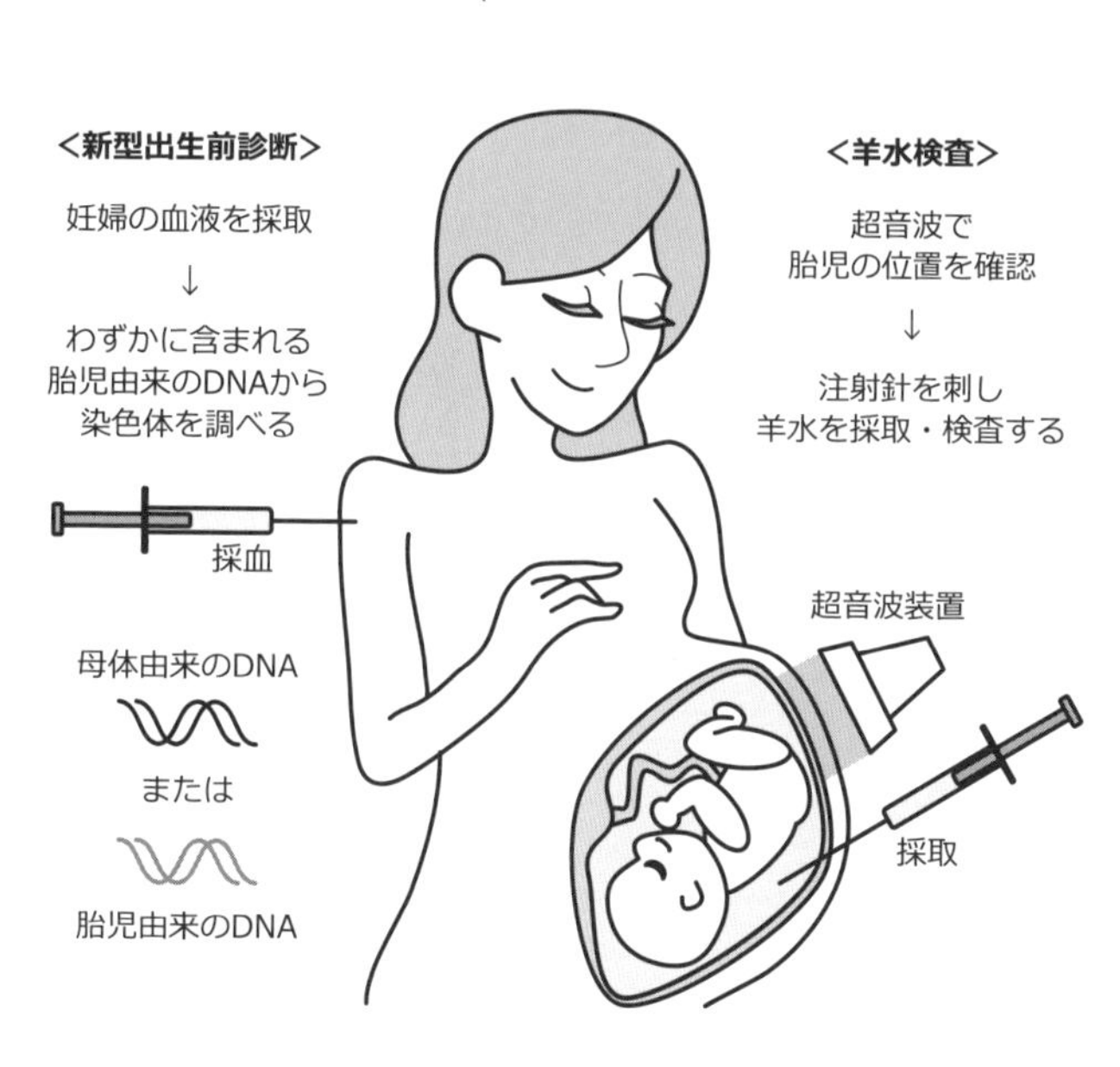

図21　羊水検査と新型出生前診断の概要

これまで、DNAと遺伝子の違い、そしてDNAからからどのようにタンパク質が作られるのかについて学びました。また、DNAに突然変異が起こるとタンパク質に異常が起こること、また遺伝にはさまざまな様式があることについても学びました。

さて、まったく同じゲノム情報を持つ一卵性双生児が同じ環境の中で育てられても、お互いにまったく違う性格になったり、ときには片方だけが遺伝性の病気にかかったりすることがあります。たとえば、一卵性双生児の間では約90％の確率で、同程度の身長になります。一方で統合失調症は、まったく同じ遺伝子を持つ一卵性双生児が2人とも発症するわけではなく、約50％の確率でしか発症しません。また統合失調症の患者の両親の約9割は統合失調症ではありません。このことから、統合失調症は、遺伝的な要因だけでなく生育状況などの環境的な要因との組み合わせによって発症することを示唆しています。

▼遺伝子のスイッチ ― 一卵性双生児とオランダの飢饉

不幸なことですが、戦争によって明らかになった現象もあります。それは、第二次世界大戦の末期の1944年9月に起きました。連合国軍がパリを解放した頃、ナチスドイツはオランダを支配していました。ドイツ軍の戦略により、港の封鎖や食糧補給路が寸断され、アムステルダムを含むオランダ西部では、深刻な飢餓が起こっていました。さらに悪いことに深刻な寒さの冬に見舞われ、大規模な飢饉が発生し、1945年5月に連合国軍によって解放されるまで、人々はパンとジャガイモだけの1日700キロカロリー程度の食事しか摂ることができませんでした。これは、成人女性が消費する1日のカロリー2300キロカロリー、男性の2900キロカロリーに遠く及ばない数値です。そのため、約2万2000人以上もの人が餓死しました。このオランダでの飢饉を経験し、チューリップの球根の粉で作った焼き菓子を食べて飢餓に耐え生存することができた人に、当時15歳のダンサーを夢見る少女がいました。22歳のときに映画「ローマの休日」の中でローマを訪れる王女役としてデビューした女優オードリー・ヘップバーンです。この飢饉のため、ヘップバーンは生涯華奢な体形で健康に恵まれなかったのではないかと考える人もいます。

このオランダ飢饉の中、妊娠している母親も多数いました。母親のお腹の中に胎児がいた期間を、前期、中期、後期に分けると、後期に飢餓を経験した胎児は、その出生体重が極端に軽いことがわかりました。生まれた後、十分に栄養が摂取できるようになっても、小さく病弱な子どもになる割合が高かったのです。一方、前期に飢餓を経験した胎児は、正常な体重で生まれました。しかし50年後に、前期に飢餓を経験した人たちを追跡調査したところ、驚くことに心筋梗塞、高血圧、2型糖尿病といった**生活習慣病**だけでなく、**統合失調症**などの**精神神経疾患**にかかる率が高かったのです。

この現象は、胎児期に十分な栄養を摂取できなかったため、少ない食べ物からできるだけ多くの栄養を取り込めるように体が適応したのではないかと考えられています。つまり、栄養が少ない状態でも生きていけるよう適応した状態で生まれてきているのに、成人してから普通に食事を摂ってしまうと、相対的に栄養過多になってしまい、生活習慣病になるのではないかと考えられています。

また、胎児のときに経験した栄養環境が脳内のDNAの状態を変化させ、脳の発達に影響を与え、精神神経疾患を引き起こすのではないかと考えられています[5]。

余談ですが、終戦前後の日本もオランダと同様に飢餓状態にありました。1945年生まれの人は、現在74歳ですが、その方々が生活習慣病になりやすいのは、終戦前後の飢餓を経験したことによるものなのかもしれません。戦後日本は、食料も豊かになり、体格も良くなりました。しかし、厚生労働省の平成29年度「国民健康・栄養調査」の資料によると、20～40代女性の平均的なエネルギー摂取量は、50～60代の女性よりも少なく、70歳以上と同じ水準です[6]。最も少ないのは20代で、1694キロカロリーとなっています。一方、1947年の同じ資料を見てみると、都市部の平均カロリー摂取量は1696キロカロリーです。つまり、平成29年の20代の女性は、深刻な食糧不足だった戦後の都市部の人たちよりもエネルギー摂取量が低いのです。妊娠中の女性がやせていると、体重の軽い子どもが生まれやすくなります。ちなみに、先進国では日本だけが、出生時に体重の軽い子どもが増えている国です。オランダ飢饉の例からすると、やせた女性から生まれた子どもが成人した時の将来の日本では、生活習慣病や精神神経疾患が今まで以上に増えているかもしれません。

▼DNA塩基配列の変化を伴わない細胞の性質の変化 ― エピジェネティクス

胎児期に経験した飢餓をどうやって胎児は記憶するのでしょうか？　遺伝でしょうか？　これまで述べてきたように遺伝とは、卵と精子を介して子どもにDNA塩基配列が受け継がれることです。オランダ飢饉での場合、卵と精子が受精した後、母親の体内で胎児が経験したことであるため、遺伝によるものだとは考えにくいです。では、飢饉によってDNA塩基配列に突然変異が起こったのでしょうか？　その後の研究で、低栄養状態だからといって、ＤＮＡ塩基配列に突然変異が生じることはほとんどないことがわかっています。

では、ＤＮＡ塩基配列の変化でも遺伝でもないとしたら、何によってこのような現象が調節されているのでしょうか？　そのヒントとなるのが、**エピジェネティクス**（epigenetics）という考え方です。エピジェネティクスという言葉は、コンラッド・Ｈ・ワディントンが１９６８年に作り出しました。このエピジェネティクスとは、受精卵が、無の状態から徐々に体を作り上げていくという「後生説」（epigenesis）と「遺伝学」（genetics）とを融合した言葉です。ＤＮＡの塩基配列情報は変化しないにもかかわらず、細胞の性質が変化し、その変化が記憶され次世代に遺伝するという考えです。では、エピジェネティクスのしくみについて三毛猫の毛色と模様を例に、順を追ってみていきましょう。

遺伝の発展講義①　X染色体不活化と三毛猫の毛色と模様

私たちの体を作るタンパク質は、染色体にある遺伝子から作られます。X染色体を2本持つ女性は、X染色体を1本しか持たない男性と比較して2倍のタンパク質を作り出すということはありません。実は、受精後の早い段階で、女性の持つ2本のX染色体のうちどちらか1本が不活化され、不活化されたX染色体からタンパク質を作らないようにしています。この現象を**X染色体不活化**といいます。

このX染色体不活化は、どのようにして行われるのでしょうか。タンパク質に翻訳されないRNAの集まりは、**ノンコーディングRNA**と呼ばれます。短いものは20塩基、長いものになると1万塩基以上にもなります。長いノンコーディングRNAの中には、DNAと結合して、その遺伝子の機能を阻害するものがあります。有名なものに、X染色体に存在する *Xist* 遺伝子から作られる *Xist* RNA があります。この *Xist* RNA を転写した側のX染色体のさまざまな部位に *Xist* RNA が結合して、X染色体を不活化します。その際母親由来のX染色体だけ、あるいは父親由来のX染色体だけを不活化するということはなく、まったくランダムに不活化します。X染色体が一度不活化されると、その不活化は一生保たれます。つまり、体のある部分では、父親由来、その他の部分では母親由来のX染色体が不活化された細胞集団が存在しているのです。このX染色体不活化の例に、三毛猫の毛色の調節があります。

遺伝子は、母親と父親からそれぞれ1つずつ子どもへ伝えられます。同じ遺伝子でも形質が現れやすいものを優性（顕性）、現れにくいほうを劣性（潜性）といいますが、その優性（顕性）を大文字で、劣性（潜性）を小文字で表現します。三毛猫の毛色は、白、黒、そして茶色が基本です。白のブチの毛色は、常染色体に存在する *S* 遺伝子が関与しています。そのため、メスから「*S*」を、オスから「*S*」もしくは「*s*」を受け継ぐ、つまり「*SS*」か「*Ss*」の形で受け継いだ場合に、猫の毛に白色が混じります。

黒の毛色に関与するのは、常染色体に存在する *A* 遺伝子です。*A* 遺伝子を「*AA*」または「*Aa*」の形で受け継ぐと、1本の毛がアグーチと呼ばれる黒と茶色が混じった色になります。そのため、

「aa」という形で受け継がなければ、1本の毛が黒色にはなりません。

最後に茶色の毛色ですが、X染色体に存在するO遺伝子によって作り出されます。メスは、X染色体を2本持つため、「OO」、「Oo」、「oo」の3つのパターンでO遺伝子を持つ可能性があります。「OO」の場合は、毛が茶色だけになります。一方「oo」の場合は、毛が黒色だけになります。ですから、三毛猫になるためには、「Oo」でなければなりません。さて、みなさん不思議に思いませんか？「Oo」は、優性（顕性）のO遺伝子を持つメスであるため、毛が茶色になるはずです。しかし実際には、茶色にはならず、黒にも茶色にもなるのです。ここで重要になるのが、先ほど述べたX染色体不活化です。つまりメスでは、「O遺伝子」を持つX染色体と「o遺伝子」を持つX染色体をランダムに不活化するため、前者の染色体が不活化されると黒色に、後者の染色体が不活化されると茶色になるのです。つまり、三毛猫の毛色はX染色体不活化というエピジェネティクスで決まるのです（**図22**）。

三毛猫の模様はコピーできるのでしょうか？ 実は、アメリカのベンチャー企業、現在は廃業していますが、ジェネティクス・セービングス・アンド・クローン社が、クローン技術を用いて三毛猫の「レインボー」のクローン猫「cc」（名前は、カーボンコピー、コピーキャット、クローンキャット等の略）を作製しました。しかし「cc」は、レインボーと異なり白地に灰色の縞模様でした[7]。つまり、X染色体不活化は、まったくの偶然でランダムに起こるため、三毛猫の模様は偶然に作られ、その模様をコピーすることはできないのです。

では、オスの三毛猫は存在するのでしょうか？ オスの性染色体は「XY」です。そのため、

オス	メス （片方のX染色体がランダムに不活化される）

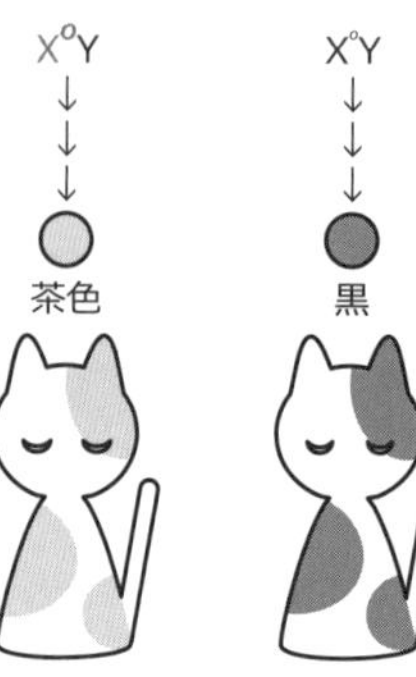

図22　X染色体不活化と三毛猫の毛色

「O遺伝子」または「o遺伝子」しか保有することができないので、白と黒色あるいは白と茶色の毛色を持つオスしか生まれないはずです。しかし、ごく稀にオスの三毛猫は存在します。余談ですが、オスの三毛猫は航海の安全の守り神として祀られ、南極観測隊にも同行しています。そのオスの三毛猫の名は「タケシ」といい、ケープタウンまで同行し、その後隊員と一緒に飛行機で帰国しました。

　三毛猫のオスは、染色体の異常で「XXY」という性染色体を持っています。つまり、メスの三毛猫と同様に「OO」「Oo」「oo」の3パターンのO遺伝子を持つのです。「タケシ」の場合は、奇跡的にも「Oo」のパターンを持っていたため、三毛猫になったのです。「タケシ」のようなオスの三毛猫になる確率は、3万匹に1匹程度といわれています。実はヒトにも「タケシ」と同様にX染色体を1本多く持つことで起こる**クラインフェルター症候群**があります。この性染色体を持つ男性は、高身長、やせ型、長い手足という特徴を持つことが多いといわれています。幼少期に病院で診断される場合もありますが、成長した場合は、不妊症をきっかけに発見されることが多いです。なお、約1000人に1人の割合で発症するといわれていて、日本では、6万人以上の患者がいるといわれています。

X連鎖性劣性（潜性）遺伝のところで述べた血友病ですが、保因者である女性でも出血が止まりにくいという症状が高い頻度で起こることがわかっています。血友病の原因遺伝子は、X染色体に存在します。保因者の女性は、突然変異のないX染色体と突然変異のあるX染色体を1本ずつ持っています。つまりX染色体不活化により、突然変異のないX染色体と突然変異のあるX染色体が半分ずつ体に存在していると考えられます。つまり、凝固因子の能力も半分程度になっているため、出血が止まりにくくなっていると考えられます。

▼色覚異常とスーパーヴィジョン

X染色体にある遺伝子の突然変異によって起こる現象に、「緑」と「赤」の区別がつきにくい**色覚異常**（赤緑色覚異常と呼ばれます）があります。ヒトは、青、緑、赤を区別するために3種類の遺伝子、青オプシン、緑オプシン、赤オプシンを持ちます。青オプシンは、常染色体にあるのですが、緑オプシンと赤オプシンはX染色体に存在します。また、緑と赤オプシン遺伝子の突然変異は、いずれもX連鎖性劣性（潜性）遺伝です。そのため血友病と同じく、X染色体を1本しか持たない男性に赤緑色覚異常の症状が強く現れます。ちなみに、日本の男性の約20人に1人がこの赤緑色覚異常だといわれています。一方女性の場合は、X染色体を2本持つため、どちらか一方のX染色体が正常な緑と赤オプシン遺伝子を持っていれば、色覚異常にはなりません。つまり、X染色体にある緑と赤オプシン遺伝子の両方に突然変異が入ったときにのみ赤緑色覚異常になり、その発生頻度は低くなります。実際、日本の女性の約500人に1人が赤緑色覚異常だといわれています。20〜500人に1人という色覚異常の発生率は、他の遺伝疾患 ― たとえば血友病の場合は約1万人に1人の発症率 ― と比較して非常に高いため、色覚異常ではなく、人それぞれの多様性だとして**色覚多様性**と呼ぶよう、日本遺伝学会から提案されています。

先ほど女性では、X染色体不活化が起こると述べました。正常なオプシン遺伝子を持つ染色体が不活化され、突然変異のある緑もしくは赤オプシン遺伝子を持つX染色体が活性化されれば、赤緑色覚異常になるはずです。しかし、そのような女性はほとんどいません。それは三毛猫の毛色と同じように、網膜の上では、正常および突然変異のある緑および赤オプシン遺伝子がランダムに存在しているため、網膜の上では、緑と赤を感じるためのオプシンが完全になくなってはいないのです。そのため、通常通り3色の識別が可能なのです。

女性のX染色体不活化によるオプシン遺伝子の網膜上でのモザイク的な使われ方によって、女性の中には、4色を識別できるスーパーヴィジョン（4色型色覚と呼ばれます）の人がいます。ガブリエラ・ジョーダンらの研究によると、24人中1人（約4%）の女性が4色を識別できるスーパーヴィジョンだったと報告されています[8]。これは、片方のX染色体のオプシン遺伝子に突然変異が入り、その突然変異がこれまでとは異なる色を感じることができる新しいオプシン遺伝子が偶然できたことによると考えられます。

男性ではこのような遺伝子に突然変異が起こると、X染色体が1本しかないため、色の識別能力が低下します。しかし女性の場合は、常染色体から正常な青オプシン、片側のX染色体から正常な赤オプシンと緑オプシン、そしてもう片側のX染色体から新たな色を感じることのできる突然変異の入った新しいオプシンが作られると、合計4色の色を感じることができるようになります。つまり、女性はX染色体の不活化がランダムに起こることで、新しいオプシンを追加することができるのです。

余談ですが、電車の路線図を見てみなさん何か気づきませんか? 各路線をさまざまな色の線で描いています。首都圏での例で申し訳ありませんが、東京メトロの切符運賃表は、これまでとは異なったタイプの路線図です。それは、それぞれの路線を色のついた線で描くのではなく、その色のついた線の中に「縞模様」を描いています。これは、色覚異常であっても路線を簡単に区別できるように描かれたものです。こうした取り組みは、「カラーユニバーサルデザイン(CUD)」と呼ばれています。みなさんも人に色を使って事柄を説明する場合は、人によっては色の区別が難しい人もいることを念頭に置いて、色を選ぶようにしてください。

遺伝の発展講義②　エピジェネティクスとエピゲノムの違い

エピジェネティクスの例として三毛猫の毛色を題材に、X染色体不活化について述べてきました。

それ以外のエピジェネティクスのしくみとして、次の2つが知られています。1つ目は、DNAを化学的に変化（**DNA修飾**）させるものです。具体的には、DNAの配列の中でシトシン（C）のあとにグアニン（G）が続く配列があると、シトシンにメチル基（CH_3）を結合させます。この反応を**DNAメチル化**といい、DNAのシトシンが多数メチル化されるとそのメチル化された部分の遺伝子が不活性化されます。DNAが一度メチル化されると、永久的にメチル化されたままになるわけではなく、メチル化を外す反応（**脱メチル化**）も起こり、遺伝子が活性化される場合もあります。このようなDNAのメチル化、脱メチル化にはそれぞれ、細胞の中に存在しているDNAにメチル基を結合させる酵素、メチル基を外す酵素が機能しています。

もう1つのしくみは、ヒストンを化学的に変化（**ヒストン修飾**）させるものです。前にも述べたように、DNAは、細胞の核の中でヒストンというタンパク質に巻きつけられ、ヒストン同士が一定の間隔を空けて巻きつけられています。一般的に、ヒストンが密に存在している場所では、DNAの転写はされず、ヒストンの間隔が広いところでは頻繁にDNAが転写されます。たとえば、ヒストンにアセチル基が結合（**ヒストンアセチル化**）すると、ヒストンとヒストンの間の距離が長くなり、DNAが転写されやすくなります。なお、エピジェネティクスとは、DNA配列を変化させずに遺伝子の活性化状態を変化させるしくみ、つまり上で述べたDNAメチル化やヒストン修飾のことを指します。一方、**エピゲノム**とは、ある細胞の中で起こっているDNAメチル化やヒストン修飾のすべてのことを指します（**図23**）。

さて、ゲノムのことを「46巻構成の推理小説シリーズ本」と以前述べました（⇩69ページ）。エピゲノムとは、ヒストン修飾やDNA修飾によって、推理小説シリーズ本の中で「この部分を読みましょう」「この部分は読むのを止めましょう」という指示だと例えることができます。ヒストン修飾は、「この部分を読みましょう」という活性型の付箋（ふせん）や「この部分は読むのを止めましょう」という不活性型の付箋をシリーズ本に貼りつけるようなものです。一方DNA修飾とは、シリーズ本の中に書かれているある特定の文章を二重線で伏せ字にし、物理的にその部分を読めなくしている状態です。しかし、その付箋をはがしたり、二重線で伏せ字にしたところを消しゴムで消せば、本を再度まっさらな状態から読むことができるようになります。つまり、ゲノムは不変だけれどもエピゲノムまたはエピジェネティクスはいくらでも変化できるのです。つまり、付箋や伏せ字によって同じ内容の推理小説シリーズ本でも、読み方をいくらでも変えることができるのです。

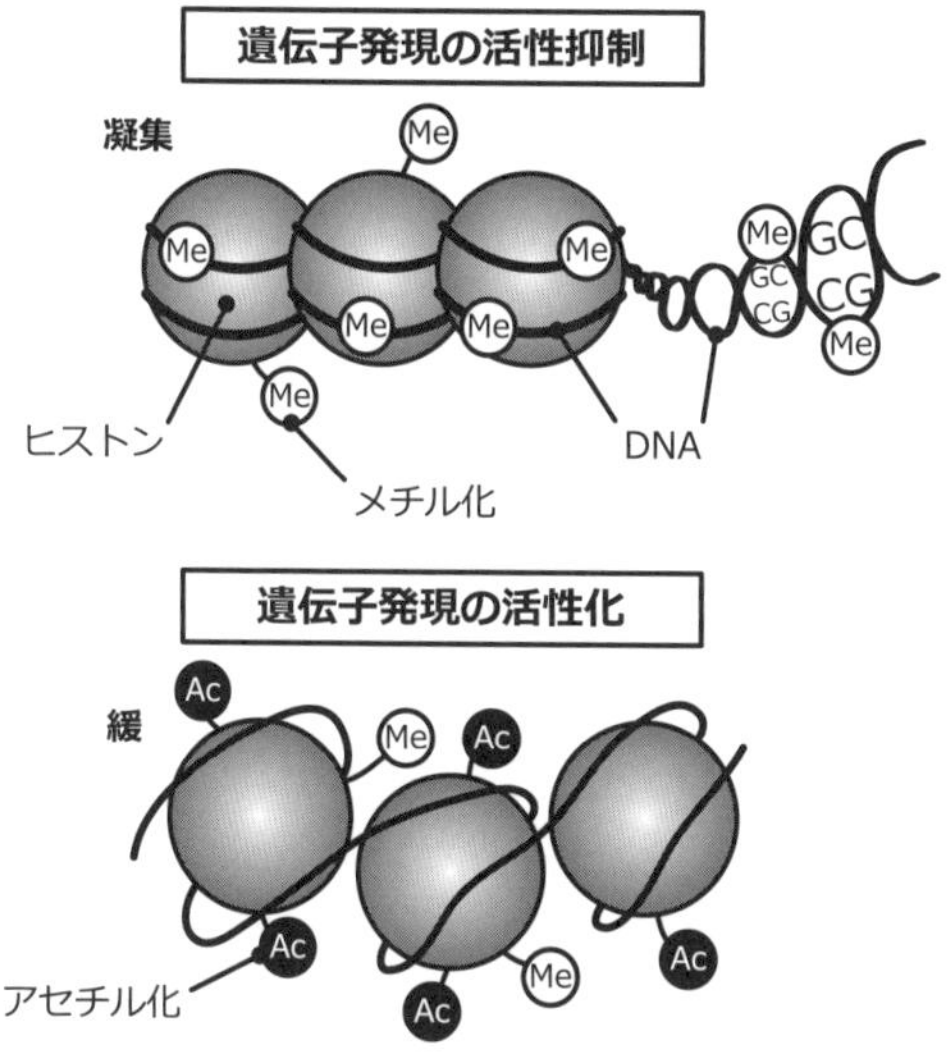

遺伝子発現の活性抑制

凝集

ヒストン　DNA　メチル化

遺伝子発現の活性化

緩

アセチル化

図23　エピジェネティクスのしくみ

▼ゲノムの化学修飾と病気 ― インプリンティングによる病気

常染色体にある遺伝子は、母親と父親から1つずつ譲り受け、それぞれの遺伝子からタンパク質が作られます。しかし中には、例外的に父親または母親由来の遺伝子からしかタンパク質が作られない場合があります。このような遺伝子は、あらかじめどちらかしか機能しないようにDNAに記憶が刷り込まれていることがわかっています。このような現象を**インプリンティング**と呼び、先に述べたDNAのメチル化が関係していることがわかっています。たとえば、15番染色体のある遺伝子では、母親由来のDNAだけがメチル化されて不活性化されています。そのため、通常は父親由来の遺伝子からタンパク質が作られます。ここで、父親由来の遺伝子に突然変異が起こると、1万人に1人ぐらいの割合で生じる、性成熟が遅く低身長や筋力低下、知的障害、肥満を示す**プラダー・ウィリー症候群**になります。しかしなぜインプリンティングが起こるか、その意義については解明されていません。ただ、受精時に母親および父親由来の双方の遺伝子が必要になるため、哺乳類では単為生殖、つまり母親だけで単独で子どもを作ることはできないようになっています。

▼エピゲノムの初期化

私たちの神経、肝臓、皮膚の細胞は、それぞれ形や機能は違っても、すべて同じゲノムを持っています。しかし、同じゲノムを持っているにもかかわらず、なぜ神経細胞、肝臓の細胞、皮膚の細胞とそれぞれ異なった形態や機能を持つ細胞に変化できるのでしょうか？　これには、これまで述べてきたエピジェネティックな変化が起こっているのです。つまり、神経細胞、肝臓の細胞、皮膚の細胞になるための遺伝子をそれぞれの細胞がエピジェネティックな変化によって選んでいるのです。

　では、卵や精子のエピゲノムまたはエピジェネティクスはどのようになっているのでしょうか？卵や精子は、受精後、さまざまな細胞や組織に変化します。そのような変化を**分化**といいますが、受精卵がさまざまな細胞に分化するたびにＤＮＡにエピジェネティックな標識がつけられます。逆にいうと卵や精子は、エピジェネティックな標識が消去もしくはリセットされています。つまり、エピジェネティックな標識が消去もしくはリセットされなければ、さまざまな細胞に分化できないのです。このような現象を、**リプログラミング**または**初期化**といいます。

　人工的に細胞のエピジェネティックな標識をリセットして、リプログラミングすることに成功したのは、ジョン・Ｂ・ガードンです。１９６２年ガードンは、オタマジャクシの腸の上皮細胞の核を、核を取り除いたカエルの卵に移植することで、リプログラミングすることに成功したのです[9]。カエルの実験から約40年後の２００６年、高橋和利と山中伸弥は、マウスの線維芽細胞（この細胞は将来皮膚になる細胞）に４つの遺伝子を人工的に加えることで、エピジェネティックな標識をリプログラミングすることに成功し、さまざまな細胞に分化できる人工多能性幹細胞（induced pluripotent stem cells）を作り出すことに成功したのです[10]。英語名の頭文字をとって、ｉＰＳ細胞と呼ばれます。ｉＰＳ細胞の命名者である山中が、最初の文字を小文字の「i」にしたのは、当時世界的に大流行していたアメリカのアップル社の携帯音楽プレーヤーである「iPod」のように、全世界にこのiPS細胞の作製技術が普及してほしいとの願いを込めたといわれています。これらの研究成果から、2012年、ガードンと山中は、「成熟細胞が初期化され多能性を持つことの発見」でノーベル生理学・医学賞を受賞しました。

▼体質は環境や経験によって変わる

両親のどちらかがぽっちゃりしているから、一生懸命頑張ってもやせないだろうとダイエットをあきらめたことはありませんか？　自分の性格は親譲りだから、今さら変えられないと思ったことはありませんか？　これら自分の体質や性格は、両親から遺伝したものだからとあきらめている人が多いかもしれません。しかし毎日の生活の中で、食事に気をつけたり運動してみたりすると、やせます。また、性格も日々の生活の中での言動を気をつけることで変化することもあります。つまり環境や経験によって体質や性格を変えることが可能なことをみなさんは経験しています。では体の中の何が変化することで、このような変化が起こるのでしょうか？

ミツバチは集団で行動し、お互いに役割分担をすることでお互いに支え合う、高度な社会性を持つ昆虫として知られています。ミツバチにはさまざまな種類がいますが、同じミツバチでも、気性が非常に穏やかなイタリアミツバチと、集団で人を攻撃して、最悪な場合には人を殺すこともある獰猛なアフリカナイズドミツバチ（別名キラービー）がいます。

ジーン・E・ロビンソンは、孵化1日目のイタリアミツバチの幼虫をキラービーの巣に移し、一方孵化1日目のキラービーをイタリアミツバチの巣に移し、2種類の孵化したばかりのミツバチが成長するとどのような性格になるのかを調べました。

解析の結果、孵化したばかりの幼虫であれば、別の種類のミツバチでもそれぞれの巣に受け入れられるということだけでなく、キラービーの巣に移されたイタリアミツバチは、キラービーと同様に攻撃的になりました。一方、イタリアミツバチに育てられたキラービーは、おとなしい性格になったのです。つまり、環境によって性格が変わったということです。さらに解析を進めた結果、キラービーが凶暴になるためには、警戒フェロモンという環境からの刺激が必要であり、警戒フェロモンによって、キラービーの約10%の遺伝子がエピジェネティックに変化することがわかりました。また、キラービーの警戒フェロモンにさらされて育ったイタリアミツバチの遺伝子も、エピジェネティックな変化を受けることがわかったのです。つまり警戒フェロモンは、生まれ持ったゲノムの塩基配列の変化を引き起こすのではなく、エピジェネティックな変化を引き起こすことで、ミツバチの性格を温厚から獰猛になるように「遺伝子のスイッチ」を大きく切り替えることがわかったのです[11]。

「氏より育ち」という慣用句があります。これは、家柄や身分よりも育った環境やしつけのほうが人格形成に多大な影響を与えるという意味で用いられます。ミツバチの実験は、行動や性格は、遺伝子の役割も重要ですが、環境の変化によって起こるエピジェネティックな変化も重要だということを示しています。ただ、なぜ環境的な変化によってエピジェネティックな変化が起こるのか、その詳細なしくみについては、まだ明らかになっていません。

▼エピジェネティクスは次世代に伝わるか？

トッド・フルストンは、20匹の雄マウスを2つのグループに分けて、10週間の間、1つのグループには高脂肪食を、そしてもう一方には通常食を与えました。その結果、高脂肪食グループの雄マウスの体脂肪率は、約20％にまで上昇し、精巣や精子の細胞から作り出されるノンコーディングRNAの種類が大きく変化していることを見出しました。このノンコーディングRNAの種類の変化は、エピジェネティックな変化と連動するといわれています。

次に、高脂肪食を与えることで肥満になった雄マウスを健康な雌マウスと交配させ、子どもの世代のマウスにおいて雄マウスと同様なノンコーディングRNAの種類の変化が起こっているのかを解析しました。さらに、子どもの世代の雌と健康な雄マウスを交配させて、生まれた孫の世代に同じようなノンコーディングRNAの種類の変化が起こっているかどうかを解析しました。

驚くことに、雄雌問わず、子ども世代のすべてのマウスにノンコーディングRNAの種類の変化が引き継がれていることがわかりました。特に子どもの世代の雌は、約70％近くも肥満率が上昇していました。さらに雌の子どもが産んだ孫の世代の雄においても約30％近くも肥満率が上昇していました。つまり、高脂肪食を与えられて肥満となった父親マウスの影響が2世代にわたって引き継がれることがわかったのです[12]。たった10週間の食習慣の変化が生殖細胞のエピジェネティクスの状態に影響を与え、そして2世代に渡ってその影響が遺伝する、つまり孫の世代まで肥満体質が伝わることがわかったのです。

このしくみが私たちの体の中に本当に組み込まれているならば、ある疑問が湧いてきます。それは勉強や体を鍛えるといったような個人の努力は、エピジェネティックな変化を引き起こし、そしてそれは次の世代に遺伝するのでしょうか？　また、ヒトは努力をし続けることで、遺伝子の突然変異やＳＮＰの変化といったものではなく、エピジェネティックな変化で「進化」するのでしょうか？　これらの疑問に答える研究は、今やっと始まったばかりです。

溶液中のＤＮＡの様子を動画でご覧いただけます。電気泳動中の動画では、電気泳動によってＤＮＡが引き延ばされる様子がわかります。

動画についてのより詳しい情報は、本書のウェブサポートページへ

通常のDNA

電気泳動中のDNA

3

細胞周期、がん、薬

細胞の暴走を食い止める

1600年9月、徳川家康は、関ケ原の戦いで石田三成らが率いる西軍を破りました。このとき家康は59歳。その15年後の大坂夏の陣で豊臣氏を滅ぼし、天下統一を成し得ましたが、翌年75歳で亡くなりました。当時、35歳前後が平均寿命であったにもかかわらず、異常なほどに家康が長生きをしたのは、家康が「健康オタク」だったのが一因かもしれません。

家康は一汁一菜の粗食を好み、旬の食材を積極的に摂り、必ず火を通したものを食していました。運動を欠かさず、鷹狩り、剣術、乗馬なども行っていました。静岡県に薬草畑を作り、そこで100種類以上の薬草を栽培し、自ら調合を行いました。そして、徳川秀忠や幕府の医官に薬草の知識を伝えています。その知識は、後の小石川薬園（江戸幕府の薬草園）の設立につながりました。明治維新後に小石川植物園と改称され、1877年に東京大学理学部の付属施設となりました。現在一般の方の入園も可能です。

▼日本人の死因 ― 健康オタクなのに

家康に負けず劣らず、現代の日本人も健康オタクといってもよいと思います。雑誌やテレビでは、「○○の成分は、がんの発生を抑える」、「長生きしたいなら○○は食べるな」など健康に関するさ

部位	生涯がん罹患確率		生涯がん死亡リスク	
	男性	女性	男性	女性
全がん	62%	47%	25%	15%
食道	2%	0.5%	1%	0.2%
胃	11%	5%	3%	2%
結腸	6%	5%	2%	2%
直腸	4%	2%	1%	0.6%
大腸	9%	8%	3%	2%
肝臓	3%	2%	2%	0.9%
胆のう・胆管	2%	2%	1%	0.8%
膵臓	2%	2%	2%	2%
肺	10%	5%	6%	2%
乳房		9%		2%
子宮		3%		0.7%
子宮頸部		1%		0.3%
子宮体部		2%		0.3%
卵巣		1%		0.5%
前立腺	9%		1%	
悪性リンパ腫	2%	2%	0.8%	0.5%
白血病	0.9%	0.7%	0.6%	0.3%

表1 がんに罹患する確率とがんで死亡する確率

〔国立がん研究センターがん対策情報センターの資料より〕

まざまな情報が流れています。また、多種多様なサプリメントのCMや広告を目にします。しかし、世界屈指の長寿国である日本は、最期まで元気に活動して天寿をまっとうする「ピンピンコロリ」の人が多いわけではありません。実は、男性は平均9年、女性は平均12年間介護された後に亡くなる、「ネンネンコロリ」が他国と比較して際立って高い「不健康長寿国」です。自分が病気で倒れ寝たきりになってネンネンコロリにならないために、日本人は健康オタクにならざるを得ないのかもしれません。

さまざまな病気の中でも、日本人が一番恐れている病気は、がんだと思われます。それは、日本人が一生涯の間にがんになる確率が、男性で62%、女

	1位	2位	3位	4位	5位
男性	肺	胃	大腸	肝臓	膵臓
女性	大腸	肺	膵臓	胃	乳房
合計	肺	大腸	胃	膵臓	肝臓

表2　2017年の死亡数が多いがん
〔国立がん研究センターがん対策情報センターの資料より〕

部位	男性	女性
全部位	59.1%	66.0%
口腔・咽頭	57.3%	66.8%
食道	36.0%	43.9%
胃	65.3%	63.0%
結腸	73.8%	69.3%
直腸	69.9%	70.3%
大腸	72.2%	69.6%
肝臓	33.5%	30.5%
胆のう・胆管	23.9%	21.1%
膵臓	7.9%	7.5%
喉頭	78.7%	78.2%
肺	27.0%	43.2%
皮膚	92.2%	92.5%

部位	男性	女性
乳房		91.1%
子宮		76.9%
子宮頸部		73.4%
子宮体部		81.1%
卵巣		59.0%
前立腺	97.5%	
膀胱	78.9%	66.8%
腎臓など	70.6%	66.0%
脳・中枢神経系	33.0%	38.6%
甲状腺	89.5%	94.9%
悪性リンパ腫	62.9%	68.5%
多発性骨髄腫	36.6%	36.3%
白血病	37.8%	41.3%

表3　5年相対生存率
〔国立がん研究センターがん対策情報センターの資料より〕

性で47%と非常に高く、またがんで死亡する確率が、男性で25%、女性で15%と高いためです（**表1**）。ただ、がんは現代の医療技術や治療薬の進歩により、早期発見・早期治療を行うことができれば、かなりの割合で治る病気になってきました。

２０１７年にがんで死亡した人は、37万３３３４人です。がんによる死亡原因は、**表2**のとおり男性と女性で異なります[1]。なお、がんと診断された場合、治療でどの程度その命を救えるかの指標として、５年相対生存率があります。これは、あるがんと診断された人のうち5年後に生存している人の割合が、日本人全体で５年後に生存している人の割合と比較することで求められます。具体的には、100%に近いほど治療によって命が救われるがんであり、0%に近いほど、治療で命を救いにくいがんであることを意味します。なお、2006~08年の間にがんと診断された人の5年相対生存率は、男女計で62・1%（男性59・1%、女性66・0%）となっています。この値は、さまざまな臓器で発生したがんのすべての統計を平均化したものです。なお、がんが発生した臓器別で見ると、皮膚がん、乳がん、前立腺がん、甲状腺がんは、命が救われる割合が非常に高いのですが、食道がん、肝臓がん、肺がん、膵臓がんは、救いにくいがんとなっています（**表3**）。

▼がんとは？

そもそも**がん**とはどんなものなのでしょうか？　がんとは、ある組織の細胞が勝手に増えすぎて塊を作り（**腫瘍**（しゅよう）になり）、増殖したがん細胞が近くの正常な組織に入り込みながら広がり（**浸潤**（しんじゅん））、あるいは離れた場所でも増殖を起こしていく（**転移**を起こす）疾患です。「肺がん」や「胃がん」とは、最初に腫瘍ができた場所のことを指しているのです。

がんのことを英語では、cancerといいます。このcancerとは、がんという意味の他に、大きなカニ、あるいはかに座という意味もあります。ドイツ語では、がんをkrebsといいます。実は、これもカニという意味です。なぜがんのことをカニという言葉で表現するのでしょうか？

最初にがんをカニに例えたのは、紀元前、古代ギリシャのヒポクラテスです。乳がんは、自分自身で触れることのできるがんのため、紀元前の古代ギリシャでは乳がん手術がすでに行われていたと考えられています。そしてヒポクラテスは、摘出したがんの塊を切り刻み、その断面をスケッチしていたようです。そのスケッチには、がん細胞が周囲の組織に浸潤していく様子が手足を伸ばしたカニのように見えたのか、「カルキノス（ギリシャ語で「カニのようだ」）」と記しました。これががんをカニと呼ぶようになったきっかけになったようですが、真偽のほどはわかっていません。

▼発がんの原因を探して ― 寄生虫説・化学物質説・ウイルス説

さてがんは、どのようなことがきっかけとなって私たちの体の中で発生するのでしょうか？　ヨハネス・フィビゲルは、１９０７年に胃がんを発症しているラットを研究している際、胃がんラットに線虫（*Spiroptera carcinoma*）が寄生していることを発見しました。この線虫は、ラットの餌であるゴキブリに寄生します。そこでフィビゲルは、胃に異常がみられないラットに、線虫の寄生したゴキブリを餌として与えたところ、高い確率で胃がんが発生することを１９１３年に発見しました。つまり、人工的にがんを作り出すこと ― 人工発がん ― に世界で最初に成功したのです。

同じ頃、東京大学医学部の山極勝三郎は、解剖した遺体の多くで胃がんが発生していることに気づき、がんがどのようにして発生するのか疑問に持ちました。そこで、がんを人為的に作り出すことができれば、がんが発生する原因を解明できると考えたのです。なお当時の日本は、北里柴三郎によるペスト菌、志賀潔による赤痢菌の発見といった世界をリードする感染症の最先端の研究が行われていました。そのため日本では、細菌などによる伝染病研究が最重要視されており、がん研究は残念ながら軽視されていました。

山極は、煙突掃除夫に皮膚がん患者が多いことに着目しました。そして皮膚がんは、煙突のススに含まれるコールタールが煙突掃除夫の手、顔、頭などの皮膚の細胞を刺激して発生させるのではないかと考えたのです。煙突掃除夫をご存じない方は、映画「メリー・ポピンズ」を一度ご覧ください。

山極は、動物の耳にがんは自然には発生しないと考え、ウサギの耳を実験に用いました。獣医師の市川厚一と共に、ウサギの耳にコールタールを擦り込みながら塗りつけ（市川自身この方法を塗擦と呼びました）、その後、皮膚の状態を経過観察しました。そして、3年以上もの実験の末、ウサギの耳にがんを作り出すことに成功したのです。実験に用いたウサギは105匹で、そのうちがんが発生したのは31匹でした。この実験結果は当時簡単には受け入れられず、「がんか贋か果た頑か。二度目のがんは、にせ物のがんで、三度目のがんは頑固のがんだ」と、京都大学の鳥潟隆三から学会の席上で言われました[2]。なお山極の研究に邁進する姿は、映画「うさぎ追いし」で描かれています[3]。

山極の実験手法を用いて、筒井秀次郎は、マウスの背中にコールタールを塗擦しました。その結果、ウサギの耳よりもより短期間かつ高確率でがんを発生させることに成功し、山極の実験結果が正しいことを証明しました。しかし、コールタールはさまざまな化学物質の混合物質であるため、どの物質が皮膚がんを引き起こすのか、つまり発がん物質は何であるのかはわかりませんでした。

1928年アーネスト・L・ケナウェイは、合成炭化水素である1, 2, 5, 6-ジベンズアントラセンが皮膚がんの発がん物質であることを報告しました。佐々木隆興は、繊維製品などを染色する際に用いるアゾ色素と呼ばれる化学物質を、飼料に混ぜてラットに食べさせると肝臓がんが発生することを、4年後の1932年に発見しました。これらの追試実験の結果から、山極が発見した化学物質によってがんが発生する現象が世界的に認められたのです。なお、東京大学総合研究博物館と北海道大学総合博物館には、山極が実験に用いたウサギの耳の標本が残されており、実際に見学ができます。なお佐々木は、1935年、1936年、1939年、1941年に推薦者からノーベル生理学・医学賞候補に挙げられていましたが、残念ながら受賞には至りませんでした[4]。

山極による化学物質による発がん ― 化学発がん ― の発見という研究成果は四度ノーベル生理学・医学賞候補に挙げられました[5]。1925年と1936年は、日本人からの推薦のみでしたが、1926年と1928年は、寄生虫によって人工的にがんを発生させたフィビゲルとの連名で候補者に挙げられ、海外の研究者からの推薦でした。なかでも1926年には最終選考まで残ったのですが、最終的にはフィビゲルに単独でノーベル生理学・医学賞が贈られることになりました。その大きな理由は、フィビゲルが世界で最初に人工発がんに成功し、山極は世界で2番目に成功したと評価されたためです。

しかし、1952年、ビタミンA欠乏症のラットに線虫が感染した場合にのみ、フィビゲルが発見したような病変 ― ただし悪性腫瘍（がん）ではない ― が起こることが報告されました。そして、フィビゲルが残した標本を再度解析しても悪性腫瘍は見あたらなかったのです。そのため現在では、フィビゲルの研究は誤りだったのではないかと考えられています。歴史に「たられば」はありませんが、少し残念です。

さて、化学物質以外でもがんは発生するのでしょうか？ 1909年9月、ロックフェラー大学のフランシス・ペイトン・ラウスのもとを、農家の女性がペットとして飼っているニワトリの雌を抱えて訪問しました。そのニワトリは生後15か月ほどで、2か月ほど前から胸に大きなしこりができていました。飼い主の女性はラウスにニワトリのしこりを取り除いてほしいとお願いし、ラウスは1909年10月1日にニワトリのしこりを摘出する手術を行いました。摘出したしこりは、胸の筋肉にできた悪性腫瘍（肉腫と呼ばれる）でした。しかし手術から1か月後、肉腫の中に存在していたがん細胞が腹部全体に広がったことで、ニワトリは死んでしまいました。

ラウスはこのニワトリの肉腫のことが頭から離れませんでした。そこで、ニワトリから取り出した肉腫を別のニワトリへ移植したところ、移植されたニワトリでも肉腫が発生することを、1910年に発見しました。翌1911年には、ニワトリから取り出した肉腫をすりつぶして溶液を作り、その溶液を1884年チャールズ・シャンベランが開発した、溶液中に含まれる細菌を取り除くことができる素焼きの陶器で濾過しました。そして、その濾過液をニワトリに皮下注射すると、肉腫が発生することを発見しました。この実験結果からラウスは、「細菌よりも小さな病原体が存在すること」、そして「その病原体ががんを引き起こすこと」を公表しました。[6] そこでこの濾過液に含まれる病原体のことを腫瘍濾過性病原体 ― 現在ではラウス肉腫ウイルスとして知られる ― と呼びました。しかし当時彼の研究は相手にされませんでした。それは当時の光学顕微鏡では、1マイクロメートル以下の細菌よりも小さな病原体は観察できなかったため、濾過液に病原体が存在するとはにわかに信じることが難しかったのです。また、ラウスが発見したラウス肉腫ウイルスは、ニワトリが感染するとがんが100％発生するのですが、他の動物ではがんが発生しないため、腫瘍濾過性病原体が本当に存在するのか疑問視されていました。実は、1913年、藤浪鑑（ふじなみあきら）もニワトリの肉腫が移植可能であることを発見しています。このように、腫瘍の中に存在する目に見えない得体の知れない何かによって、がんが発生することが明らかになってきました。

1930年代に入り、極微細なものを観察できる電子顕微鏡が開発されると、ラウスや藤浪が発見した腫瘍濾過性病原体は、小さい粒子であることがわかりました。そしてこの粒子のことを「毒液」を意味するラテン語 virus からウイルス（virus：英語では、ヴァイラスという発音に近い）と呼ぶようになりました。なお、ラウスが主張した腫瘍濾過性病原体はラウス肉腫ウイルス、藤浪が主張した腫瘍濾過性病原体は藤浪肉腫ウイルスと、それぞれ異なるウイルスでした。

がんがウイルスによって発生するという発見から55年後の1966年、87歳になったラウスに「発がん性ウイルスの発見」という研究業績でノーベル生理学・医学賞が贈られました。この受賞は当時の最年長記録でした。なおウイルス発見から55年も経過してからの受賞は、今なおノーベル賞史上最長記録です。なお、ラウスと同様にウイルスによって腫瘍を移植できることを発見した藤浪は、残念なことに1934年に亡くなっていたため、受賞には至りませんでした。

▼ウイルスから不思議な酵素を発見

ラウスが発見したラウス肉腫ウイルスは、がんを引き起こすことはわかったのですが、どうやってがんを発生させるのかはわかりませんでした。そこで、ハワード・M・テミンと同僚のハリー・ルービンは、ニワトリの体内で起こる現象をペトリ皿の上で再現し、顕微鏡で観察することができれば、がんの発生メカニズムを解明できると考えたのです。具体的には、ニワトリの胎児細胞をペトリ皿の中で培養し続け、その培養した細胞にラウス肉腫ウイルスを感染させるという実験方法を思いつきました。そして細胞にウイルスを感染させ、数日間培養を続けた結果、一部の細胞が異常に増えて、目に見えるほどの細胞の塊、つまりがんのような構造を作らせることに、1958年に成功しました。

この実験結果から、ラウス肉腫ウイルスに感染した細胞 ― 宿主細胞 ― は、がん化して形態が変化すると考えられるようになりました。しかし、まだ解決しなければならない問題がありました。それは、ラウス肉腫ウイルスがどのようなしくみで宿主細胞をがん化するのか、そのしくみがわからなかったのです。第2章でも述べましたが、細胞が増殖するプロセスでは、核にあるDNAがRNAに転写され、そのRNAがタンパク質に翻訳されます。この一連のプロセスは、一方向にしか進まず、細菌からヒトまで共通する基本原理です。そこで1958年クリックは、この基本原理のことを**セントラルドグマ**と呼ぶことを提唱し、現在でもそのように呼ばれています。

ウイルスが正常な細胞に感染すると、正常な細胞の遺伝子に何らかの変化を引き起こし、細胞増殖のプロセスに異常が起こると考えられました。そこでウイルスの遺伝情報が正常な細胞の遺伝子を書き換えることでがん化するのではないかと考えました。ウイルスに存在する遺伝子が染色体に取り込まれ、正常な細胞の遺伝子を書き換えるためには、不安定なRNAではなく染色体と同じ物質のDNAである必要があります。たとえばかぜなどを引き起こすアデノウイルスはDNAからできたウイルスだと知られていたため、ウイルスDNAが染色体DNAの中にもぐり込み、何らかの過程を経て細胞をがん化させるのではないかと考えられていました。しかし、ラウス肉腫ウイルスは、ＲＮＡでできたウイルスだったのです。そのため、ウイルスのＲＮＡがどのようにして染色体ＤＮＡにもぐり込むのかは想像もつかず、ほとんどの研究者は、ウイルスＲＮＡからＲＮＡが多数複製され、複製されたＲＮＡが何らかの作用で宿主の細胞にがんを引き起こすのだろうと考えたのです。

しかしこの考えに反対を唱える人がいました。それが、テミンだったのです。テミンは、ラウス肉腫ウイルスのようなＲＮＡウイルスは、自らのＲＮＡを何らかの方法でＤＮＡに変換し、変換したＤＮＡを染色体にもぐり込ませて、がんを引き起こすのではないかと考えたのです。そこでこのＲＮＡウイルスのことを、ウイルスの前身という意味で、前を意味する接頭語「pro（プロ）」をつけてプロウイルスと命名しました。そして、ラウス肉腫ウイルスの遺伝子の中には、ＲＮＡからＤＮＡを合成する酵素（つまりタンパク質）の遺伝子が存在するのではないかと考えたのです。ただこの仮説（プロウイルス説）は、セントラルドグマを否定することになり、なかなか認められませんでした。

それでもテミンは、自身の仮説の立証に10年以上もの時間を費やし、ついに彼の研究室に研究留学していた水谷哲（みずたにさとし）とともに、ラウス肉腫ウイルスのＲＮＡからＤＮＡを作り出す酵素を発見したと、１９７０年5月ヒューストンで開かれた国際がん会議で発表しました。実は、テミンの兄弟弟子のひとりであるデビッド・ボルティモアも、ラウス肉腫ウイルスとは異なる別のウイルス ― ラウシャー白血病ウイルス ― に目をつけ、テミンと同様にＲＮＡからＤＮＡが作られるという実験

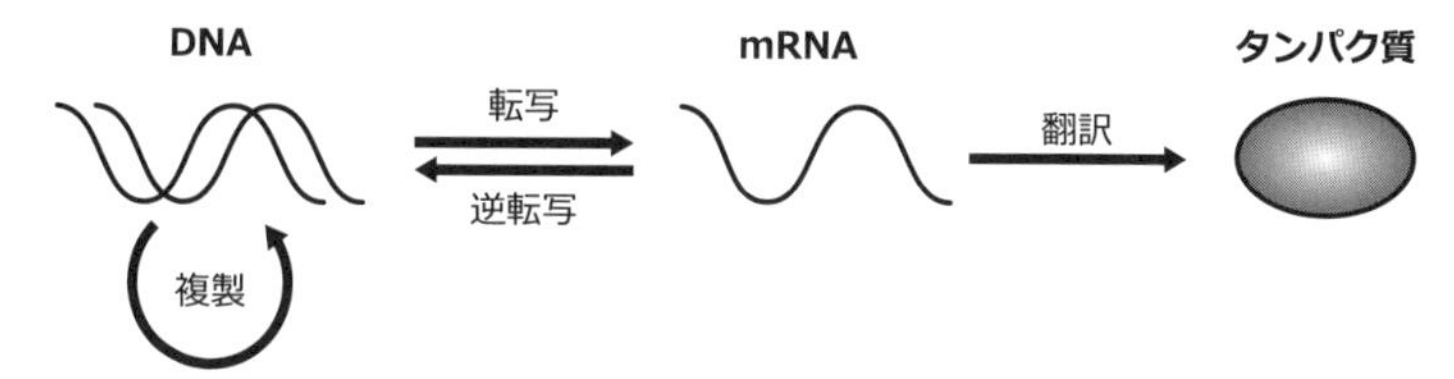

図 24　転写と逆転写の関係

結果をすでに得ていました。そこで、テミンの発表を聞いたボルティモアは、急いで自分の研究結果を論文にまとめ、英国の伝統のある科学誌「Nature」に投稿しました。そして、テミンに論文を Nature に投稿したことを連絡しました。テミンは、ボルティモアの連絡に驚き、急いで水谷と共に論文をまとめ Nature に投稿しました。実はこの裏でテミンの同僚が Nature 編集部と連絡を取り、テミンとボルティモアの論文が同時に Nature に掲載されるよう取り計らったといわれています。そして１９７０年６月27日号の Nature に２人の論文は掲載されました。[7][8] ２人の論文の最後のページをよく見ると、ボルティモアは１９７０年６月２日に、テミンは１９７０年６月15日に論文を Nature に編集部に送付したことが記されています。

この酵素は、クリックが提唱したセントラルドグマと逆のプロセス、つまりＲＮＡからＤＮＡへと逆の方向に転写を進める機能を持ち、テミンはこの酵素を論文の中で「ＲＮＡ依存性ＤＮＡ合成酵素」と記述しました。しかし、Nature 編集部は、セントラルドグマのプロセスの逆を進むことから**逆転写酵素**（reverse transcriptase、リバース・トランスクリプターゼ）と命名することをテミンに提案しました（**図24**）。その結果、現在では逆転写酵素と呼ばれています。Nature 編集部は、もう１つテミンに提案しました。それは、「水谷・テミン」の名前の順番で投稿された論文を「テミン・水谷」と逆転させるよう提案したのです。そして実際にそのようになっています。[8][9] 研究者にとって、論文の著者の順番は非常に重要です。実際に手を動かして実験をした人の名前が最初に、そして実験の内容に対して責任を持つ人が最後にくるのが通例で、著者の順番を見ればその論文に対してどれだけ貢献したかわかるからです。テミン自身でプロウイルス説が正しいことを証明したことを印象づけるために、その名前の順番をも変えさせることのできるNature誌の力はすごいとしか言いようがありません。

テミンとボルティモアの論文は、発表されたときからノーベル賞が確実だといわれていました。実際、発見からわずか5年後の1975年、テミンとボルティモアは「腫瘍ウイルスと遺伝子との相互作用に関する研究」でノーベル生理学・医学賞を受賞しました。当時テミンは40歳、ボルティモアは37歳でした。残念ながら実際に実験を行った水谷哲は、ノーベル賞受賞候補から除外され、代わりにテミンとボルティモアの師匠であり、がんウイルス研究の基礎を築いたレナート・ドゥルベッコが受賞しました。テミンは、がん研究者としての責任感から、1970年代米国議会でタバコの弊害について証言をしたり、肺がん防止のための禁煙運動に力を入れていました。テミン自身は一切タバコは吸いませんでしたが、神のいたずらなのか、1994年に59歳という若さで肺がんで他界しました。

ちなみに、ノーベル賞の選考において実際に手を動かして実験を行った大学院生やポストドクター（博士号取得後に任期のある研究職についている研究者）が受賞することはほとんどありません。先ほどの水谷哲の場合と同様に、iPS細胞を作り出したことで2012年ノーベル生理学・

医学賞を受賞した山中伸弥（やまなかしんや）の実験を実際に行った高橋和利（たかはしかずとし）も、ノーベル賞受賞には至っていません。[10]

▼RNAウイルスが引き起こす病気

ラウス肉腫ウイルスやラウシャー白血病ウイルスのような、動物にがんを発生させるRNAウイルスは逆転写酵素を持っていることから、ラテン語で「逆に」あるいは「戻る」という意味の「retro（レトロ）」から**レトロウイルス**と名づけられました。ちなみにヒトに感染するレトロウイルスには、かぜ様の症状を起こしてから5〜10年間無症状ののちに、多くの感染症にかかるようになる**後天性免疫不全症候群**（acquired immunodeficiency syndrome：**AIDS**（エイズ））の原因ウイルスである**ヒト免疫不全ウイルス**（human immunodeficiency virus：**HIV**）や**成人T細胞白血病**を引き起こす**ヒトT細胞白血病ウイルス**（human T-lymphotropic virus：HTLV）などがあります。これらレトロウイルスは、細胞に感染しても細胞の中のタンパク質生産工場を乗っ取って自分のウイルスを作らせるのではなく、逆転写酵素を使って、レトロウイルス自身に有利な遺伝情報を感染した細胞の遺伝情報と少しずつ入れ替えて、時間をかけてレトロウイルス自身が効率的に増殖できるようにします。一方、インフルエンザウイルスのような逆転写酵素を持たないウイルスは、感染した細胞の核に自分の遺伝子を送り込み、細胞のタンパク質生産工場を無理やり乗っ取り、すばやくウイルス増殖を行います。そのため免疫細胞にすぐさま発見され、駆除されます。

▼ウイルスはがん遺伝子を持っていた

ラウス肉腫ウイルスは逆転写酵素を持っていて、自身のRNAをDNAに変換して感染した細胞の染色体DNAに入り込むことがわかりました。しかし、ラウス肉腫ウイルスがどのような遺伝情報を持っているのかについてはわかっていませんでした。そこで、J・マイケル・ビショップとハロルド・ヴァーマスのグループは、ウイルスの持っている逆転写酵素を逆に巧みに利用することで、ラウス肉腫ウイルスが持つ遺伝子をすべて解読し、がんを引き起こす遺伝子 ― **がん遺伝子** ― を見つけることに成功しました。結局ラウス肉腫ウイルスには、逆転写酵素を作り出す1つの遺伝子とウイルスの粒子を作り出す2つの遺伝子、そして、肉腫を引き起こす1つの遺伝子の合計たった4つの遺伝子しかなかったのです(!)。そしてがん、つまり肉腫を引き起こす遺伝子は、肉腫(sarcoma)にちなんで **src**(サークと発音)と名づけられました。

ビショップとヴァーマスのグループにフランスから参加したポストドクターであるドミニク・ステーランは、正常な細胞にも *src* 遺伝子が存在するのではないかと考えました。実験の結果、確かに正常なニワトリの細胞のDNAにも *src* 遺伝子と似た配列があったのです。また、キジ、サル、ウシ、ネズミ、線虫などさまざまな生物にも *src* 遺伝子は存在していました。ウイルスにも正常な細胞にも *src* 遺伝子が存在するということで、ウイルス由来(viral)の *src* 遺伝子は **v-src** 遺伝子、正常細胞由来(cellular)は、**c-src** 遺伝子と呼ばれるようになりました。

そもそも *src* 遺伝子はどこからやってきたのでしょうか? *src* 遺伝子を欠損しているラウス肉

腫ウイルスをニワトリに注射したところ、できないはずのがんが発生する現象を花房秀三郎（はなふさひでさぶろう）が発見していました。花房は、がんからウイルスを回収し遺伝子を解析したところ、ニワトリの細胞の *src* 遺伝子を取り込んでいることがわかったのです。つまり、はじめに細胞のがん遺伝子が存在し、その遺伝子をウイルスが取り込み、その結果、ウイルスががんを引き起こすようになることがわかったのです。そこで、正常な細胞にあるがん遺伝子のことをがん遺伝子の原型、**がん原遺伝子**（proto-oncogene）と呼ぶことを、ビショップは提案しました。そして1989年、ビショップとヴァーマスは、レトロウイルスのがん遺伝子は宿主細胞が起源であることを発見したことで、ノーベル生理学・医学賞を受賞しました。

▼ヒトにはがん遺伝子はあるのか？

ビショップとヴァーマスによる v-*src* 遺伝子の発見は、がん研究者に大きなインパクトを与えました。しかしラウス肉腫ウイルスは、ニワトリにがんを引き起こしますが、ヒトにはがんを引き起こしません。ひょっとしたらヒトは、ニワトリとはまったく違うしくみでがんが発生するのではないかと考えられていました。また当時は、ヒトにがんを引き起こすレトロウイルスが発見されていなかったことも、そのように考えられる大きな原因でした。

そこで、ヒトのがん組織から直接がん遺伝子を見つけるといった研究が1980年代、アメリカのいくつかの研究室で始まりつつありました。2003年にヒトゲノムの全塩基配列が決定されたおかげで、現在では簡単にヒトのがん遺伝子を同定できます。しかし当時は、塩基配列を現在のように簡単に解析することはできませんでした。そのような中でも、ロバート・A・ワインバーグ、マイケル・ウィグラー、マリアノ・バルバシッドの研究グループが、それぞれ個別にヒト膀胱がんの腫瘍細胞株からヒトのがん遺伝子を発見し、1982年4月から7月にかけてNatureに発表しました。[11][12][13] これ以後、ヒトのがん細胞から100種類以上ものがん遺伝子が発見されています。

細胞の基本講義① リン酸化と情報伝達

がん原遺伝子は私たちの細胞の中で何をしているのでしょうか？ がん原遺伝子ががんを作るための遺伝子として私たちの細胞の中に存在しているのであれば、私たちは、がんになる時限爆弾を抱えて生きていることになります。自分自身の体の中に時限爆弾を仕込むようなことを生物はするのでしょうか？ そこで研究者たちは、がん原遺伝子の機能について研究を始めました。

細胞が生きていくためには、細胞外のさまざまな情報を受け取り、細胞内にその情報を伝えて適切に処理する必要があります。細胞間での情報伝達に用いられるホルモンや神経伝達物質は、**一次メッセンジャー**と呼びます。この一次メッセンジャーが細胞膜上の受容体に結合することが引き金となって、細胞内で新たに合成され、細胞外の情報を細胞内へ伝える分子のことを**二次メッセンジャー**と呼びます。二次メッセンジャーには、カルシウムイオンやサイクリックＡＭＰなどの比較的低分子のものを用います。また、タンパク質を**リン酸化**するしくみも用いられます。

タンパク質のリン酸化とは、タンパク質を構成するアミノ酸の中でも、セリン、トレオニン、チ

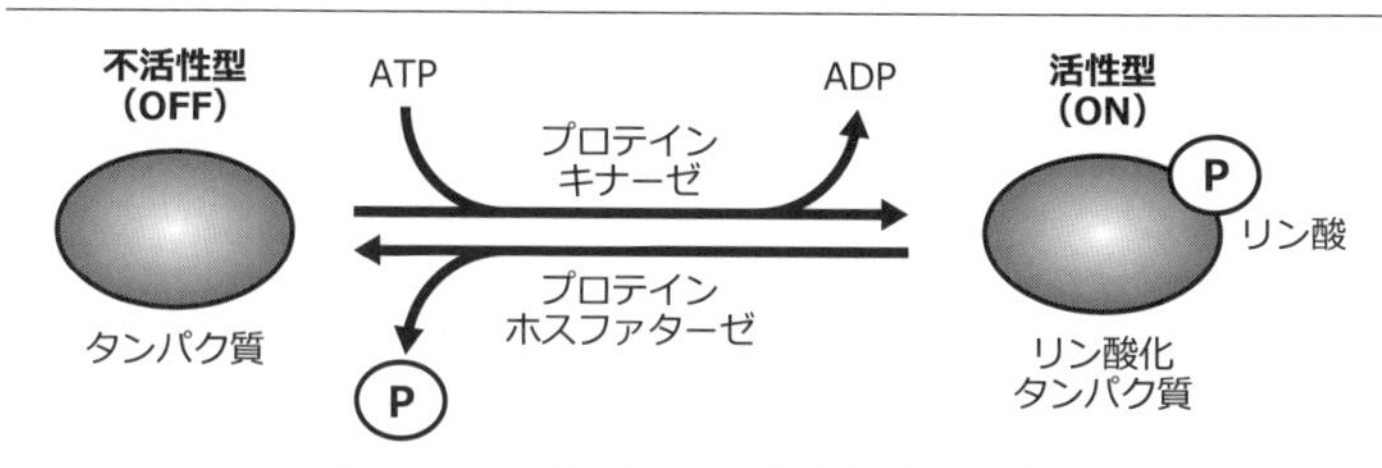

図25　タンパク質のリン酸化と脱リン酸化

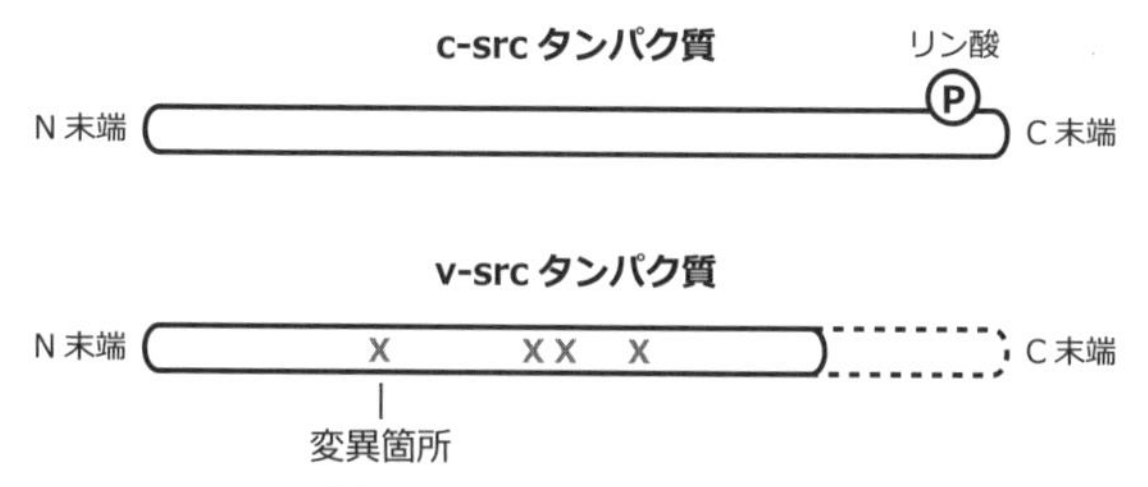

図26　c-src と v-src の違い

ロシンの3種類のアミノ酸にリン酸が結合されることを指します。一方これらのアミノ酸からリン酸が取り除かれることを**脱リン酸化**といいます。そしてアミノ酸に、細胞のエネルギー通貨であるアデノシンにリン酸が3分子結合している**アデノシン三リン酸**（adenosine triphosphate：ATP）のリン酸を1つ結合させるタンパク質のことを**リン酸化酵素**（**プロテインキナーゼ**）、アミノ酸からリン酸を取り除くタンパク質のことを**脱リン酸化酵素**（**プロテインホスファターゼ**）と呼びます。タンパク質のリン酸化と脱リン酸化は、タンパク質の機能をオン（活性化）・オフ（不活性化）できるスイッチのようなものです（**図25**）。

さて話をsrc遺伝子に戻します。ラウス肉腫ウイルスのv-src遺伝子から作られるタンパク質は、正常な細胞が持つc-src遺伝子から作られるタンパク質と比較すると、タンパク

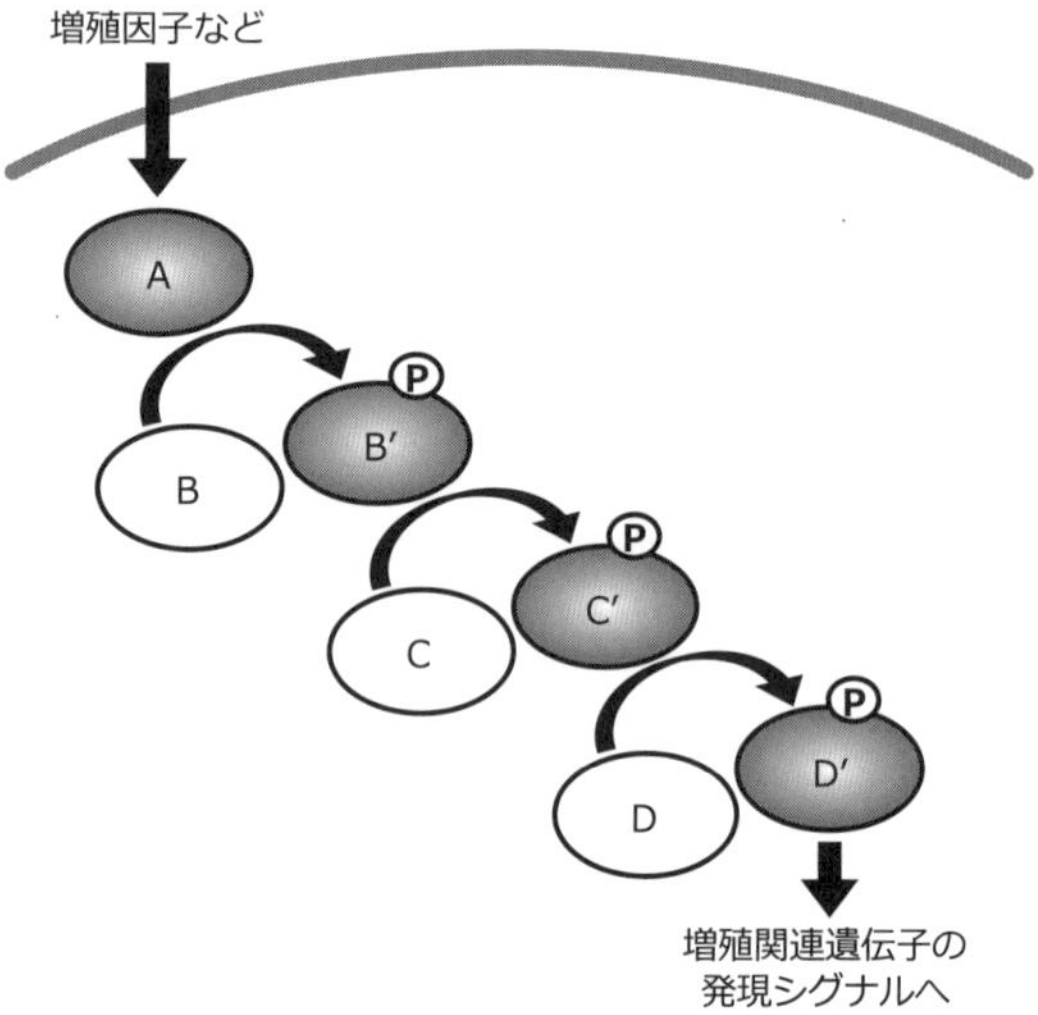

図27　シグナルカスケード

質の末端（カルボキシ末端またはC末端と呼ばれます）が異なり、しかもタンパク質の数か所のアミノ酸に突然変異があることがわかりました。そして、c-src遺伝子から作られるタンパク質は、タンパク質の中のチロシンにリン酸を付加する酵素、つまりキナーゼ（チロシンをリン酸化するため、**チロシンキナーゼ**と呼ばれます）であることが明らかになりました。

c-src は通常、タンパク質の先頭（アミノ末端またはN末端と呼ばれます）から527番目のチロシン（アミノ酸の1文字略語でチロシンはYと表記するためY527と呼びます）が別のチロシンキナーゼによってリン酸化されています。**図25**で示した場合では、タンパク質がリン酸化されることでスイッチがオンされていますが、c-src の場合はスイッチがオフされた不活性化の状態で存在しています。このY527が脱リン酸化されると活性化されます。しかしv-srcでは、Y527が存在しないため、常に活性化された状態になっています。そのため、細胞の増殖が制御できず、増え続けるということがわかったのです。（**図26**）。

一方、ヒトのがんから発見された*Ras*遺伝子から作られるタンパク質は、srcタンパク質のようなキナーゼではありませんでした。Rasは、**グアノシン三リン酸**（guanosine triphosphate：GTP）という分子によってその機能が調節されていたのです。Rasにリン酸が3つ結合しているGTPが結合しているか、Rasにリン酸が2つ結合しているグアノシン二リン酸（guanosine diphosphate：GDP）が結合しているかによってRasの機能がオン・オフされるのです。たとえば、細胞を増殖させるための物質 ― **増殖因子** ― が細胞外に増えると、細胞はその増殖因子を細胞表面にある増殖因子受容体で受け取ります。その受容体が活性化されると、Rasを活性化します。活性化されたRasは、別のタンパク質をリン酸化します。そしてリン酸化された別のタンパク質は、さらに別のタンパク質をリン酸化します。このように、順々にタンパク質がリン酸化され、タンパク質が活性化していく一連の過程が滝の流れに似ていることから、**シグナルカスケード**と呼ばれています（図27）。そして、がん細胞と正常な細胞が持つ*Ras*遺伝子を比較したところ、たった1か所のアミノ酸が違っていることがわかったのです。正常な細胞の場合、12番目のアミノ酸がグリシンですが、それがバリンへと変化していたのです。そ

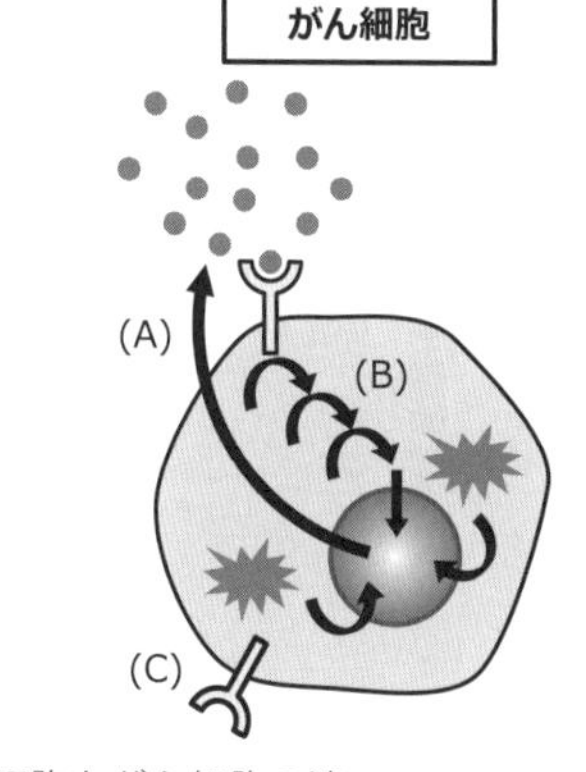

図28 正常な細胞とがん細胞の違い

して、12番目のアミノ酸がバリンに変化することで、常に*Ras*が活性化された状態になっていることがわかったのです。これらの研究からがん原遺伝子は、細胞が増殖するために必要な細胞内の情報伝達を調節していることがわかりました。そして、がん原遺伝子に突然変異が起こることで、シグナル伝達が異常になり、がんが発生するのです（**図28**）。

正常な細胞では、細胞外の増殖因子を受け取ると細胞内に正しく情報が伝達され、増殖します。一方、がん細胞では、がん細胞自身が増殖因子をたくさん作り出して自分自身に作用させたり（A）、*Ras*遺伝子のようにがん原遺伝子に突然変異が入ることで増殖因子の情報が過剰に細胞内に伝えられたり（B）、増殖因子を受け取っていないのにもかかわらず、勝手に細胞内で情報が伝えられたりすることで（C）、細胞が無限に増殖するようになるのです。

▼白血病と分子標的薬

がんは、大きく3つに分類されます。体内の器官の表面などを覆っている細胞を**上皮細胞**と呼びますが、この上皮細胞から発生するがんを上皮性腫瘍と呼びます。代表的なものに、肺がん、乳がんなどがあります。一方、骨や筋肉など上皮ではない細胞から発生するがんを**肉腫**と呼びます。代表的なものに、骨肉腫、血管肉腫などがあります。そして、血液を作る臓器である骨髄やリンパ節を造血器と呼びます。骨髄とは、骨の内側の柔らかいスポンジ状の組織のことで、赤血球、白血球、血小板のもととなる造血幹細胞が存在します。この造血器から発生するがんには、**白血病**や**骨髄腫**

などがあります。

造血幹細胞に何らかの異常が起こると、がん化した血液細胞が骨髄の中で異常増殖し、骨髄を占拠してしまいます。すると正常な血液細胞の数が減少するため、貧血や出血傾向、そして免疫機能の低下などの症状が起きます。白血病は、がん細胞のタイプと病気の進行や症状によって**急性骨髄性白血病**、**急性リンパ性白血病**、**慢性骨髄性白血病**、そして**慢性リンパ性白血病**の４つに分けることができます。

１９６０年、慢性骨髄性白血病患者の90％以上に、がん化した細胞に異常な形をした微小な染色体が存在することを、ピーター・ノーウェルとディビッド・ハンガーフォードが発見しました[14]。それは発見された都市の名前から、**フィラデルフィア染色体**と呼ばれるようになりました。当初染色体が微小になっているのは、染色体がちぎれたからだと考えられていました。その後、ジャネット・Ｄ・ラウリーによって、９番染色体の一部が22番染色体に入れ替わり、22番染色体の一部が９番染色体に入れ替わるという相互転座が起こっていることが明らかにされました[15]。これは、たまたま９番と22番染色体が切断されやすいために起こります。

９番染色体から22番染色体に移動してきたのは、マウスに白血病を引き起こすがん遺伝子 *ABL* でした。この *ABL* 遺伝子から作られるＡＢＬタンパク質は、血球細胞の増殖や分化に重要な機能をするチロシンキナーゼです。*ABL* 遺伝子は、22番染色体の *BCR* 遺伝子のすぐ後ろに入り込み、新たな *BCR-ABL* 遺伝子となりました。この *BCR-ABL* 遺伝子から作られるＢＣＲ-ＡＢＬタンパク質は、ＡＢＬのチロシンキナーゼのスイッチ部分がＢＣＲに入れ替わってしまったため、常に

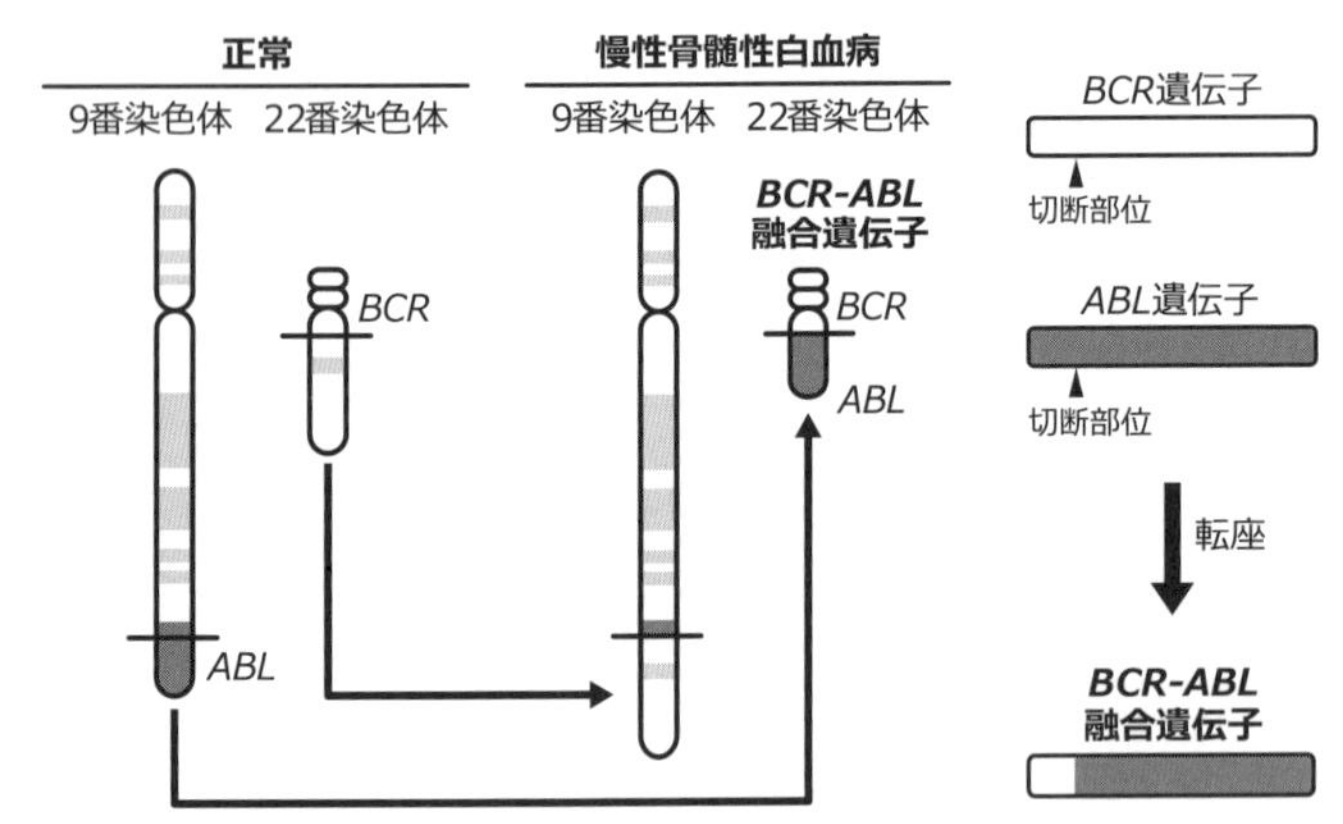

図 29 フィラデルフィア染色体と *BCR-ABL* 遺伝子

チロシンキナーゼが活性化された状態になっていたのです（**図29**）。そのため、白血球が異常に増殖するようになりました。そこで、BCR-ABLタンパク質を機能できなくする薬を作ることができれば、慢性骨髄性白血病は治療できるのです。

ブライアン・J・ドラッカーは、まさにBCR-ABLタンパク質がチロシンキナーゼとして機能することを抑える薬の開発に取り組み、実際にそのような薬を発見しました。ドラッカーが発見したイマチニブ（商品名グリベック®）と呼ばれる薬は、BCR-ABLタンパク質に結合し、チロシンキナーゼとして機能することを阻害したのです。そのため、慢性骨髄性白血病を引き起こす白血病細胞の増殖を抑えることができ、慢性骨髄性白血病の特効薬として現在広く用いられています。

なお、がん細胞で異常を起こした特定の分子を狙い撃ちして、その機能を制御することによってがんを治療する薬のことを、**分子標的薬**といいます。しかし、この分子標的薬によって慢性骨髄性白血病を完全に撲滅することはできません。なぜなら、慢性骨髄性白血病に限らず、がん細胞は絶えず遺伝子の突然変異を起こして「進化」しているからです。そのためドラッカーは、現在進化した慢性骨髄性白血病に対する薬剤の開発に取り組んでいます。２０１２年「がん特異的分子を標的とした新しい治療薬の開発」でドラッカーは第28回日本国際賞を受賞しています。ゆくゆくは、ノーベル生理学・医学賞を受賞するかもしれません。

▼がんを抑える遺伝子はあるのか？

網膜は、眼の奥に広がっている薄い膜状の組織です。眼球をカメラに例えると、網膜はフィルムの役割を果たします。この網膜に発生する悪性腫瘍を**網膜芽細胞腫**（もうまくが）といい、乳幼児に多い病気です。命に関わることは少なく、早く治療ができれば治癒することができますが、治療のために視力を犠牲にしなければなりません。この網膜芽細胞腫には、遺伝性のものと散発性のものがあり、遺伝性のものは、常染色体優性（顕性）遺伝（⇒72ページ「遺伝の基本講義①」）で遺伝します。

アルフレッド・G・クヌッドソンは、遺伝性と散発性の網膜芽細胞腫を発症する月齢を比較しました。すると、遺伝性の場合は生まれた月齢に応じて患者の数が直線的に増加しますが、散発性の場合は2歳ぐらいまでは発症せず、それ以後急激に増加することを１９７１年に発見しました[16]。この結果から、網膜芽細胞腫が発症するためには、(1)一対ある遺伝子の両方に突然変異が起こる必要があり、(2)遺伝性の場合は、親から片方の遺伝子に突然変異があるものを引き継いでおり、片方の遺伝子に突然変異が起こるだけでがんが発生するため、発症率が高く、(3)散発性の場合は、両方の遺伝子に突然変異が起こらないとがんが発生しない、という「ツーヒット仮説」を唱えました。つまり、一対ある2つの遺伝子の両方ともが突然変異しないとがんは発生しないと考えたのです。

その後、網膜芽細胞腫の患者の細胞では、13番染色体の長い腕が一部なくなっていることが明らかになりました[17]。そこでクヌッドソンは、遺伝子がなくなることでがんが起こるならば、その消失した遺伝子ががんを抑えているはずだと考え、そのような遺伝子を「アンチがん遺伝子（anti-oncogene）」と呼ぶことを提唱しました。しかし、がん遺伝子に対抗する遺伝子だとの誤解を受けるため、現在では「**がん抑制遺伝子**（tumor suppressor gene）」と呼ばれています。なおクヌッドソンは、2004年に「ヒト発がん機構におけるがん抑制遺伝子理論を確立した先駆的業績」で京都賞を受賞しています。

さて、網膜芽細胞腫の原因遺伝子が13番染色体の長い腕の一部にあることがわかりました。そして、その遺伝子は、網膜芽細胞腫（retinoblastoma）の頭文字をとって*Rb*遺伝子と名づけられました。タデウス・P・ドライジャは、ステファン・H・フレンドと共同で、*Rb*遺伝子の実体を探し、1986年の夏、ついに*Rb*遺伝子を手に入れたのです[18]。

フレデリック・P・リーとジョセフ・F・フラウメニは、脳腫瘍、乳がん、肉腫、副腎皮質腫瘍、白血病など多くのがんを多発する家系があることに気づき、1969年に報告しました。そこで発見者にちなんでリー・フラウメニ症候群と名づけられました。なお、このリー・フラウメニ症候群は非常に稀です。

なぜリー・フラウメニ症候群ではがんが多発するのか？　フレンドは、ヒトのがん細胞では、

p53 遺伝子に突然変異が多くみられることから、リー・フラウメニ症候群でもこの *p53* 遺伝子に突然変異があるのではないかと推測しました。そこでフレンドは、リー・フラウメニ症候群の患者のがん細胞から *p53* 遺伝子を取り出し、その塩基配列を調べたところ、予想通り突然変異が見つかりました。同じ患者たちの、がん細胞ではない正常な細胞からも *p53* 遺伝子を取り出し、その塩基配列を調べたところ、ここにも突然変異があることを見つけました。これらの結果から、リー・フラウメニ症候群の患者では、もともと *p53* 遺伝子に突然変異があるため、さまざまな臓器でがんが発生することがわかったのです。また、*p53* 遺伝子に突然変異が起こるとがんが発生する、つまり *p53* 遺伝子はがん抑制遺伝子である可能性が出てきたのです。

細胞の基本講義② DNAと細胞周期

この *Rb* 遺伝子や *p53* 遺伝子は、私たちの体の細胞の中でどのような機能をしているのでしょうか?

私たちの体は、約37兆個もの細胞でできています[19]。非常に多くの細胞でできているわけですが、スタートは卵と精子が受精してできた1つの受精卵です。この受精卵が、1個→2個→4個→8個と分裂を繰り返し、、最終的に37兆個以上の細胞が作られます。そして、細胞が37兆個になると増殖をやめ、この細胞数を維持するようになります。つまり私たちヒトの体には、たえず細胞の数を37兆個に保ち続ける巧妙なしかけがあります。この巧妙なしかけに異常が起こると、正常な細胞が無限に増殖する、つまり、細胞ががん化した状態になるのです。たとえば、私たちが不注意で包丁で指先を切って切り傷ができたとします。すると、切り傷の部分の皮膚は失われます。しかし時間が経つと傷つけた皮膚が再生され、元のように戻ります。決して、再生された皮膚が異常に盛り上がって元の指とは違ったものになるということはありません。

細胞が増殖する際には、DNAや細胞の中にあるさまざまな構成成分を2倍にし、そしてそれを2個の細胞に等しく分配するという過程を繰り返します。このサイクルを**細胞周期**と呼びます。ただ、細胞周期は単純にDNAを複製して、その後細胞分裂をするだけではありません。実際には細胞の中で起こっている現象によって、大きく4つに分けることができます。まず細胞内のDNAを複製する時期〔**S**(synthesis)**期**〕、複製されたDNAを2個の細胞に等しく分配する細胞分裂期〔**M**(mitosis)**期**〕があります。S期の前には、DNAを合成するために必要なタンパク質を準備する時期〔**G_1**(gap1)**期**〕、そしてS期の後には、細胞分裂に必要なタンパク質などを準備する時期〔**G_2**(gap2)**期**〕があります。まとめると細胞周期は、G_1 → S → G_2 → M → G_1 → S →…というように繰り返されます(**図30**)。

この細胞周期は、ただ単に巡り回って繰り返されるだけではなく、G_1期からS期、S期からG_2期というように違う期に移る際に、正しく細胞周期が進んでいるかどうか、また次の期に進んで問題ないかを確認するための**チェックポイント**が存在します。そして、チェックポイントで異常が見つかれば、その時点で細胞周期は一時停止します。たとえば、G_1期からS期に移るためのチェックポイントでは、DNAに損傷がないかどうかをチェックし、もしDNAに損傷があれば、細胞周期が一度止まります。そして、まずDNAの損傷の修復を試みます。修復できれば、再度細胞周期を進めてS期に移りますが、修復できなければ**アポトーシス（細胞死）**（⇒詳細は138ページ）を引き起こして、その細胞を取り除きます。

オリエンテーリングというスポーツを知っていますか？　地図とコンパスを用いて、野山に設置されたチェックポイントをスタートから指定された順序で通過し、ゴールまでの所要時間を競うスポーツです。チェックポイントを正しく通過しなければ、失格してしまいます。そのため、チェックポイントを誤って通過しないように、たえず間違いがないか確認しながら、ゴールを目指します。細胞周期に非常によく似ています。

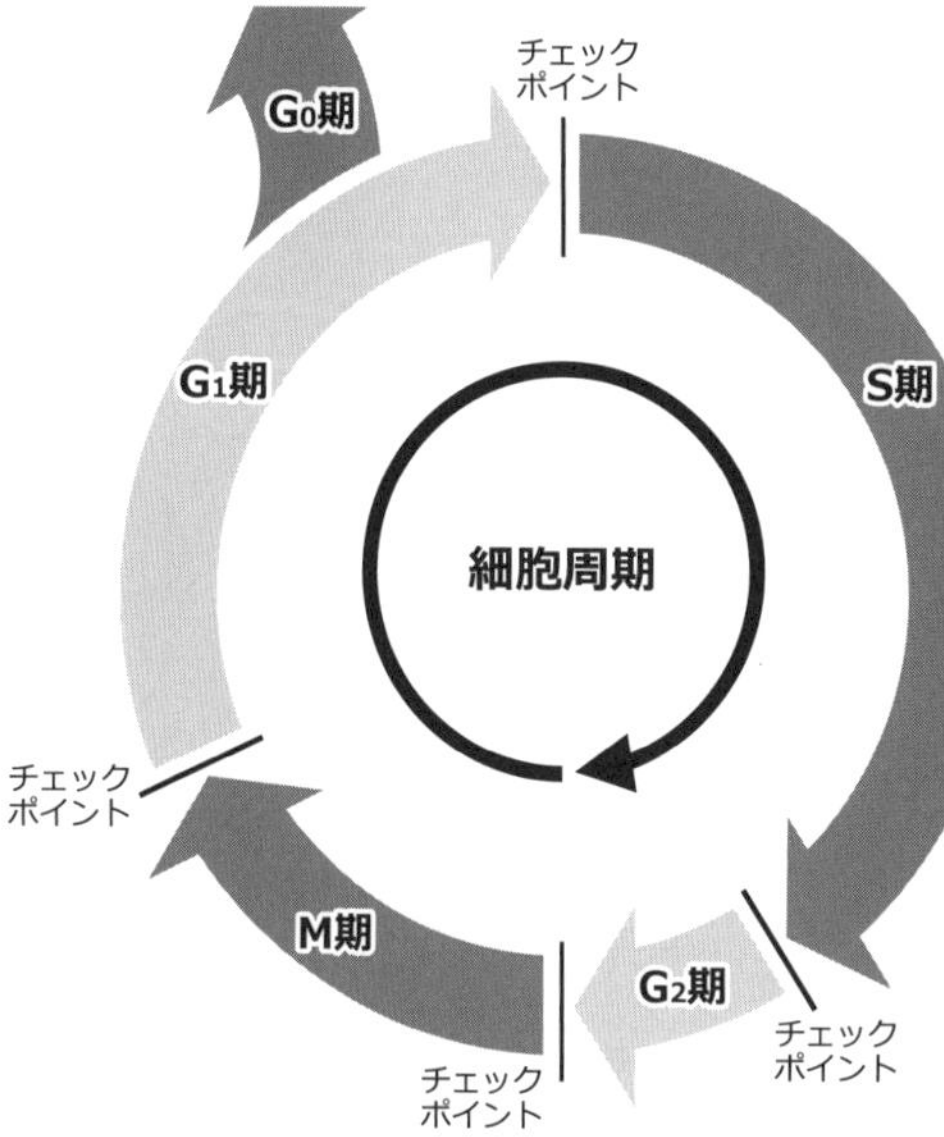

図30　細胞周期

細胞周期は、**サイクリン**と**サイクリン依存性キナーゼ**（cyclin dependent kinase：**CDK**）と呼ばれるタンパク質（サイクリン-CDK複合体）によって調節されています。そのためこの複合体は、**細胞周期エンジン**とも呼ばれます。さて *p53* 遺伝子は、DNAの塩基や構造に損傷があると活性化され、細胞周期エンジンの機能を抑える p21 タンパク質を作り出し、細胞周期を一時停止させます。その間に細胞は、DNAの損傷の修復を試みます。DNAの修復に成功すれば、p53 タンパク質は不活性化され、p21 タンパク質も分解され、細胞周期が次のステップに進みます。

一方 *Rb* 遺伝子は、細胞が増殖しなくてよい状態のときには、S期が進行するために必要な遺伝子が機能しないように抑制していますが、細胞が増殖し始めてCDKが活性化されると、Rb がリン酸化されてS期が進行するようになります。

以上のように *Rb* 遺伝子や *p53* 遺伝子は、細胞周期が次のステップに進むのを抑える役割をしています。つまり *Rb* 遺伝子や *p53* 遺伝子に突然変異があると、DNAに損傷があっても、チェックポイントで正しく修復されずにそのまま細胞周期が進行してしまい、DNAに損傷を残したまま細胞が分裂してしまうのです。

ちなみに、タバコに含まれるベンゾピレンという物質は、*p53* 遺伝子の突然変異を誘発し、肺がんを引き起こします。また、ピーナッツに生えるカビが産生するアフラトキシンという物質は、*p53* 遺伝子の249番目の塩基に点変異を引き起こし、肝臓がんを引き起こします。ですので、タバコを吸ったり、カビが生えたものを食べるのはやめておいたほうが無難です。

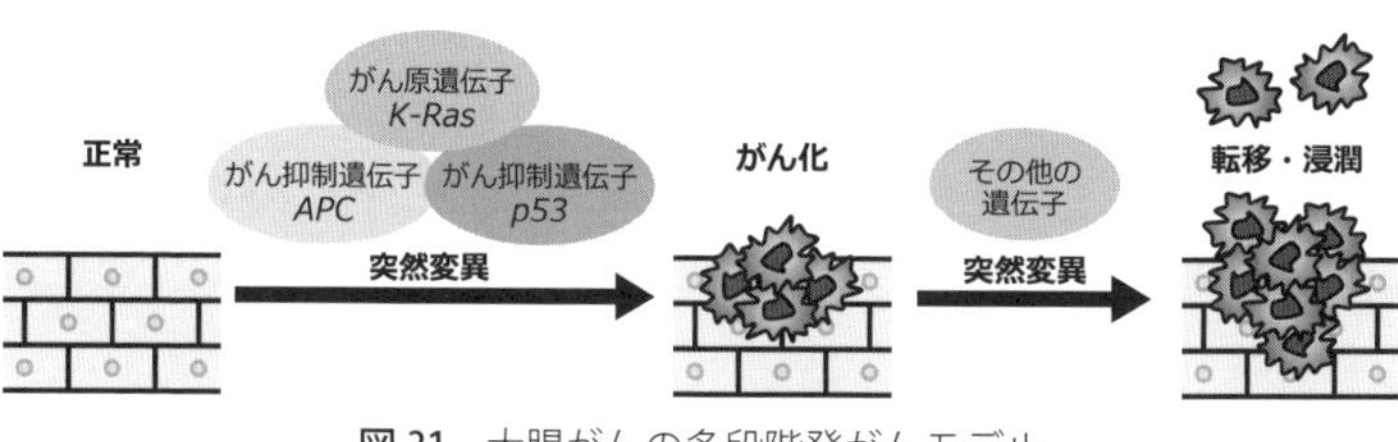

図31　大腸がんの多段階発がんモデル

▼多段階発がんモデル

細胞周期のチェックポイントが正しく機能していれば、細胞はがん化しません。逆にいうとチェックポイントがおかしくなるとがん化するのです。しかし、そのチェックポイントも1つだけではありません。後で詳述するアポトーシス（細胞死）という機構もあります。それでもなお、なぜ細胞はがん化するのでしょうか？　現在では、1つの遺伝子に損傷が起こるだけでなく、紫外線を浴びたり化学物質にさらされたりすることで複数の遺伝子に損傷が起こり、それが長い間徐々に蓄積していくことで、ある時点でがん細胞に変化するからだと考えられています。このように正常な細胞からがん細胞になる過程は、いくつかの遺伝子の異常が積み重なって段階的に進むことから、**多段階発がんモデル**といわれています（**図31**）。

家族性大腸腺腫症（せんしゅ）とは、大腸に100個以上のポリープができ、それが40歳ぐらいに差しかかるまでにがん化する、遺伝性の常染色体優性（顕性）遺伝疾患です。1991年、中村祐輔（なかむらゆうすけ）とバート・フォーゲルシュタインは、5番染色体にあるがん抑制遺伝子 *APC*（adenomatous polyposis coli）に突然変異が起こることで、家族性大腸腺腫症が起こることを発見しました[20]。

大腸がんの8割以上の患者から、*APC* 遺伝子の突然変異が発見されます。

このAPC遺伝子に突然変異が起こると、大腸の粘膜細胞が異常に増殖し、良性の腺腫（ポリープ）ができます。そして、がん原遺伝子であるK-Ras遺伝子の突然変異が加わると、良性ポリープがさらに大きくなります。そこへさらにp53遺伝子の突然変異が起こると、細胞ががん化します。その後さらに他の遺伝子に突然変異が起こると、がん細胞が他の組織に転移をすると考えられています。もちろんすべての大腸がんで、このような遺伝子の突然変異が起こっているわけではありませんが、遺伝子の突然変異が蓄積することで細胞ががん化し、また突然変異した遺伝子の数が多ければ多いほど、がんの悪性度は高くなります。

▼遺伝子のエピジェネティックな変化とがん

これまで、がんは遺伝子の突然変異が蓄積することで起こると述べました。最近の研究では、遺伝子の突然変異、つまりジェネティックな突然変異以外にも、たばこや薬によって引き起こされる、エピジェネティックな変化（⇩95ページを復習）でもがんが起こることがわかってきました。具体的には、DNAのシトシンにメチル基が結合するメチル化や、DNAを巻きつけているタンパク質であるヒストンにアセチル基が結合する、ヒストン修飾の変化も起こることがわかってきたのです。

フィビゲルの「寄生虫発がん説」は否定された、と述べました（⇩112ページ）。しかし最近の研究から、寄生虫によってがんが発生する可能性も報告され始めています。たとえば、慢性胃炎や胃潰瘍、十二指腸潰瘍を引き起こす細菌であるヘリコバクター・ピロリは、胃がんを引き起こす可能性があります。寄生虫の一種である肝吸虫に汚染されている淡水魚や甲殻類などを食べることで、肝吸虫が胆管がんを誘発する可能性もあります。寄生虫は常に細胞へ障害を与え続け、その結果、細胞のエピジェネティックな情報を変化させる可能性があります。また細胞分裂がさかんに起こるようになるので、遺伝子が損傷を受ける機会も増えるわけです。このようにして、エピジェネティックとジェネティックな変化が蓄積していくことで、がんが発生するのではないかと考えられるのです。つまり、フィビゲルの研究結果自体は間違いであったかもしれませんが、現在では「寄生虫発がん説」自体は正しいのではないかと考え始められています。

▼ヒトにがんを発生させるウイルス

1973年に高月清（たかつききよし）は、これまで知られていなかったTリンパ球白血病を発見しました。そして、この白血病は九州出身者に多く、しかも40~60歳代に多くみられる新しい白血病だとして、1977年、**成人T細胞白血病**と命名し、報告しました。その後、1980年に日沼頼夫（ひぬまよりお）によって、**ヒトT細胞白血病ウイルス**（**HTLV**）（⇨119ページ）が発見されました[21]。つまり、ヒトでもウイルスによってがんが発生することがわかったのです。

現在ではHTLV以外にも、ヒトにがんを引き起こすウイルスとして、悪性リンパ腫や胃がん、上咽頭がん、平滑筋肉腫などを引き起こすエプスタイン・バーウイルス（Epstein-Barr virus：EBV）、肝臓がんを引き起こすB型およびC型肝炎ウイルス、そして子宮頸がんを引き起こす**ヒトパピローマウイルス**（human papilloma virus：**HPV**）の4種類が知られています。しかし、これらのウイルスに感染したら必ずがんが発生するというわけではありません。

HPVは、1976年にハラルド・ツア・ハウゼンによって発見されました。現在では100種類以上のHPVのタイプが存在することがわかっていて、顔などにイボを引き起こすタイプもあります。この中でも、16型と18型は、**子宮頸（けい）がん**を引き起こすことが明らかになっています。HPVが作り出すタンパク質（E6やE7と呼ばれる）は、*p53*や*Rb*といったがん抑制遺伝子から作り出されるタンパク質に結合して、それらの作用を阻害してしまうため、子宮頸がんが発生するのです。現在では、性交渉によって男性の口腔や咽頭にHPVが感染した場合、子宮頸がんと同様にがんが発症する確率が高まることが知られています。実際、首から上にできるがん（頭頸部といいます）の約70%は、HPV感染が関与しています。そのため、女性だけでなく男性にもHPVワクチンの接種を推奨しているオーストラリアやアメリカのような国もあります。なお、ワクチンはすでにHPVに感染している細胞からHPVを排除することはできません。そのため、性交渉を経験する前に接種することが必要です。

細胞の基本講義③　アポトーシスとネクローシス

やけどや凍傷、けがなどで皮膚の細胞が障害を受けて死んだり、心筋梗塞で心臓に血液を運ぶ冠動脈が詰まり、血液が流れてこなくなることで栄養分や酸素が供給されず、心筋細胞が死んだりするような状態のことを、壊死（えし）（ネクローシス）といいます。つまり、外的要因で細胞が死んでしまうのがネクローシスです。ネクローシスした細胞は、細胞の中身を周囲に放出して死にます。細胞の中にはさまざまな分解酵素があるため、自分が死ぬだけでなく周囲の細胞も傷つけます。そのため、ネクローシスした細胞の周囲では炎症が起こります。たとえば、足をすりむいてけがをした周囲が痛がゆくなるのは、けがをした部分の細胞がネクローシスを起こし、その結果周囲に炎症を引き起こしているためです。

胎児がお母さんのおなかにいる間、指の間の水かきが成長に伴って消失していきます。また女性の月経では、子宮の内側の内膜細胞で、増殖因子である女性ホルモン（エストロゲン）の濃度が性周期に応じて低下すると、内膜細胞が死んで子宮から剥がれ落ちていきます。また、授乳中の母乳を作る乳腺細胞は、ホルモンの作用で分裂して増殖しますが、授乳期が終わって離乳するとホルモンの濃度が低下し、乳腺細胞が死に、もとの大きさの乳房に戻ります。このように、役目を終えた細胞が、あらかじめプログラムされていたかのように静かに消失する現象は、**プログラム細胞死**（**アポトーシス**）と呼ばれます。このアポトーシスは、細胞の外からアポトーシスを引き起こ

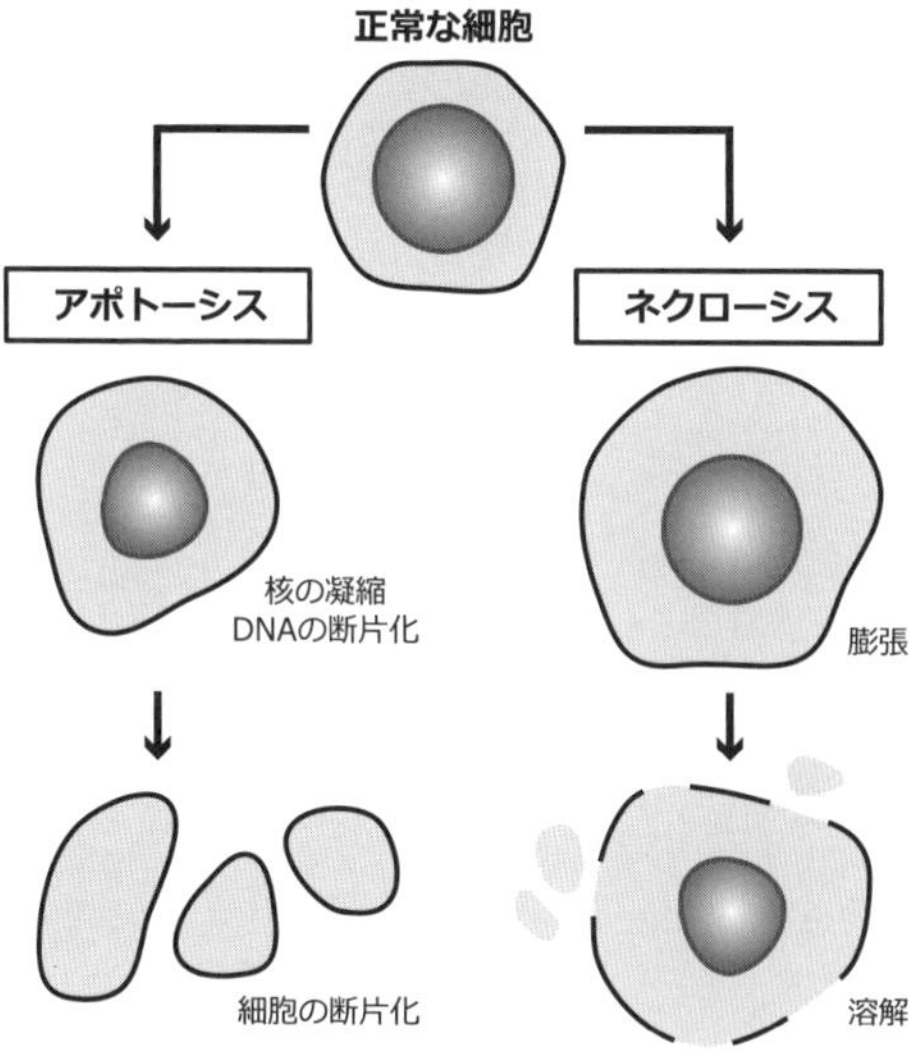

図 32　アポトーシスとネクローシス

させる情報（サイトカイン）が受容体を介して伝えられたり、ウイルスに感染したり、DNAに修復不可能な損傷が起こることで発生します（**図32**）。

アポトーシスでは、ネクローシスのように細胞の中身をそのまま周囲に放出するのではなく、マクロファージなどの貪食細胞がすぐに貪食しやすいように、細胞が凝縮して断片化されます。そのため、炎症は起こりません。たとえば、子どもが離乳して、母乳を作る必要がなくなって乳腺細胞が死んでいくたびに炎症反応が起こるとすると、お母さんの乳房はそれはもう大変なことになってしまいます。実際そんなことは起きません。

インターネットで検索すると、1日に発生するがん細胞の数は、数百個から数十万個ほどの範囲の値と出てきます。特に、1日5000個という値が多く見受けられます。この値は、自分の体には免疫系の細胞が反応しないように抑制されているしくみ（**免疫寛容**（かんよう）と呼ばれます）を解明し、1960年ノーベル生理学・医学賞を受賞したフランク・マクファーレン・バーネットが、突然変異の起こる確率、がん細胞の発生に必要な突然変異の数、1日に分裂する細胞の数などから推測したようです。そのため、あくまでも憶測であって、正しい数ではありません。ただ、仮に5000個のがん細胞が毎日発生するとして、それらの細胞をすべてネクローシスで退治していると想像するとどうでしょうか？　体中いろんな場所で炎症が起こり、体中で痛みが起こっているかもしれません。しかし、実際には私たちの体ではそのようなことは起こっていません。それは、アポトーシスでがん化した細胞を取り除いているからにほかなりません。

▼抗体を使ってがんをやっつける

私たちの体は、病原菌やウイルスなどの異物、つまり抗原が体内に侵入すると、その異物と結合する抗体を作り、異物を排除するしくみを持っています（⇒8ページを復習）。このしくみを利用して、病気の原因となる物質に対する抗体を作り、体内に注射することで病気の予防や治療を行う薬のことを**抗体医薬**といいます。

細胞表面には、細胞の増殖や分化に関係するさまざまな受容体が存在します。その中の1つである受容体型チロシンキナーゼは、細胞増殖因子に結合する細胞外の領域と細胞膜を貫通する領域、そしてチロシンキナーゼの機能を有する細胞内の領域の3つの領域が1つにつながった構造をしています。この受容体型チロシンキナーゼの一種であるHER2は、細胞の増殖や分化などの調節に関与しています。このHER2を作り出す*HER2*遺伝子に突然変異が起きた場合、あるいはHER2タンパク質が過剰に作られると、細胞増殖や分化の調節がおかしくなり、細胞ががん化します。そのため*HER2*遺伝子は、がん遺伝子です。

乳がんは、乳がん細胞が女性ホルモン（エストロゲン）受容体を発現しているかどうかや*HER2*遺伝子に突然変異があるかどうか、また乳がん細胞の増殖能力が高いかどうかによって5つの種類に分類されます。その中でもエストロゲン受容体を発現しておらず、エストロゲンを投与しても細胞の増殖は増強されないが、*HER2*遺伝子に突然変異があるためがん細胞の増殖スピードが速いというタイプがあります。このタイプは**HER2陽性乳がん**と呼ばれ、乳がん全体の20%

を占めます。そしてこれまで、HER2陽性乳がんの治療は難しいと考えられていました。

1998年アメリカで認可されたトラスツズマブ（商品名：ハーセプチン®）は、がん細胞の表面に存在する受容体型チロシンキナーゼであるHER2タンパク質に特異的に結合する抗体で、増殖因子がHER2に結合する部位を覆うことで増殖因子が結合するのを邪魔して、がん細胞の増殖を抑えます。トラスツズマブは抗体でできた薬なので抗体医薬の一種であり、日本では2000年1月から使用できるようになりました。トラスツズマブが結合したがん細胞は、細胞増殖が抑制されるだけでなく免疫細胞からの攻撃も呼び込み、最終的には体内からがん細胞が排除されます。このトラスツズマブの登場で、最近HER2陽性乳がんの再発患者が激減しました。

▼がんの治療法の種類と新しい原理の治療法 ― がん免疫療法

がん細胞を体内から排除するには、さまざまな方法があります。1つ目は、直接的にがん化した組織を手術して取り除く方法です。この方法は、がんの転移がない場合に非常に有効な治療法です。2つ目は、**放射線治療法**です。一定以上の強さの放射線を細胞に与えると、DNAに損傷が起きます。DNAに損傷が起こると、先に述べたアポトーシスによって細胞が取り除かれます。この性質を利用したのが放射線治療です。3つ目は、放射線の代わりに、化学物質によってDNAに損傷を与え、アポトーシスを引き起こしてがん化した細胞を取り除く**化学療法**です。この化学療法で用いる薬、つまり**抗がん剤**は、細胞に入るとDNAに強力に結合してDNA複製を阻害し、細胞分裂を止めます。しかし抗がん剤は、正常な細胞にも取り込まれるため、正常な細胞も障害を受けます。

そのため、さまざまな副作用が起きるのです。ただし、正常な細胞よりもがん細胞のほうが細胞分裂がさかんなため、相対的にがん細胞のほうが障害を受けます。この性質を利用して、抗がん剤を用いてがん化した細胞を取り除くことができるのです。

前立腺がんの多くは、男性ホルモンの作用によって増殖します。そこで前立腺がんの患者には、男性ホルモンの作用を阻害する薬を投与することで、前立腺がんの増殖や転移を抑制します。この治療法は、**ホルモン療法**と呼ばれています。そして先にも述べた慢性骨髄性白血病の治療薬であるチロシンキナーゼ阻害剤イマチニブや、ＨＥＲ２陽性乳がんの治療薬であるＨＥＲ２に対する抗体トラスツズマブといった、分子標的薬を用いた**分子標的治療薬療法**もあります。以上をまとめると、現時点でのがんの治療法には、「手術」、「放射線治療」、「化学療法」、「ホルモン療法」、「分子標的治療薬療法」があります。しかしこれらの治療法とはまったく異なる原理を用いたがん治療法が用いられつつあります。それは、私たちの免疫系を利用する、**がん免疫療法**と呼ばれるものです。

コラム　新しいがん治療　がん免疫療法とは

がん細胞やウイルスに感染した細胞は、厄介なことをします。第2章で述べたように、細胞表面にあるMHCクラスIの量を減らすのです（⇒46ページを復習）。これにより、正常な自分自身の細胞なのか異常な細胞なのかはっきりさせないことで、キラーT細胞からの攻撃から逃れようとします。そのためキラーT細胞は、このような細胞を駆除することが難しくなります。一方、ナチュラルキラー（NK）細胞は、MHCクラスIを持たない細胞を駆除するので、がん細胞やウイルスに感染した細胞を攻撃できます。しかし完全に駆除することはできません。その裏には、がん細胞や病原体に感染した細胞が生き残るための巧妙な戦略があるのです。

T細胞（ヘルパーおよびキラー）の表面には、**PD-1**と呼ばれるスイッチがあります[22]。このスイッチは、マクロファージや樹状細胞の細胞表面に存在するPD-L1やPD-L2と呼ばれるタンパク質と結合します。そして、PD-1のスイッチが押されると、T細胞のT細胞受容体のはたらきが抑えられます[23]。つまり、免疫活動が抑制されるのです。正常時は、このPD-1とPD-L1およびPD-L2が、免疫が活性化しすぎないように免疫のはたらきを抑える役目をしています。このようなしくみを**免疫チェックポイント**といいます。しかし、がん細胞やウイルスや細菌に感染した細胞の中には、細胞表面にPD-L1やPD-L2を作り出している場合があります。そうなると、T細胞による細胞性免疫が機能せず、がん細胞や病原体に感染した細胞を取り除くことができなくなります。

そこで、PD-1のはたらきを抑えればよいのではないか、つまり免疫を活性化させればよいのではないかと思いついた人がいます。2018年ノーベル生理学・医学賞を受賞した本庶佑（ほんじょたすく）です。本庶は、PD-1に結合する抗体、つまり抗PD-1抗体でPD-1のはたらきを抑えることができれば、免疫を活性化でき、がん細胞や病原体に感染した細胞を取り除くことができると考えたのです。そして実際に、抗PD-1抗体の作製に成功し、現在ではオプジーボ®（一般名：ニボルマブ）という名の免疫チェックポイント阻害剤として医療現場で用いられています（**図33**）。しかしオプジーボは、悪性黒色腫（皮膚がんの一種）、肺がん、舌がん、咽頭がん、

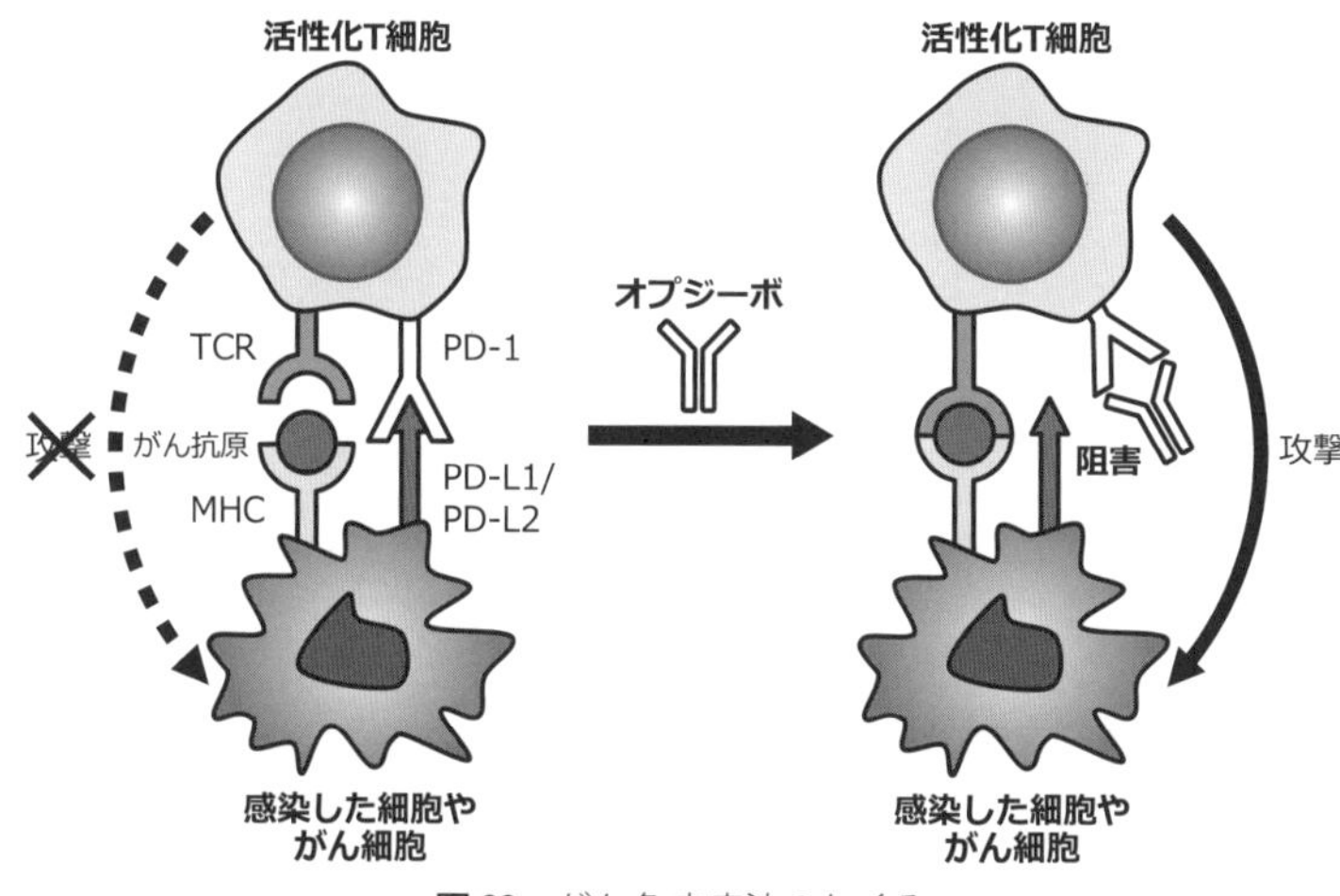

図 33　がん免疫療法のしくみ

胃がんなど限られたがんにしか用いられません。また、効果があるのは投与された人の2割程度といわれ、ときには激しい副作用も引き起こします。これは、オプジーボの投与で引き起こすことのできる免疫の活性化度合が人によって異なるためだと考えられています。一方で副作用は、免疫状態を活性化させすぎたことによるものではないかと考えられています。たとえば、アトピー性皮膚炎や花粉症といったアレルギーは、免疫状態が活性化されすぎることで起こるといわれています。つまり、免疫状態を活性化することさえできれば、病気が良くなると考えるのは危ないのです。

なお、巷にはさまざまながん免疫療法があふれています。これらの中には、有効性が科学的に証明されていないものも多数あります。有効性が明確でない治療法は、保険医療として認められないため、患者が全額治療費を支払う自由診療として行っている医療施設もあります。このように、がん免疫療法といっても、効果が証明され保険治療になっているものと、有効性が確認されていない自由診療のものが混在している現状ですので、慎重な確認が必要です。

▼老化と寿命とがんの密接な関係

私たちは受精卵1個から始まり、細胞分裂を繰り返すことで体が作られ、そして年齢を重ねるにしたがってさまざまな臓器の機能が低下し、最終的には寿命を迎えて死に至ります。しかし、私たちに限らず、生物には寿命があります。寿命はどのように決まるのでしょうか？

1961年にレナード・ヘイフリックは、ヒトの胎児から採取した細胞を培養し続けると、約40〜50回ほど細胞分裂をした後、その後細胞が分裂しなくなる現象を発見しました。この現象は彼の名前から、**ヘイフリック限界**と呼ばれています。その後の研究で、若い人から採取した細胞は、年老いた人から採取した細胞よりも細胞が分裂できる回数が多いことがわかりました。つまり、細胞が分裂できる回数ははじめから決められていて、それが細胞の寿命を決めていることがわかったのです。しかし、どのような機構で細胞の分裂回数が決められているのかは長い間不明でした。

私たちの染色体には、必ず「端」があります。この端の部分は染色体の構造を安定化させるために必要な部位だと知られていて、**テロメア**と呼ばれていました。しかし、テロメアのDNA配列はわかっていませんでした。そこで1978年、エリザベス・H・ブラックバーンは、水中に生息するテトラヒメナという繊毛虫を用いて、テロメアの塩基配列の解読に挑戦し、成功しました[24]。その結果テロメアには、「TTGGGG」という塩基配列が反復して存在していることがわかったのです。また哺乳類のテロメアの塩基配列は、「TTAGGG」とテトラヒメナとは若干違いますが、非常に似た配列が反復して存在しています。

その後の研究からテロメアは、細胞分裂のたびに短くなり、ある程度まで短くなると細胞が分裂できなくなることがわかったのです。みなさん試験前になると、休んだ日の講義ノートを借りて複写させてもらった経験があるでしょう。友人からオリジナルのノートを借りてコピーできれば、字や絵は鮮明に複写できます。しかし一度コピーしたものからコピーをとる、つまり孫コピーをとったり、孫コピーからまたコピーをとると、どんどん字や絵は読みにくくなります。コピーが染色体の複製だとすると、コピーするたびに字や絵の劣化、つまり染色体に変異が蓄積してくるのです。そのためテロメアを使って細胞分裂した回数を記録し、染色体の異常の蓄積を避けようとしているのです。つまりテロメアは、細胞分裂回数のカウンターであることがわかったのです。

ヒトの場合、約1万塩基対の長さのテロメアが染色体の両端にあります。そして、細胞分裂が起こるごとに約50〜200塩基対ずつ短くなり、最終的に約5000塩基対の長さになると分裂できなくなります（**図34**）。しかし、ここでまた疑問が出てきたのではないでしょうか。がん細胞は不死細胞ともいわれます。テロメアによって細胞の寿命が決められているのに、なぜがん細胞は死なないのでしょうか？　実は、がん細胞には、**テロメラーゼ**というテロメアを伸ばす酵素、つまり細胞分裂の回数カウンターをリセットするボタンが存在しているのです。このテロメラーゼは、がん細胞だけでなく、生殖細胞や、さまざまな組織や臓器に分化できる幹細胞にも存在しています。そのためこれらの細胞は、寿命の制限がなく、分裂し続けることができます。このテロメアとテロメラーゼを発見したブラックバーンとキャロル・W・グライダー、ジャック・W・ショスタクの3人は、2009年にノーベル生理学・医学賞を受賞しました。

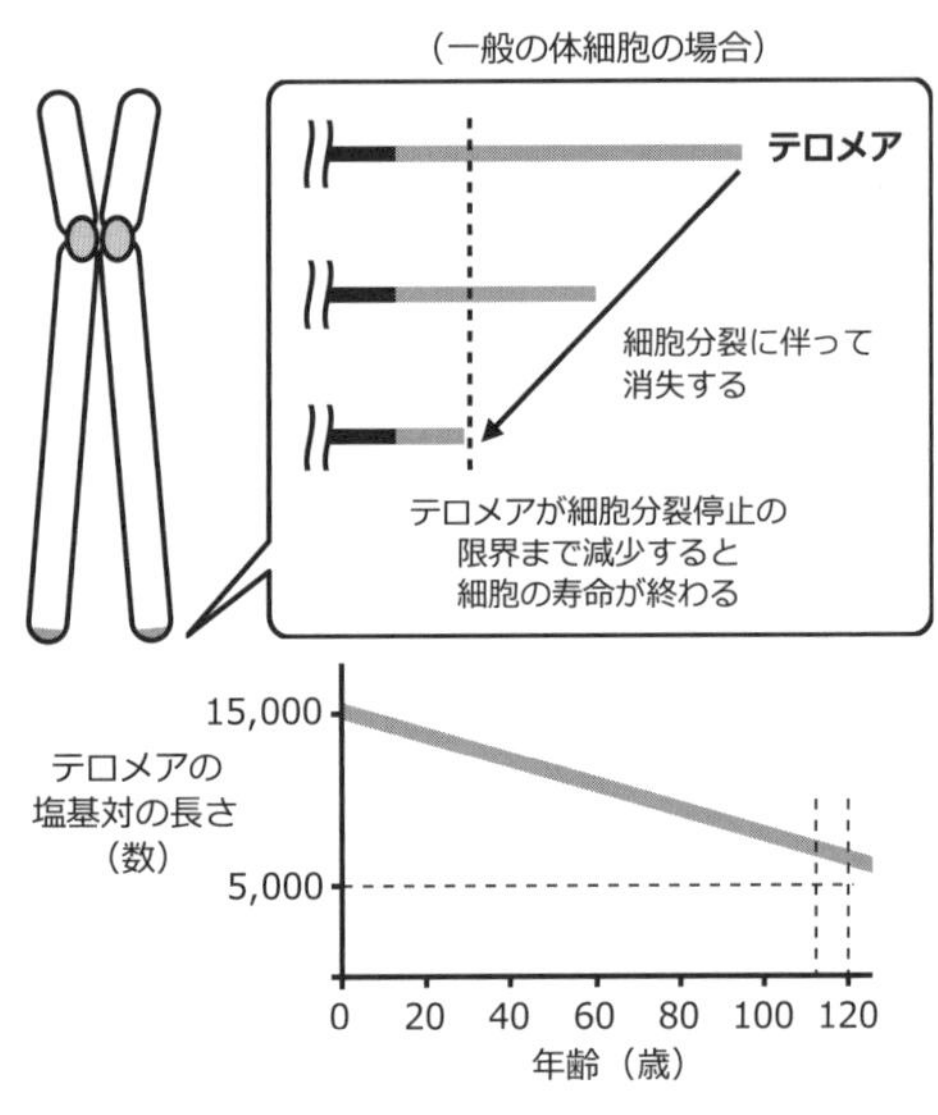

図34　テロメア

ウェルナー症候群というヒトの病気があります。この病気は、20代前後を境にして早い老化現象、つまり白髪や脱毛、白内障などが起こり、最終的には動脈硬化などの疾患で40～50歳代で亡くなります。日本では約6万人に1人の割合で発症するといわれていますが、欧米では20万人に1人の割合で発症します。なぜ日本でウェルナー症候群が多いのかについてはわかっていません。ウェルナー症候群では、DNAヘリカーゼ遺伝子に異常があります。**DNAヘリカーゼ**とは、DNAの修復やテロメアの構造を安定化させる酵素で、ウェルナー症候群では正しく機能しないため、テロメアの長さが急激に短くなるといわれています。そのため、ウェルナー症候群の患者の細胞は分裂できる回数が少なく、寿命が短くなると考えられています。しかし、細胞分裂できる回数が少ないことが、どのように体的な老化現象と関連しているのかについては不明なままで、今後の研究成果が期待されています。

▼アンジェリーナ・ジョリーと乳がん

２０１３年アメリカの女優アンジェリーナ・ジョリー（以下、アンジー）は遺伝子検査を受け、87％の確率で乳がんになると診断され、予防的措置として両方の乳房の摘出および再建手術を受けました。手術は成功し、乳がん発症確率は５％までに低下しました。その際、卵巣がんを発症する確率も50％あると診断されており、２０１５年、卵巣と卵管の摘出手術も受けたのです[25]。

乳がんの約８割は、家族歴に関係なく発症します。しかし、血縁者に乳がん、卵巣がんの患者が複数いて、遺伝子の突然変異を持っている場合もあります。このような乳がんを「**遺伝性**」**乳がん**といいます。アンジーの家系の場合、母親（２００７年、享年56歳）は乳がんを患い、卵巣がんで亡くなっています。また、おば（享年61歳）は乳がん、祖父（享年61歳）は汗腺がん、祖母（享年45歳）は卵巣がんで亡くなっています。つまり、遺伝性乳がんの可能性が強く疑われていました。そこで彼女は、遺伝子検査を受けたのです。

遺伝性乳がんは、*BRCA1*（breast cancer susceptibility gene 1）または*BRCA2*遺伝子（あるいは両方）に突然変異が起こることで発症することがわかっています。*BRCA1*遺伝子は三木義男（みきよしお）が１９９４年に発見しました。一方*BRCA2*遺伝子は、イギリスの研究グループによって１９９５年に発見されました。この*BRCA1*および*BRCA2*遺伝子は、ＤＮＡ損傷を修復するがん抑制遺伝子です。これらのどちらか一方に突然変異があると、前立腺がんや膵臓がんの発症リスクが高まることが知られています。事実、アンジーのおじさんは前立腺がんで50代で亡くなっています。アメリカの統計では、*BRCA1* 遺伝子に突然変異がある場合には約6割、*BRCA2* 遺伝子に突然変異がある場合には約5割が、乳がんを発症すると報告されています。アンジーの場合 *BRCA1* 遺伝子に突然変異があることがわかり、予防的手術を受けたのです。

もしみなさんがアンジーと同じような状況に置かれていたとしたら、遺伝子診断を受けますか？遺伝子診断の結果、*BRCA1* および *BRCA2* 遺伝子に突然変異がなければ何ら問題ありません。しかし、もし突然変異があった場合はどうしますか？ 予防的に乳房の切除や卵巣や卵管の除去といった手術を受けますか？ その突然変異は次の世代、つまりみなさんのお子さんへ遺伝している可能性もありますし、あなたの兄弟姉妹も突然変異した遺伝子を持っている可能性もあります。そのため、遺伝子診断を受けることは、あなた自身だけの問題ではないのです。

これらのリスクと、将来がんを発症するかもしれないという不安から逃れられるベネフィットとを考慮して、遺伝子診断を受けること、また予防的に手術を受けるかどうか、どう決断するかは各個人の問題になります。そのためには、これまで積み重ねられてきた治療に関する統計的データと、生命科学の知識をもとに自分で判断するしかありません。アンジーは、「一番大切なことは、選択肢について知り、その中から自分の個性に合ったものを選ぶこと」と語っています[26]。これからの時代は、今まで以上に自分の体のしくみを正しく理解することが重要になりそうです。

4

ホルモン

細胞間のメッセンジャー

4章　ホルモン　細胞間のメッセンジャー

ホルモンというと、みなさんは何を連想するでしょうか。大学の講義や高校生向けの講演、または一般の方々に対する講演会など、いろいろな場で質問をしていますが、みなさん「ホルモン焼き」と言います。ではなぜ、動物の内臓を焼く料理のことをホルモン焼きと呼ぶようになったのでしょうか？　また、動物の内臓はホルモンを分泌するのでしょうか？

1920年代の日本では、精力を増強する料理のことをホルモン料理と呼んでいました。スッポン、卵、納豆、山芋、そして、モツ焼きもホルモン料理に含まれていました。昭和初期の日本人にとってホルモンとは、生命の源となる物質であり、若返りの秘薬、そして私たちを元気にしてくれるものだと考えられていたのです。つまり、ホルモン焼きの「ホルモン」は、大阪弁で「捨てるもの」を意味する「放(ほう)るもん」ではなく、私たちの体のさまざまなはたらきを調節する生理活性物質である「ホルモン」が由来だと考えられます。ちなみに「ホルモン」ですが、1905年にアーネスト・H・スターリングによってギリシャ語の「刺激する、興奮させる」という意味である *hormaein* という言葉から作られました。

▼自分や家族を実験台にした生理学者たち

生理学や医学研究分野の発展の歴史をさかのぼると、自分自身の体を実験台にしてきた例が、山ほどあります。たとえば、2005年にノーベル賞生理学・医学賞を受賞したバリー・J・マーシャルは、慢性胃潰瘍(いかいよう)の患者から抽出した**ヘリコバクター・ピロリ**(いわゆるピロリ菌)を培養しました。培養したピロリ菌を自ら飲み込み、10日後に胃潰瘍になりました。その後、抗生物質を飲んでピロリ菌を除菌し、胃潰瘍が治った、という実験は有名です。

一方、自分の家族を実験台に用いた例もわずかではありますが、存在します。日本では華岡青洲(はなおかせいしゅう)が有名です。実験を重ねた結果、チョウセンアサガオやトリカブトなどの6種類の薬草に麻酔効果があることを発見し、麻酔薬を完成させました。しかし、人体実験で行き詰まります。それを見かねた実母や妻が、この麻酔薬の実験台になることを申し出て、数回にわたる実験の末、実母の死や妻の失明という大きな犠牲を払いましたが、最終的には、全身麻酔薬である「通仙散(つうせんさん)」を完成させ、1804年には世界初となる全身麻酔で60歳女性の乳がん手術に成功しました。海外に目を向けると、イギリスのエドワード・ジェンナーが有名です。ジェンナーは、自身の使用人であったジェームズ・フィリップスを実験台にして**天然痘(てんねんとう)ワクチン**の開発に成功しました。

さて、ホルモンに関係するところだと、イギリスのジョージ・オリバーが自身の家族を実験台にしました。オリバーは、臨床の現場で使う装置を自身で開発し、その装置を用い、家族を相手に実験をするのが趣味でした。1894年にオリバーは、副腎がどのような機能をしているのか調べたくなりました。そこで肉屋から副腎を仕入れ、副腎の抽出物を彼の幼い息子に注射しました。するとオリバーは、腕の脈を測るのに用いられる手首の動脈 ― 橈骨(とうこつ)動脈 ― の太さが細くなる、つまり橈骨動脈が収縮することを彼の装置で検出したと思ったのです。そこでオリバーは、ロンドン大学のエドワード・A・シャーピー＝シェーファーに、自分が発見したことを伝えに行きました。訪問を受けたときシャーピー＝シェーファーは、イヌの血圧測定実験の準備をしていた最中で、実験をオリバーに邪魔されたことにイライラし、話を聞く気にもなれませんでした。しかしオリバーはめげず、ポケットから自身が作った副腎抽出物を取り出し、シャーピー＝シェーファーにこの抽出物を静脈に注射すると動脈が収縮するはずで、動脈が収縮すると血圧が上がると考えられるので、ぜひ血圧を測定してほしいと懇願しました。シャーピー＝シェーファーは、このような野蛮な人体実験には意味がないことをオリバーに納得させるため、副腎抽出物をあえてオリバーに注射しました。しかし、血圧計がすぐさま振り切れたのです。つまり血圧が一気に上昇したのです。このことから副腎には、血圧を上昇させる何らかの物質が存在することが明らかになりました。その後、副腎に存在する血圧を調節する物質は、1901年に高峰譲吉(たかみねじょうきち)と上中啓三(うえなかけいぞう)によって**アドレナリン**として発見されました。このアドレナリンは、人類が最初に手にしたホルモンです。アドレナリンの発見から約120年を経た現在では、約100種類以上のホルモンが発見されています。

ホルモンの基本講義① 内分泌腺と外分泌腺

細胞内で産生した物質を細胞外へ分泌(ぶんぴつ)する細胞の集団(組織や臓器)を腺(せん)と呼びます。そして、組織や臓器から伸びた導管と呼ばれる管を通して産生した物質を分泌する方法を**外分泌**と呼び、このような方法で分泌を行う組織や臓器のことを**外分泌腺**と呼びます。たとえば、膵臓の外分泌機能を担う腺房(せんぼう)細胞では、膵液を産生します。産生された膵液は、膵管(すいかん)を通して十二指腸へ分泌されます(**図35**)。

一方、ホルモンを分泌する組織では、導管がなく、直接血液中にホルモンが分泌されます。そして血流によって、ホルモンが作用する特定の標的器官に運ばれ、作用します。標的器官には、特定のホルモンだけが結合するホルモン受容体を持つ細胞が存在します(**図36**)。このような分泌の方法を**内分泌**と呼び、これを行う組織や臓器を**内分泌腺**と呼びます。内分泌腺には、後述する脳下垂体や甲状腺、副腎、膵臓のランゲルハンス島などがあ

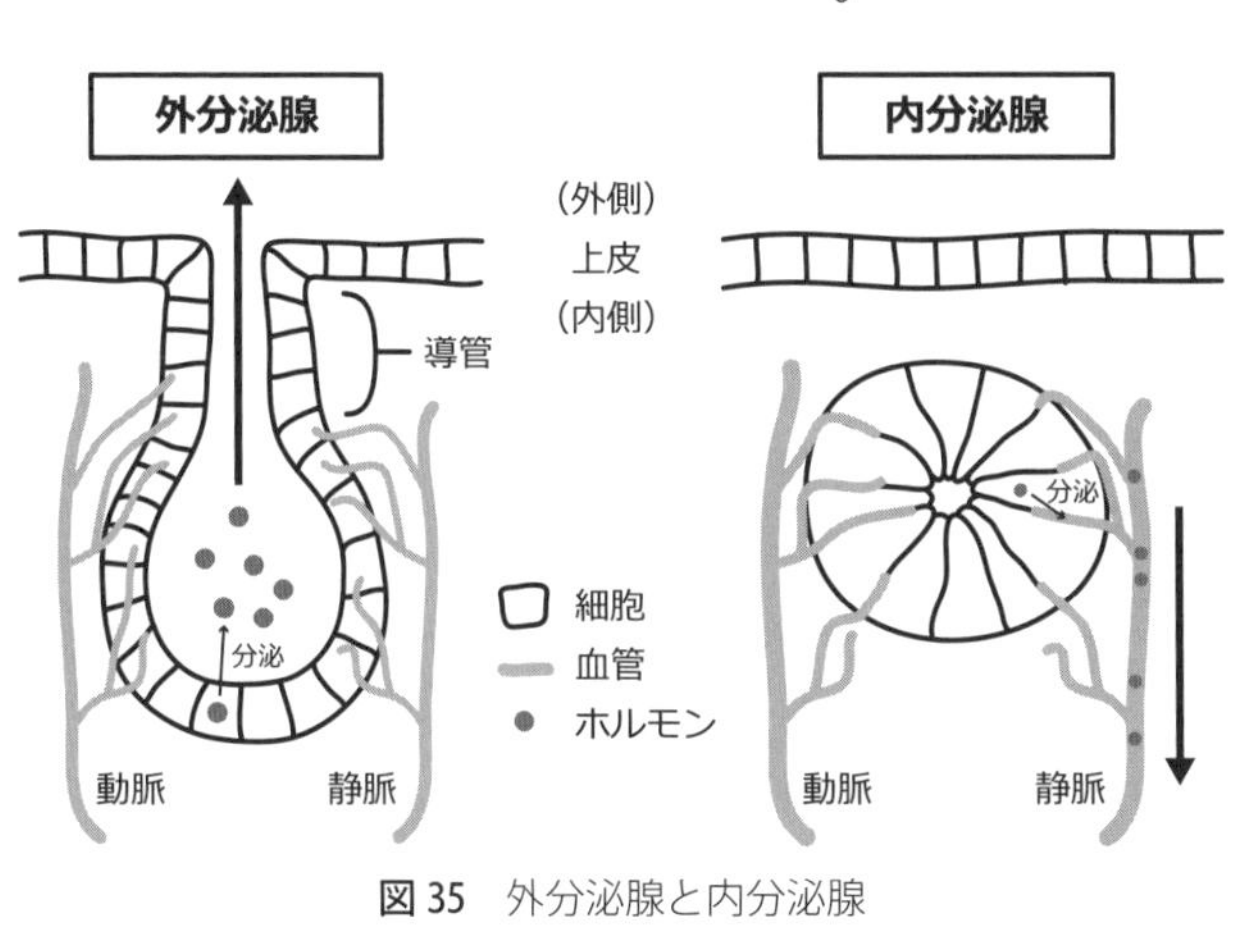

図35 外分泌腺と内分泌腺

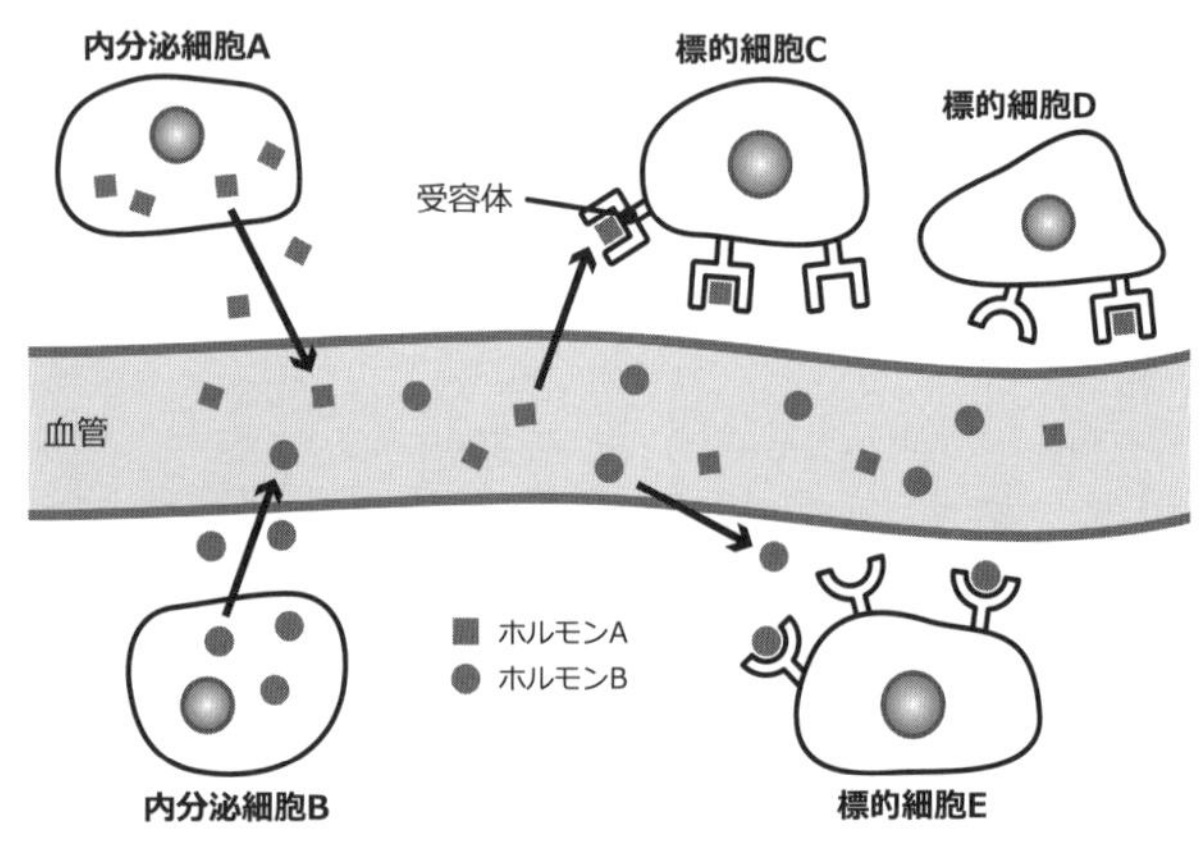

図36　ホルモンと標的器官

り、それぞれ別々のホルモンを分泌します。最近ではホルモンを分泌した細胞のすぐ隣の細胞にホルモンが作用したり（傍分泌と呼ばれる）、ホルモンを分泌した細胞自身にもホルモンが作用する（自己分泌と呼ばれる）ことがわかってきました。このホルモンは、極微量でも細胞に効果があります。私たちの体を水をいっぱいに張った50メートルプールに例えると、そこにスプーン1杯のホルモンがあるだけで、ホルモンは十分に体に作用します。また女性ホルモンの量は、生涯でスプーン1杯程度ともいわれています。そのため、ホルモンの分泌量は非常に厳密に調節されていて、不要になったホルモンは速やかに分解され体内から取り除かれます。また、体外や体内の環境変化に応じて適切なホルモンが分泌され、それらのホルモンによって体内環境を一定の状態に保ちます。このようなしくみのことを**生体恒常性**（**ホメオスタシス**）と呼びます。私たちの体内には、現時点で100種類以上のホルモンが発見されていますが、今後もさらに発見されると思われます。

▼脳にもホルモンを分泌する細胞がある

ホルモンと聞くと、膵臓や副腎などのホルモンを分泌する臓器を思い浮かべるかもしれません。実は脳の中にも、神経細胞に非常に形状が似ていて、ホルモンを分泌する細胞が存在します。このように、脳内に存在してホルモンを分泌する細胞のことを**神経内分泌細胞**と呼びます。この神経内分泌細胞は、脳の**視床下部**（ししょうかぶ）に存在します。そして視床下部には、長径7〜8ミリ、重さ0・5〜0・9g程度の大豆のような形をした**脳下垂体**（かすいたい）がぶら下がるようにつながっています。この脳下垂体は、構造的に異なる前葉（ぜんよう）と後葉（こうよう）の部分からなっています。一方視床下部には、2種類の神経内分泌細胞が存在します。1種類目は、視床下部から**脳下垂体前葉**の中を通る毛細血管まで突起を伸ばしているものです。そしてその突起の末端からは、後述する放出ホルモンや放出抑制ホルモンがこの血管の血液中に分泌されます（⇒159ページ参照）。これらのホルモンは血流によって脳下垂体前葉に運ばれ、脳下垂体前葉の内分泌細胞に作用し、脳下垂体前葉ホルモンの分泌を調節します。2種類目は、**脳下垂体後葉**にまで長い突起を伸ばし、その末端から**オキシトシン**または**バソプレシン**と呼ばれる脳下垂体後葉ホルモンを分泌します（**図37**）。

▼視床下部と脳下垂体によるホルモン分泌の調節

視床下部と脳下垂体は、どのようにホルモンの分泌を調節しているのでしょうか？　甲状腺から分泌される**甲状腺ホルモン**は、さまざまな組織での代謝反応を活性化して熱の産生を促進します。

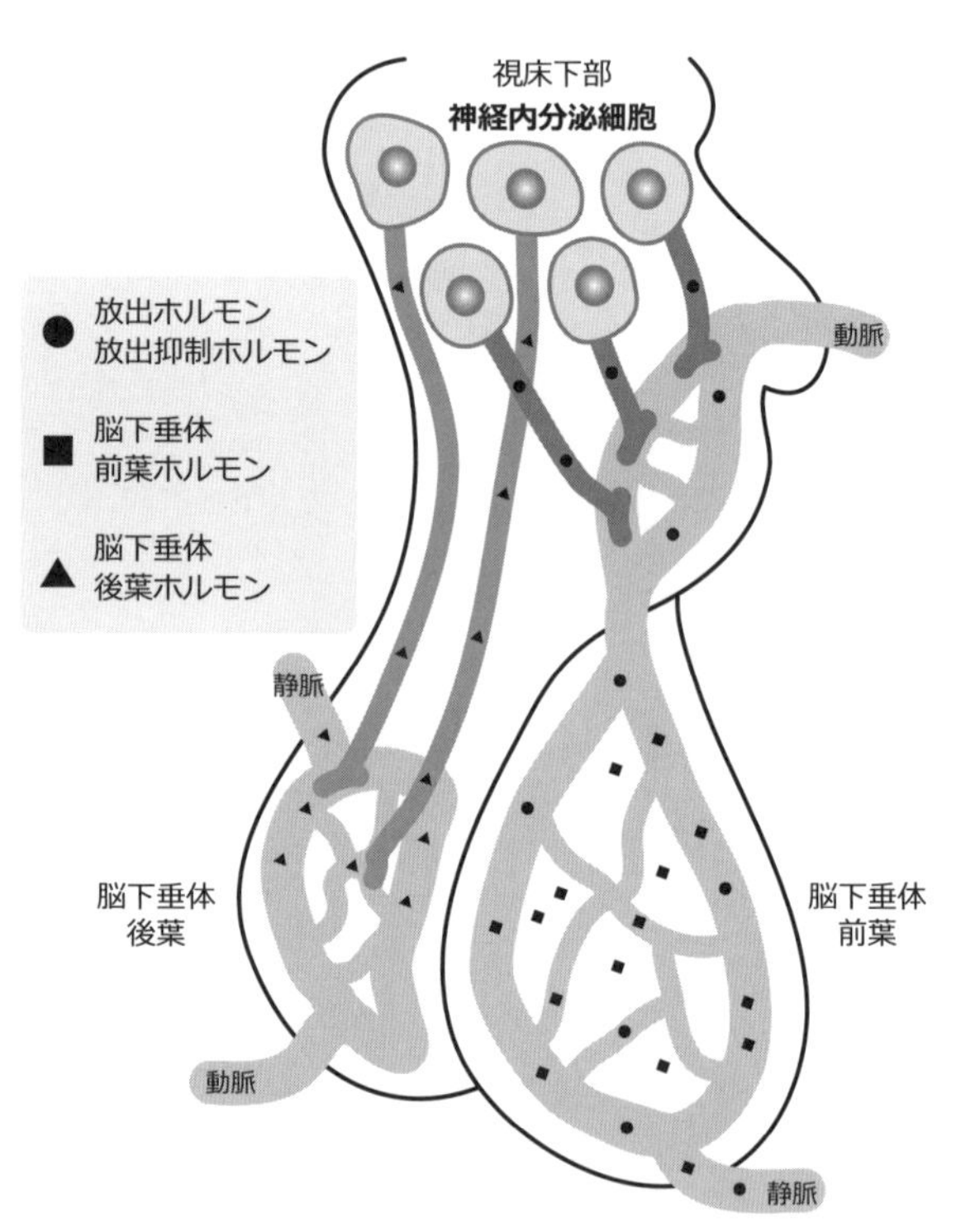

図 37　視床下部と脳下垂体

また、脳の神経細胞や骨にも作用して成長を促進したり、肺での呼吸運動や心臓の心拍数を速めたりします。そのため、私たちが健康な日常生活を送るうえで、非常に重要なホルモンの1つです。

甲状腺は、私たちの首の「のどぼとけ」の下にあり、蝶々のような形をしています。甲状腺ホルモンには、アミノ酸であるチロシンに3つもしくは4つのヨウ素（ヨード）が結合したものがあり、前者を**トリヨードサイロニン**（T_3とも呼ばれます）、後者を**チロキシン**（T_4とも呼ばれます）と呼びます。この甲状腺ホルモンの血液中の濃度が低下すると、視床下部から甲状腺刺激ホルモン放出ホルモンが分泌されます。このホルモンが脳下垂体前葉に到達すると、脳下垂体前葉の細胞から甲状腺刺激ホルモンが血液中に分泌されます。そして、分泌されたホルモンが甲状腺に到達すると、甲状腺から甲状腺ホルモンが分泌されます。一方、血液中の甲状腺ホルモンの濃度が増加すると、視床下部や脳下垂体前葉はそれに反応して、甲状腺ホルモンの分泌を抑制するように作用します。このような機構を、**負のフィードバック**と呼びます（**図38**）。

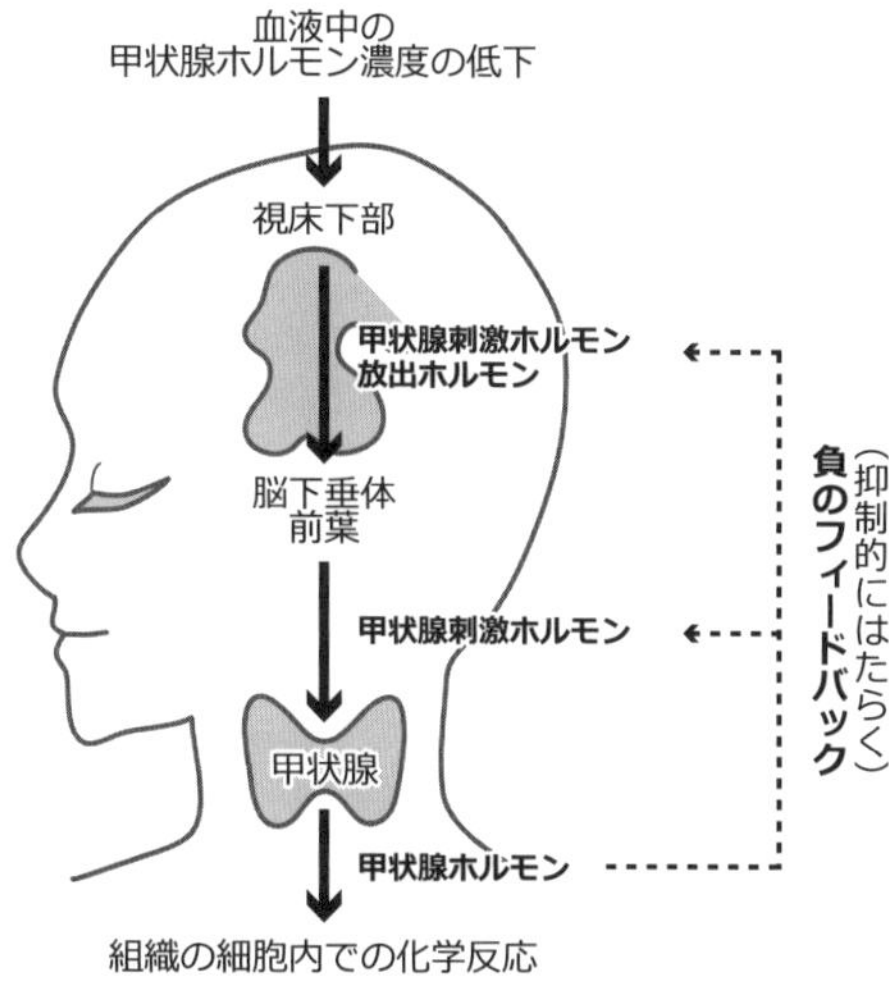

図38　甲状腺ホルモン分泌の調節

塩分の多い食事をしたり、大量に汗をかくと、細胞外液、つまり私たちの体液中の電解質（イオン）の濃度が細胞内液よりも高くなります。なお電解質（イオン）とは、ナトリウム、カリウム、カルシウム、マグネシウム、塩化物イオンなどのことです。このような状態になると、細胞内の水分が細胞外へと出て行くので、細胞は縮んでしまいます。視床下部の神経内分泌細胞がその体内の変化を感知した結果、脳下垂体後葉から**バソプレシン**が分泌されます。バソプレシンは、腎臓の尿を排泄するための通路である集合管の細胞に作用して、水の再吸収を促進

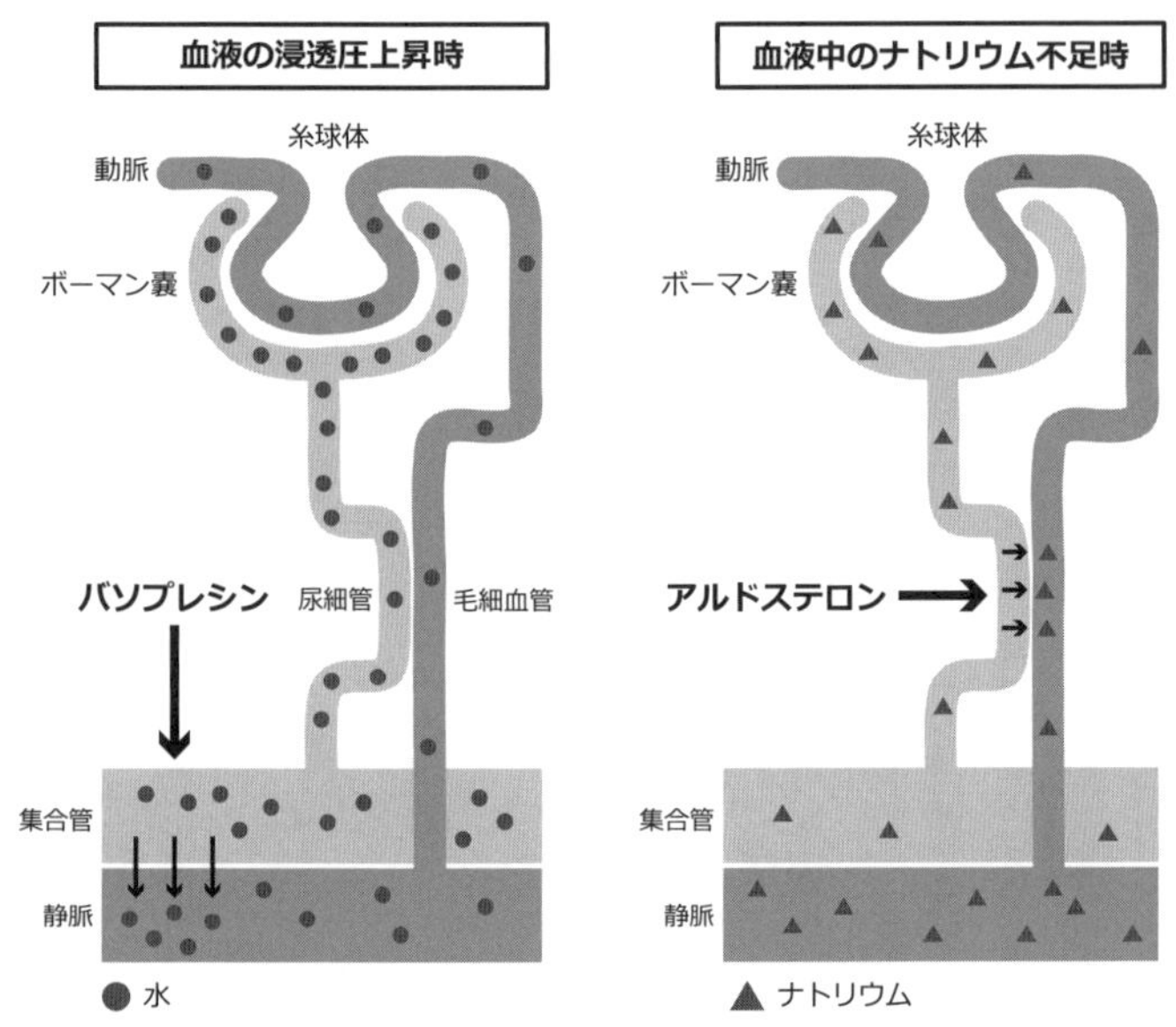

図39 バソプレシンとアルドステロンの作用

させることで、逆にいうと、尿の量を減らすことで、体液の電解質の濃度が高くなることを抑制します。バソプレシンは、視床下部にも作用して、のどの渇きを引き起こし、私たちは水を飲むようになります。その結果、体液中の水の量が増加し、体液中の電解質の濃度が低くなります。これらのバランスによって、体液中の電解質の濃度が一定に保たれています。逆に、水やビールなどをたくさん飲みすぎると、体液中の水分量の増加とアルコールの直接作用によってバソプレシンの分泌が抑制され、尿を多く排出して体液中の電解質濃度を調節します。

逆に体内のナトリウムが不足すると、**副腎皮質**から**アルドステロン**（**鉱質コルチコイド**の一種）が分泌されます。このホルモンは、腎臓の尿細管の細胞に作用してナトリウムの再吸収を促し、血液の浸透圧低下を抑制します（図39）。

まとめると、体内の状況の変化を感知した視床下部は、脳下垂体へホルモンを介して指令を送ります。そして視床下部からの指令を受け取った脳下垂体は、他のさまざまな内分泌腺（副腎皮質、精巣、卵巣、乳房など）を刺激するホルモンを分泌することで、私たちの体の生体恒常性維持の中心的機能を担っています。

ホルモンの基本講義② ホルモンにもいろいろな種類がある

さて、約100種類もあるホルモンですが、このホルモンは、アミノ酸から作られる**ペプチドホルモン**と、コレステロールから作られる**ステロイドホルモン**、そしてアミノ酸から酵素反応によって作られる**アミノ酸誘導体ホルモン**の3つに分類できます。ペプチドホルモンは、アミノ酸が数珠状につながったものです。2章（⇒70ページ）で述べたように、タンパク質もアミノ酸が数珠状につながったもので、ペプチドホルモンとの違いは、アミノ酸の数珠の数が違うだけです。たとえば、血中のグルコース（血糖）を下げる作用のある膵臓のβ細胞から分泌されるインスリンは、51個のアミノ酸からできたペプチドホルモンです。一方、母乳の分泌を促すペプチドホルモンであるオキシトシンは、たった9個のアミノ酸がつながったものです。

私たちの体に存在するタンパク質の多くは、アミノ酸が50〜1500個つながったものです。たとえば豚足やすっぽんに含まれるコラーゲンは、1000個以上ものアミノ酸がつながったものです。つまり、ペプチドホルモンは数珠の数が少なく、コラーゲンといったタンパク質は数珠の数が多いのです。鶏卵や牛肉などタンパク質を含む食べ物を摂ると、胃や膵臓から消化酵素が分泌され、タンパク質は消化され、栄養として私たちの体に吸収されます。そのため、コラーゲンがたくさん含まれている豚足やすっぽんをたくさん食べてもお肌がぷりぷりになるということは残念ながらありません。摂取したコラーゲンはすべて消化されてしまうので、栄養として体に吸収されるだけです。コラーゲンと同じように、アミノ酸でできているペプチドホルモンも、食べると消化され、ホルモンとしての作用はなくなります。そのためペプチドホルモンは、血中に注射して初めて作用します。たとえば、糖尿病の患者さんは毎食後、血中のグルコース濃度（血糖値）を測定し、その値に応じてインスリンを自己注射する必要があるのです。

コレステロールから作られる物質を**ステロイド**と呼びます。ステロイドは、分解されにくいうえ、脂溶性のため、食べた場合でも体内に吸収され、ホルモンとしての作用が発揮されます。この**ステロイドホルモン**は、免疫細胞の活性を抑えるため、免疫反応や炎症反応が抑制されます。この作用を利用して、アトピー性皮膚炎や口内炎などの炎症を抑える塗り薬として用いられています。

ちなみにコレステロールは、鶏卵の黄身やエビ、するめなどに含まれています。鶏卵にはコレステロールが多く含まれているため、1日1個以上食べると血中コレステロール濃度の上昇を引き起こし、動脈硬化を引き起こすので控えたほうが良いといわれていました。しかし2015年に厚生労働省は、「日本人の食事摂取基準2015年度版」において、1万8000人規模で行われた研究の結果から、鶏卵を1日2個以上食べても、動脈硬化や心疾患、脳梗塞などとの関連性が認めら

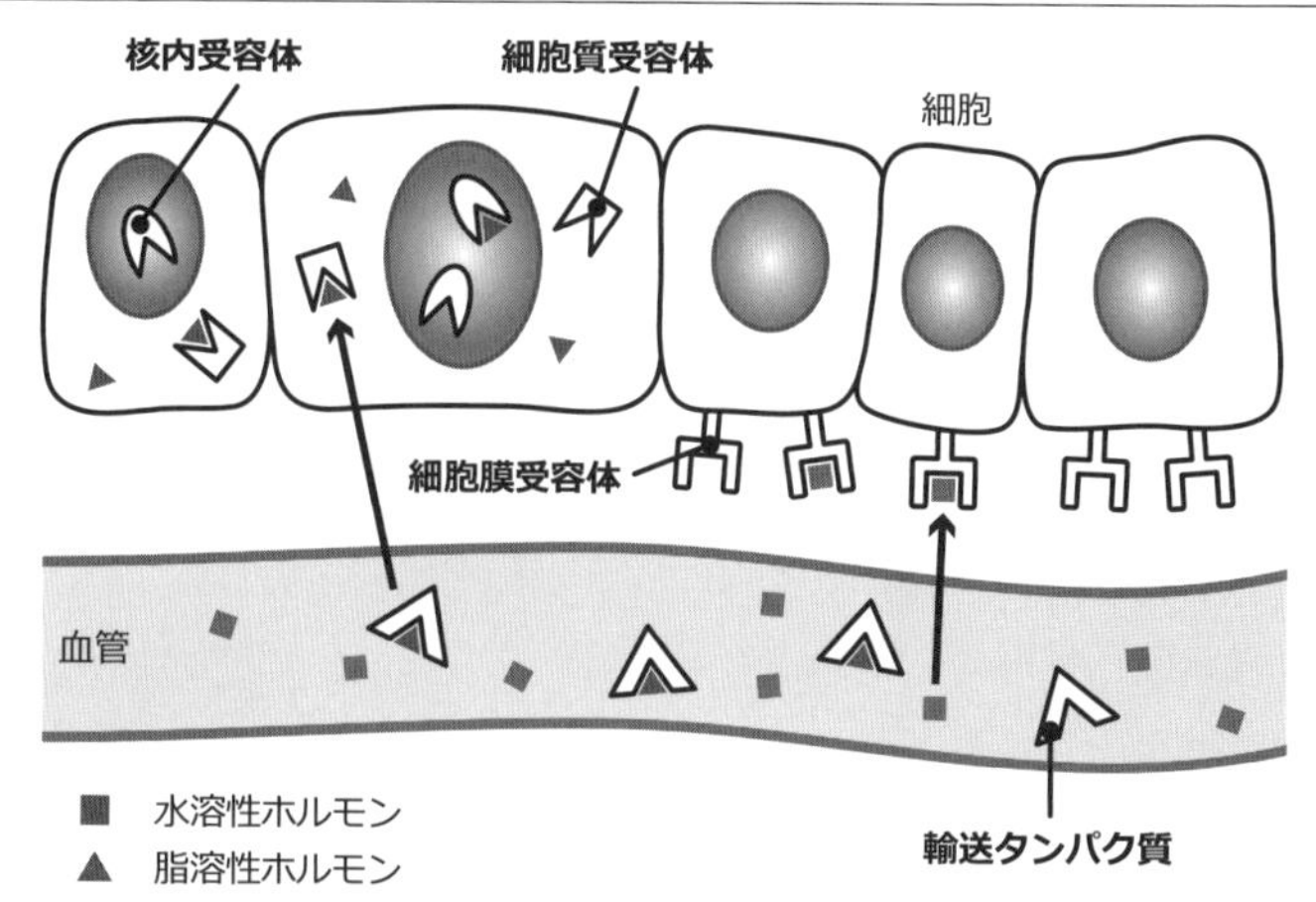

図 40　ホルモン受容体の局在

れないことから、食事のコレステロール摂取目標量を撤廃しました[1]。

また、私たちの喜怒哀楽を調節するホルモンに、**ドーパミン**、**ノルアドレナリン**、**アドレナリン**、**セロトニン**といったホルモンがあります（⇩詳細は215ページ）。ドーパミンは、アミノ酸のチロシンを原料として酵素反応によって作り出されます。実は、このドーパミンから別の酵素の作用によって、ノルアドレナリンも作り出されます。そして、ノルアドレナリンから別の酵素によってアドレナリンが作られます。一方でセロトニンは、アミノ酸のトリプトファンから作られます。このように、アミノ酸から酵素反応によってホルモンを作り出すので、アミノ酸誘導体ホルモンと呼ばれます。なお、ペプチドホルモンやアミノ酸誘導体ホルモンの多くは水溶性ですが、ステロイドホルモンや甲状腺ホルモンは脂溶性のホルモンです。

水溶性ホルモンと脂溶性ホルモンの私たちの体への効果の表れ方は、大きく違います。ペプチドホルモンやアミノ酸誘導体ホルモンは、血中濃度が非常に低くても効果がすばやく表れるのですが、効果の持続時間が短いのが特徴です。これは、血中にホルモンを分解する酵素が存在するためです。一方でステロイドホルモンは、脂溶性のため、細胞膜を透過して細胞内に浸透し、細胞質内にあるホルモン受容体に直接作用し、細胞の核へ情報を伝えます。そして、遺伝子発現が起こりタンパク質が産生される過程を経るため、効果が表れるまで時間がかかります。しかし、分解されにくいため、効果の持続時間は非常に長くなっています(図40)。

これまで見てきたように、ホルモンを分泌する臓器には、脳の視床下部や脳下垂体、そして、甲状腺、副腎、膵臓などがあります。では、これら以外の臓器や組織からはホルモンは分泌されないのでしょうか?

ホルモンの基本講義③　古典的なホルモンと新しいホルモン

20世紀に入り、副腎からはアドレナリン、膵臓からはインスリンのようにさまざまなホルモンが発見されてきました(図41)。これらのホルモンは、古典的なホルモンと呼ばれ、特定の臓器で産生され、血中に分泌されます。そして、血流に乗ってホルモンを分泌した臓器から遠く離れた場所にある臓器に作用します。たとえば、アドレナリンは副腎から分泌されますが、心臓や脳だけでなく、胃、小腸、大腸などの消化管にも、また膵臓にも作用します。つまりホルモンは、ホルモンを

ホルモン	作用
視床下部	
脳下垂体から放出されるホルモンの分泌を調節するホルモンの放出 脳下垂体後葉から分泌されるホルモンの放出	
脳下垂体後葉	
オキシトシン	子宮および乳腺細胞の収縮を刺激
バソプレシン（抗利尿ホルモン, ADH）	腎臓による水の保持の促進、社会行動やつがい形成への影響
脳下垂体前葉	
卵胞刺激ホルモン (FSH) 黄体形成ホルモン (LH)	卵巣と精巣を刺激
甲状腺刺激ホルモン (TSH)	甲状腺を刺激
副腎皮質刺激ホルモン (ACTH)	副腎皮質を刺激
プロラクチン	乳汁の産生や分泌を刺激
成長ホルモン (GH)	性徴と代謝機能を刺激
メラニン細胞刺激ホルモン (MSH)	表皮のメラノサイトの色を調節
甲状腺	
甲状腺ホルモン (T_3, T_4)	代謝過程の刺激と維持
カルシトニン	血中カルシウム濃度の低下
副甲状腺	
副甲状腺ホルモン (PTH)	血中カルシウム濃度の上昇
膵臓	
インスリン	血糖値の低下
グルカゴン	血糖値の上昇
副腎髄質	
アドレナリン ノルアドレナリン	血糖値の上昇、代謝活性の増加、血管の収縮または弛緩
副腎皮質	
グルココルチコイド	血糖値の上昇
ミネラルコルチコイド	腎臓におけるナトリウム再吸収とカリウム排出の促進
卵巣	
エストロゲン	子宮内膜の発達を刺激、女性の二次性徴の発達促進と維持
プロゲステロン	子宮内膜の発達促進
精巣	
アンドロゲン	精子形成、男性の二次性徴の発達促進と維持

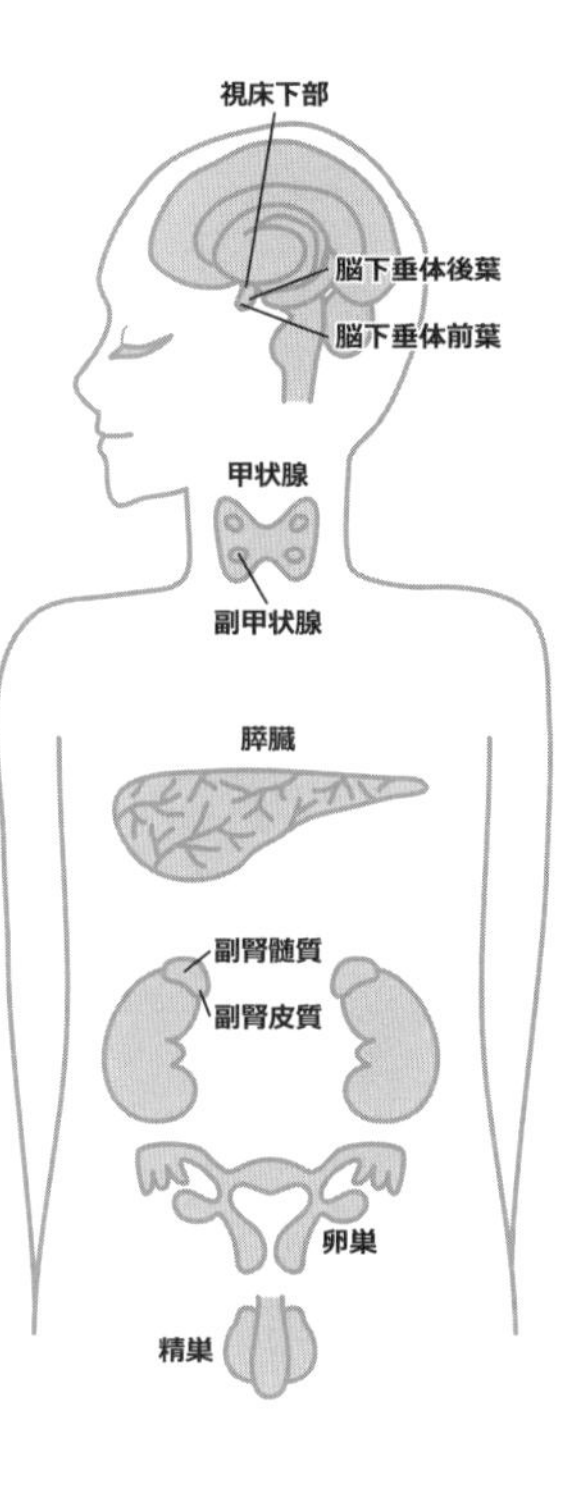

図 41　主要なホルモンとその作用

〔『キャンベル生物学 原書 11 版』図 45.8 をもとに作成〕

分泌する臓器とそれを受け取る臓器との間で連絡を取るためのEメールのようなものです。

1980年代に入り、精巣や卵巣そして脳などの臓器以外の器官もホルモンを産生して分泌することがわかってきました。たとえば、血管の内側に存在して血圧調節に関係する血管内皮細胞も、ホルモンを分泌します。しかしこのホルモンは、ペプチドホルモンでもステロイドホルモンでも、はたまたアミノ酸誘導体ホルモンでもなく、ガスである**一酸化窒素**でした。一酸化窒素？　あまり聞きなれない物質かもしれません。実は、工場や自動車の排気ガスには、ごくごく微量の一酸化窒素が含まれています。余談ですが、排気ガスには一酸化窒素以外にも、二酸化窒素や一酸化二窒素などの窒素酸化物が含まれています。これら窒素酸化物が太陽光に含まれる紫外線によって光化学反応を起こして発生するのが、光化学スモッグです。

さて、ガスである一酸化窒素は、血管を広げることで血液を流れやすくします。つまり、血管自身がホルモンを分泌し、自分自身の機能を調節しているわけです。[2][3] ちなみにこの血管内皮細胞の機能は、高血圧や糖尿病、肥満などの生活習慣病によって低下します。そして血管内皮細胞の機能が低下した状態が続くと、動脈の壁が厚くなったり、血管壁の柔軟性が失われて硬くもろい状態になったりします。血管壁が厚くなると血管が狭くなり、血管の中で血が固まりやすくなります。血管の中で血が固まった状態を血栓といい、血栓が脳の毛細血管の中で起こると脳梗塞になります。一方、血管壁が硬くもろい状態だと、血圧が急激に高くなった場合に血管が破れることがあり、たとえば大動脈が破れてしまうと、命に関わるほど危険な状態に陥ってしまいます。ですので、高血圧や糖尿病、肥満などにならないよう食生活や生活習慣に気を配るに越したことはありません。

一酸化窒素はガスであるため、すぐに拡散し、その効果は約1秒しか持続しません。しかし、一酸化窒素を自分の意思で血管内皮細胞から分泌させる方法があります。一酸化窒素が血管内皮細胞から分泌されるのは、血管の中を流れる血液の量が一気に増えたときです。つまり、筋肉に力を入れて血管を収縮させておいた後、筋肉を一気に緩めて血管を弛緩させ、血流を増やしたときに一酸化窒素が分泌されるのです。これは何を意味するのでしょうか？　お気づきの方もいらっしゃると思います。何らかの運動をすれば、一酸化窒素は分泌されるのです。

さて心臓、特に心房からもペプチドホルモンが分泌されます。このホルモンは、1984年に松尾壽之と寒川賢治により発見されました。血管に作用して血管を拡張させて血圧を下げ、心臓の負担を軽くし、腎臓にも作用して塩分（ナトリウム）を排出し、つまり尿を生成して体外に排出し、体の体液量を減らすことで心臓にかかる負荷を減らします[4]。このため、このホルモンは心房から分泌されて尿を出させる作用のあるホルモンという意味で、**心房性ナトリウム利尿ペプチド**と呼ばれます。心臓の機能が低下した状態、つまり心不全になると心臓自身が血液を循環させるポンプの機能を果たすのが「しんどくてつらい」状況であることを血管や腎臓に伝えるために、この心房性ナトリウム利尿ペプチドを分泌するのです。

▼一酸化窒素とノーベル

アルフレッド・B・ノーベルは、ニトログリセリンを材料としてダイナマイトを発明し、巨万の富を築きました。その巨万の富をノーベル賞の設立に使用しました。ノーベルには狭心症の持病があり、医師から血管拡張作用のあるニトログリセリンの服用を勧められていましたが、拒否していました。ニトログリセリンは、そのまま服用しても胃酸でほとんど分解されてしまうため、血管拡張作用を得にくく、ついつい服用しすぎてしまうことがあります。一方、服用しすぎてしまうと、頭痛や吐き気などの副作用が起きてしまいます。そのことが、ノーベルがニトログリセリンの服用を拒否していた理由ではないかと推測されています。それから約100年後に、ニトログリセリンの血管拡張作用は、体内でニトログリセリンが分解されることで産生される一酸化窒素によるものだとわかったのです。そして、一酸化窒素の生理作用を解明したロバート・F・ファーチゴット、ルイ・J・イグナロ、フェリド・ムラドは、1998年にノーベル生理学・医学賞を受賞しました。一酸化窒素の発見者にノーベル賞が与えられたことには、何らかの縁を感じます。

▼ホルモン焼きにはホルモンが含まれるのか？

さて、私たちが「生命の源」、「若返りの秘薬」、そして「私たちを元気にしてくれる」として食してきたのが「ホルモン焼き」です。このホルモン焼きのおもな材料である心臓、胃、小腸や大腸からもホルモンが分泌されることが近年明らかになってきました。しかし、これらの臓器が分泌するホルモンは、ペプチドホルモンです。つまり胃で消化されてしまうので「食べても効果のないホルモン」です。全国の焼肉屋さんを敵に回してしまいそうですが、胃、小腸、大腸のホルモン焼きを食べても「元気になる」ことは、あまり期待できそうにありません。逆にこれらのホルモン焼きは脂肪分が多く、ペプチドは胃で消化されますが、脂肪分は小腸で消化され、また小腸で脂肪分の分解が始まると胃の運動が抑えられてしまうため、胃もたれを起こしやすい料理です。また、消化した脂肪分の吸収にも時間がかかるため、脂っこい料理は、腹持ちが良いのです。

▼食欲の調節 ― 満腹中枢と摂食中枢

みなさんは、体重を毎日測定していますか？　数百グラム程度の増減はあるでしょう。では体重は、どのようにして一定の状態に保たれるのでしょうか。

1942年にA・W・ヘザリングトンとステファン・ランソンは、ラットの脳のある場所を壊すとひたすら餌を食べ続け、肥満になることを見つけました[5]。その脳の場所は、**視床下部腹内側核**と呼ばれる場所でした。一方、1951年にバル・K・アナンドとジョン・R・ブロベックは、ラットの**視床下部外側野**と呼ばれる場所を壊すと、食べる量が著しく減り、餓死することを発

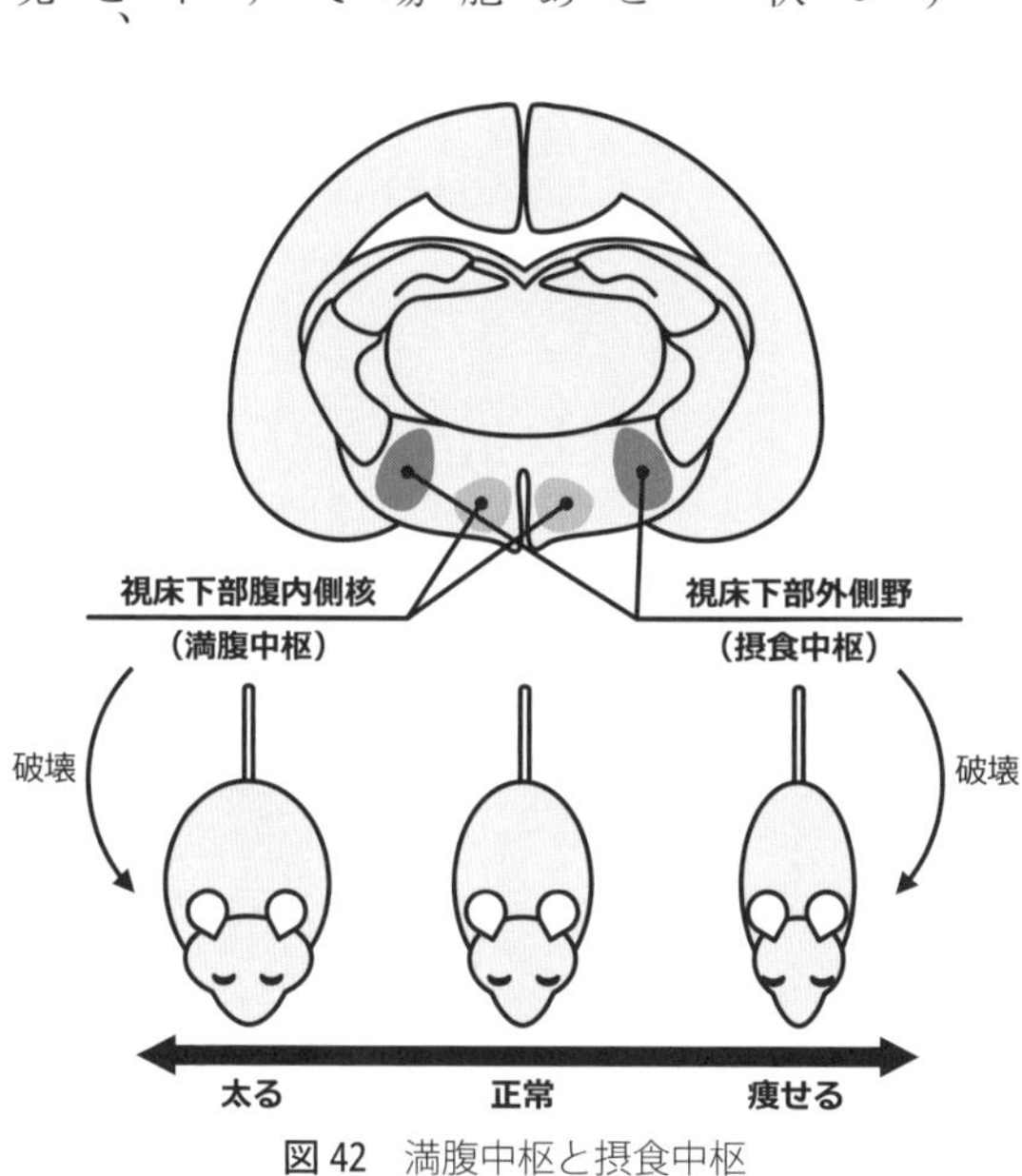

図42　満腹中枢と摂食中枢

見しました[6]。これらの実験から視床下部腹内側核は、この場所を壊すとひたすら食べるので、**満腹中枢**と呼ばれるようになりました。一方、視床下部外側野は、この場所を壊すと食欲がわかなくなるので、**摂食中枢**と呼ばれるようになりました（**図42**）。つまり、現在の体重や体のエネルギー状態の情報が何らかのしくみで摂食中枢の**神経細胞**（**ニューロン**）に伝わると食欲が起こり、満腹中枢のニューロンに伝わると食欲が抑えられる、という食欲を調節するしくみが脳に存在すると考えられました。しかし、そもそも脳が満腹や空腹を感じるためには、私たちの体のエネルギー状態、つまりエネルギーが足りているのかどうかを脳が感じる必要があります。では、どのようにして脳は体全体のエネルギー状態を感じ、どのように食欲を調節するのでしょうか？

▼脂肪細胞が食欲を調節する？

G・R・ハーベィは、健康なラットでは過食や肥満を抑える何らかの物質が血中に存在するが、満腹中枢を壊したラットではそれらの物質が血中から失われてしまうため、過食や肥満が起こるのではないかという仮説を立てました。そこで、満腹中枢を壊したラットに健康なラットの血液を何らかの方法で補充することができれば、過食や肥満が抑えられるのではないかと考えました。吸血鬼ドラキュラのように、食事のたびに健康なラットから血液を採取して満腹中枢を壊したラットに注射することは、膨大な手間と莫大なラットの匹数が必要になるため現実的ではありません。そこでハーベィは、満腹中枢を壊したラットと健康なラットの腹部の皮膚を切開して、その後2匹の腹膜同士を縫い合わせ（！）、2匹を結合する手術を行いました。この手術により、2匹のラットの

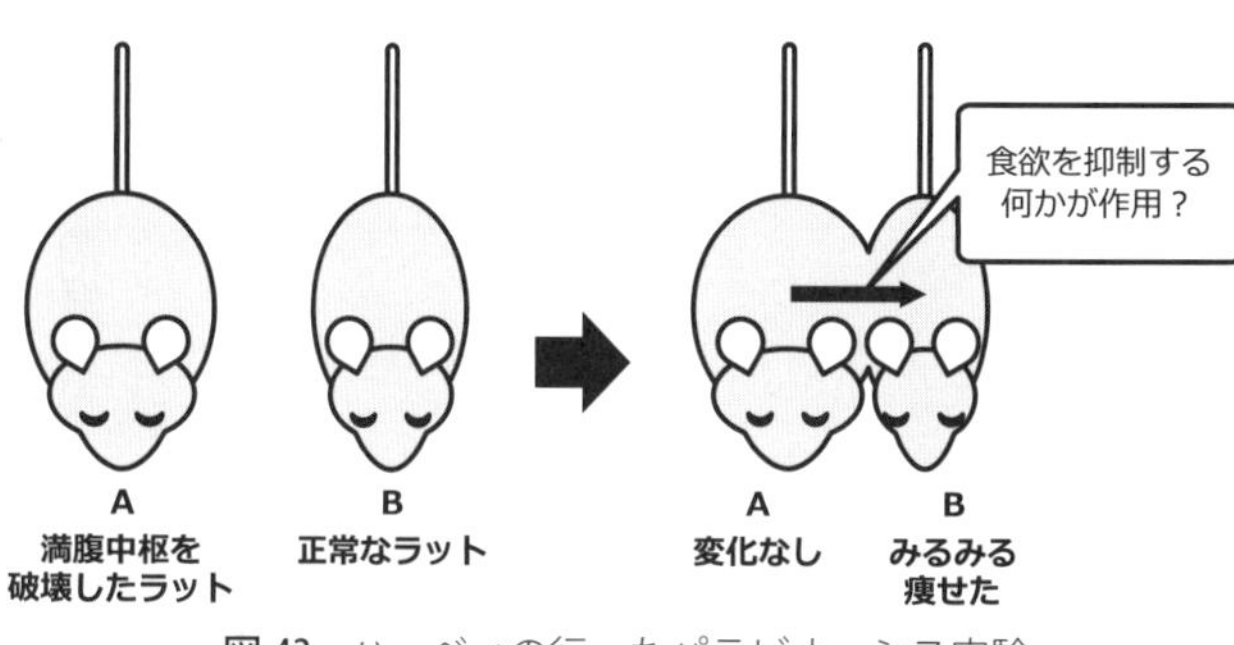

図 43　ハーベィの行ったパラビオーシス実験

血液が混じり合うようになります。この手術は、**パラビオーシス**と呼ばれ、2匹の動物間の血液を混合するために、現在でも広く用いられています。

さて、ハーベィの実験結果は驚くものでした。当初の予想とは反対に、満腹中枢を壊したラットに健康なラットの血液を混ぜ合わせると、健康なラットの食べる量が著しく減り、やせ細りました（**図43**）。

一方、満腹中枢を壊したラットでは過食にも肥満にもほとんど変化が見られませんでした。この実験結果からハーベィは、自身の仮説を少し修正して、「満腹中枢を壊したラットでは、血中に食欲を抑える物質が増える。しかし満腹中枢が壊れているため、食欲を抑える物質を脳で感知できないので太る。一方、パラビオーシスされた正常なラットの満腹中枢に食欲を抑える物質が作用して、食欲を抑えたのではないか」と考えたのです[7]。当時、ゴードン・C・ケネディーが、「体にどの程度脂肪が蓄積されているのかを満腹中枢や摂食中枢が感知することで体重が維持される」という説を唱えていたため、ハーベィは、何らかの物質とは、脂肪細胞から分泌される未知の物質、つまり脂肪細胞から食欲を抑えるホルモンが分泌されるのではないかと考えたのです[8]。

▼血中のグルコースと脂肪酸の濃度によって食欲が調節される？

1969年に大村裕(おおむらゆたか)は、ラットの満腹中枢および摂食中枢に、食後血中で増えるグルコースを投与し、満腹中枢と摂食中枢のニューロンの興奮状態を測定しました。測定の結果、満腹中枢のニューロンはグルコースの投与によって興奮するのに対し、摂食中枢のニューロンはグルコースの投与によって興奮が抑制されました。つまり、食後血中で増えるグルコースによって満腹を感じ、食欲が抑制されると考えたのです。一方、空腹時には、血中のグルコース濃度（血糖値と呼ばれます）が低下し、代わりに脂肪酸の量が増加します。そこで、脂肪酸を満腹中枢のニューロンに投与すると、興奮が抑制されるのに対し、摂食中枢のニューロンは脂肪酸の投与によって興奮しました。つまり、空腹時に血中で増える脂肪酸によって空腹を感じ、食欲が起こると考えたのです。これらをまとめると、食欲は、脂肪細胞から分泌される未知のホルモンではなく、満腹や空腹状態によって血中で増減するグルコースと脂肪酸の濃度を、満腹中枢と摂食中枢のニューロンが感じることで調節されると考えられるようになりました[9]。

▼肥満マウスの発見 ― 未知の食欲制御因子発見に肉薄

生物学・医学研究のためのマウスを供給する施設として、ジャクソン研究所があります。1965年ジャクソン研究所に赴任したばかりのダグラス・L・コールマンは、健康なマウスの3倍以上にも太ってしまう「肥満マウス」を偶然発見しました。その後の解析からこのマウスは、1つの遺伝子の異常によって肥満が起こることがわかりました。そこで、原因を引き起こす未知の遺伝子を英語の「肥満（obese）」から *ob* 遺伝子（肥満遺伝子）と名づけ、その遺伝子に変異を持つマウスは「*ob/ob* マウス」と呼ばれるようになりました。その後、この肥満マウスとは異なるタイプの肥満マウスもジャクソン研究所で発見されます。このマウスは健康なマウスの20倍以上も水を飲み、甘いにおいのする大量の尿をしていました。そこでこのマウスを検査したところ、糖尿病を患っていました。このマウスも「*ob/ob* マウス」と同様に、1つの遺伝子の異常によって糖尿病を発症していることがわかりました。そこで、この遺伝子を英語の「糖尿病（diabetes mellitus）」から *db* 遺伝子（糖尿病遺伝子）と名づけ、その遺伝子の変異を持つマウスは「*db/db* マウス」と呼ばれるようになりました。ちなみに、一部の研究者の間では、*db/db* マウスのことを「ディービー・ディービーマウス」とは呼ばず、あえて「デブ・デブマウス」と呼んだりする場合もありました。

コールマンは、ハーベィと同様に「*ob/ob* マウス」と「*db/db* マウス」では血中の何らかのホルモンが不足しているために肥満や糖尿病になると考えました。そこで、「*db/db* マウス」と健康なマウスをパラビオーシスしたところ、健康なマウスの食欲は抑制されて餓死しました。1969年にコールマンは、「*db/db* マウス」の血中には食欲を抑制するホルモンが存在するが、そのホルモンを受け取る受容体に異常があるために肥満になるのではないかと報告しました。[10] 次に、「*db/db* マウス」を「*ob/ob* マウス」とパラビオーシスすると、「*ob/ob* マウス」の食欲が抑えられて若干やせることを発見しました。また「*ob/ob* マウス」を健康なマウスとパラビオーシスすると、「*ob/ob*

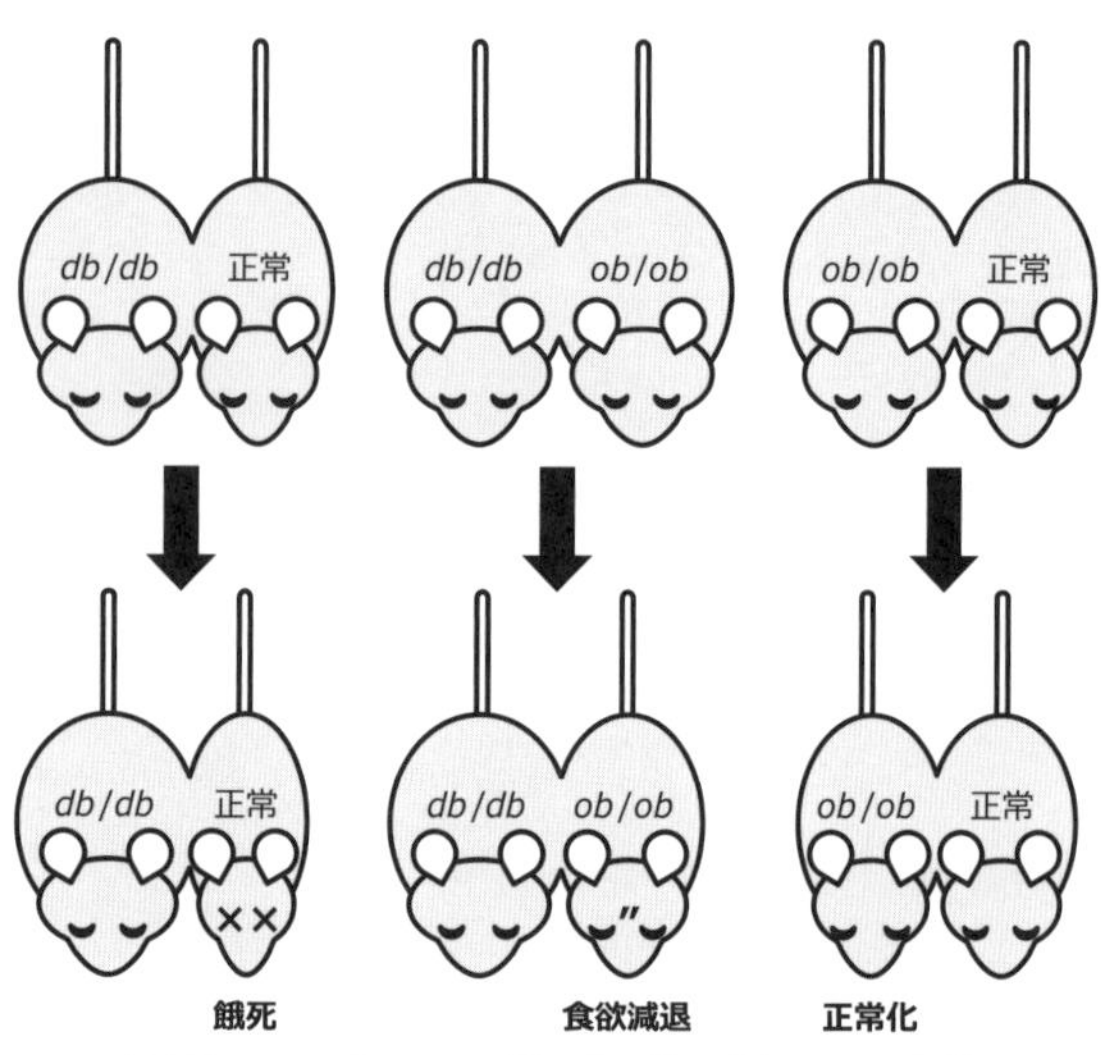

図44　コールマンの行ったパラビオーシス実験

マウス」の食欲が正常になってやせることを発見しました[11]（図44）。

これらの結果からコールマンは、「*ob/ob* マウス」には、体重の増加や体のエネルギー状態を脳に伝え食欲を抑えるホルモンが血中に存在しないのではないかと考えました。つまり、「*ob/ob* マウス」は、食欲を抑えるための鍵を紛失している状態、「*db/db* マウス」は食欲を抑えるための鍵がさささる鍵穴に異常があって、鍵をうまく挿し込むことができない状態だと考えたのです。残念ながらコールマンは、この血中に存在する食欲を抑制するホルモンとそのホルモンを受容する受容体の遺伝子を見つけ出す解析技術を持ち合わせておらず、１９９１年に研究の世界から静かに身を引きました。

▼新参者の果敢な挑戦 ― *ob* 遺伝子の同定

1986年、コールマンの論文を参考に、ある研究者がこの食欲を抑えるホルモンの設計図と考えられる「*ob* 遺伝子」のDNA配列の解読へのチャレンジを始めました。コールマンの夢を叶えようとした研究者の名は、ジェフリー・M・フリードマンです。もちろん、コールマンはフリードマンが自分の夢を叶えようとしているとはまったく知りません。フリードマンの研究チームは、1994年までに約1000匹以上のマウスを用いて、*ob* 遺伝子のDNA配列解読に成功しました。[12]そして脂肪細胞は、*ob* 遺伝子から作られるホルモンを多量に産生していることを発見しました。これまでエネルギーを貯蔵する場所としか思われていなかった脂肪組織が、実は食欲を抑制するホルモンを分泌する組織だという発見に、世界中の研究者は驚愕したのです。つまり、「*ob/ob* マウス」は、脂肪組織で食欲を抑制するホルモンを産生できないために肥満になるのです。このホルモンが不足すると肥満が起こることから、このホルモンにはやせさせる作用があると考えられました。そこでギリシャ語の「やせる（leptos）」から、**レプチン**（leptin）と命名されました。[13][14]

その後レプチンは、満腹中枢のすぐ下にある**弓状核**（きゅうじょうかく）と呼ばれる部分に作用することがわかりました。一方、「*db/db* マウス」では弓状核のニューロンの**レプチン受容体**に変異があることもわかりました。つまり、*ob* 遺伝子はレプチンを作るための遺伝子、*db* 遺伝子はレプチン受容体を作るための遺伝子だったのです。その後の研究から、弓状核のニューロンには、食欲促進ニューロン〔ニューロペプチドY（NPY）およびアグーチ関連ペプチド（AgRP）産生ニューロン

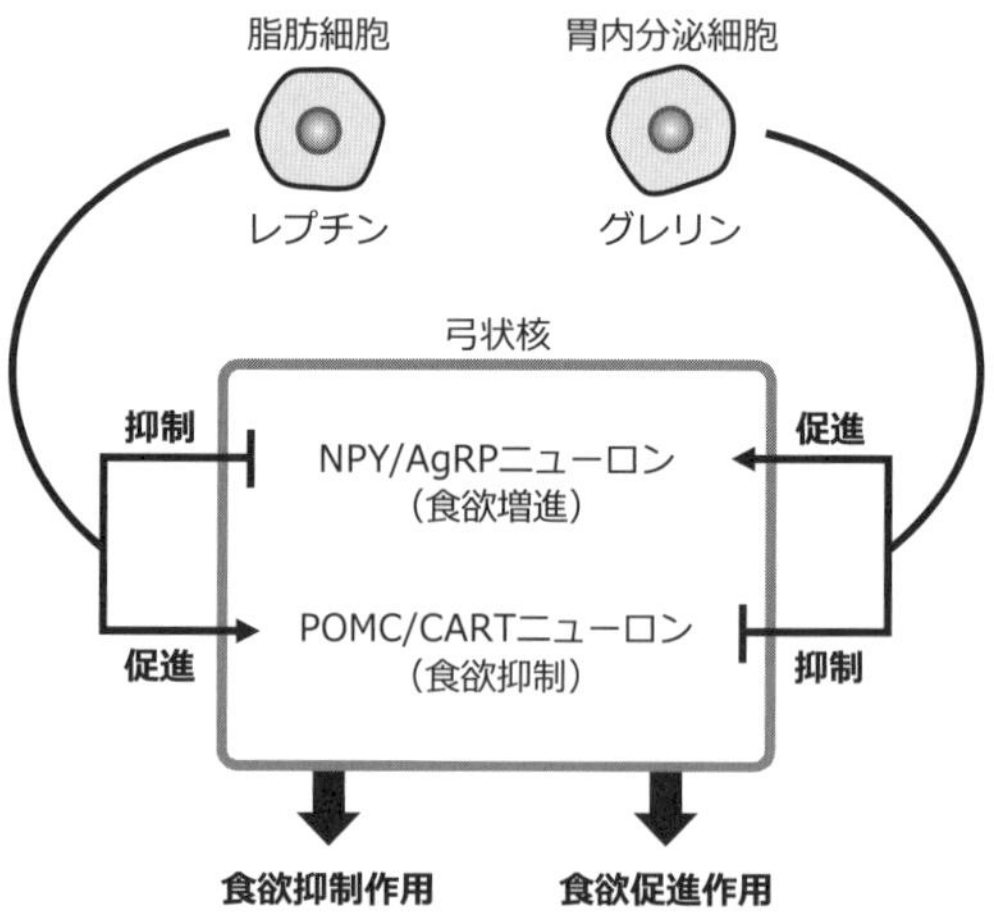

図45 レプチンとグレリンの弓状核のニューロンに対する作用と食欲への影響

（NPY/AgRPニューロン）と呼ばれる」と食欲抑制ニューロン（プロオピオメラノコルチン（POMC）およびコカイン・アンフェタミン誘導転写産物（CART）産生ニューロン（POMC/CARTニューロン）と呼ばれる」の2種類あることがわかりました。そして両方のニューロンともに、レプチン受容体を持っていました。つまりレプチンは、食欲促進ニューロンの興奮を抑えつつ、食欲抑制ニューロンを興奮させることで全体として食欲を抑えていたのです（**図45**）。

最近の研究では、脂肪細胞はレプチンだけでなく、さまざまな生理活性物質を分泌していることが明らかにされています。健康な人の脂肪細胞からは、**アディポネクチン**と呼ばれる動脈硬化を抑える生理活性物質が分泌されますが、内臓脂肪が蓄積した患者では、その分泌量が低下していることがわかっています。一方、肥満になると、炎症を引き起こす**腫瘍壊死因子α**（tumor necrosis factor-α：**TNF-α**）の分泌量が増加することがわかっています。最近では、内臓脂肪が増加して起こる肥満は全身の炎症反応を引き起こすことがわかってきました。この炎症反応が、**メタボ**

リックシンドローム（高血糖、高血圧、血中の脂質の濃度が高い脂質異常症）を引き起こす原因ではないかと考えられ始めています。レプチン、アディポネクチン、TNF-αのような脂肪細胞から分泌されるこれらの生理活性物質をまとめて、**アディポサイトカイン**と呼びます。

▼脂肪細胞と性ホルモンの意外な関係性

脂肪細胞が大きくなると、**アロマターゼ**と呼ばれる酵素が脂肪細胞で増えます。このアロマターゼは、男性ホルモンを女性ホルモンに変換する酵素です。女性では副腎と呼ばれる腎臓の上にある組織で男性ホルモンが作られます。男性では、精巣とこの副腎で男性ホルモンが作られています。

乳がんは女性ホルモンの作用によって増殖しますが、女性ホルモンの減少する閉経後でも乳がんを発症することがあります。これは脂肪細胞で男性ホルモンから女性ホルモンが作られるためです。特に肥満の女性ではその作用が強いため、乳がんのリスクを下げるためにも閉経後は体重増加に気をつけたほうがよいです。

ちなみに、アロマターゼの機能を阻害するものに、タバコに含まれるニコチンがあります。タバコを吸っていた男性がタバコを止めると急に太ったという話を聞いたことがあるでしょう。これは、タバコを吸っているときにはニコチンの影響でアロマターゼの機能が阻害されているため、男性ホルモンが体内に多くある状態になります。そのため代謝が上がり太りにくい状態になっています。この状態でタバコを止めると、アロマターゼの機能が回復し、女性ホルモンの濃度が一気に増加します。この女性ホルモンは、脂肪を体内に蓄積しようとする作用があるため、たばこをやめると食欲が増して太るのです。

逆に女性がタバコを吸うとどうなるでしょうか？　みなさんもうお気づきだと思います。アロマターゼの機能が阻害されるため体内の女性ホルモン量が減少し、生理不順、不妊、肌のシミ、しわが増えるといったさまざまなトラブルが発生します。

▼食欲を抑えるホルモンであるレプチンは「究極のやせ薬」になった？

フリードマンが発見したレプチンは、その後アメリカの製薬企業が「究極のやせ薬」としての可能性を秘めているとしてその特許権を買い取りました。そして、フリードマンが所属していたロックフェラー大学とハワード・ヒューズ医学研究所に、合計2000万ドルの契約金を支払いました。また、フリードマン個人にも契約金の4分の1、つまり500万ドルが配分されたのではないかといわれています。

このレプチンは本当に、「究極のやせ薬」である製品として売り出されることになったのでしょうか？　残念ながら、ノーです。実は、レプチンもしくはレプチン受容体の遺伝子に変異を持つヒト、つまり、血中にレプチンが少ない、もしくはレプチン受容体が機能しないために肥満になっているヒトが世界中を探してもほとんどいなかったのです[15]。逆に大多数の肥満患者では、血中のレプチン濃度が健康なヒトよりも非常に高かったのです。つまり、肥満患者では、食欲を抑えるはずのレプチンが血中に高濃度に存在するにもかかわらず、食欲が抑えられず食べすぎて太ってしまうのです。つまり、肥満患者にレプチンを注射しても食欲を抑えることはできないのです。そのためレプチンは、「究極のやせ薬」にはなりえないのです。

なぜ、血中にレプチンが高濃度に存在するのに食欲が抑制されないのでしょうか？　この矛盾は「レプチン抵抗性」と呼ばれます。詳細なしくみについてはいまだに明らかになっていませんが、肥満に陥ると食事前後でのレプチンの血中濃度にあまり変化が見られなくなるため、体重調節機構がうまく機能せず、体重が増え続けると考えられています。つまりレプチンは、「満腹になると脂肪細胞から分泌されて食欲を抑制する」というよりも、「空腹時に脂肪細胞から分泌されなくなることで脳へ空腹を伝える」と考えられ始めています。

▼意外な臓器から食欲を促進するホルモンが発見された

では、食欲を促進するホルモンは存在するのでしょうか？　1999年、児島将康(こじままさやす)と寒川賢治(かんがわけんじ)は、胃が空になると胃から血中に分泌されるホルモンを発見しました[16]。発見当初、このホルモンのおもな作用は、脳下垂体に作用して成長ホルモンの分泌を強力に促進することだと考えられていました。この胃から分泌されるホルモンは、「成長ホルモンの分泌を促進するペプチドホルモン（growth hormone-releasing peptide）」として「ghrelin（グレリン）」と名づけられました。この**グレリン**は、成長ホルモンの分泌を促進するだけでなく、弓状核の食欲促進ニューロンを興奮させつつ食欲抑制ニューロンの興奮を抑えることで、全体として食欲を促進していたのです。弓状核の食欲促進および食欲抑制ニューロンには、レプチンとグレリンの受容体が存在するため、全身のエネルギー状態を感知することができ、そして受け取った情報を摂食中枢に伝達することで、食欲を調節していたのです（図45）。

現在では、レプチンとグレリンだけでなく、満腹や空腹状態によって血中で増減するグルコースと脂肪酸も食欲調節に関わっていることがわかっています。食欲は、私たちが生きていくために必要不可欠な機構です。食欲が起こらないと私たちは餓死してしまうため、生きていくために二重、三重にも食欲を調節する機構が存在するのです。

▼糖尿病とインスリンの発見

のどが渇き、頻尿・多尿となる**糖尿病**は、紀元前1世紀にはすでに知られていました。しかし、インスリンが発見されるまで糖尿病に対する根本的な治療法はなく、最終的には昏睡に陥って亡くなる不治の病でした。

1869年、パウル・ランゲルハンスは、膵臓の構造を光学顕微鏡で観察している際、消化液を分泌する膵臓の細胞の中に、島のように浮かんでいる「細胞の塊」を発見しました。この細胞の塊は膵臓の中に浮かんでいる島のように見えるので、**ランゲルハンス島**と名づけられました。ちなみに1つの膵臓の中には、約100万個以上のランゲルハンス島が存在しています。当時このランゲルハンス島は、消化液を分泌する細胞の集合体だと考えられていました。

1889年、オスカル・ミンコフスキーは、健康なイヌから膵臓を取り除くとイヌが排泄した尿にハエが群がり始めることに気づきました。そこでイヌの排泄した尿を調べたところ、多量の糖が含まれていることを発見しました。つまり膵臓の機能と糖尿病の関連性が明らかになったのです。

トロント大学の卒業生であり整形外科の開業医だったフレデリック・G・バンティングは、膵臓と十二指腸をつなぐ管、主膵管がつまると消化液が出なくなるということを知りました。そこでバンティングは、主膵管をしばることで消化液を作り出す膵臓の細胞は破壊されるが、ランゲルハンス島は破壊されず、血糖値を下げる物質を膵臓から取り出すことができるのではないかと思いつき、動物を使った実験でこのアイディアを試したいと思い始めました。バンティングは、1920年にトロント大学のジョン・J・R・マクラウドに自分の思いついた実験アイディアを相談し、マクラウドの実験室で実験をさせてほしいと申し出ます。当初マクラウドは、バンティングの実験の申し出に対し乗り気ではありませんでした。それでもバンティングの熱意に負け、マクラウドが夏休み休暇で8週間スコットランドに帰省している間、実験室と実験用の10匹のイヌ、そして若い大学院生のチャールズ・H・ベストを研究助手として使用することを認めたのです。

1921年5月17日から実験を開始し、8週間の約束の期日を過ぎた1921年7月27日、バンティングとベストは、主膵管をしばったイヌから膵臓を取り出し、取り出した膵臓に生理食塩水を加えてすりつぶし、すりつぶしてできた溶液をろ紙でこし、そのろ液を糖尿病のイヌに注射しました。すると、糖尿病のイヌの血糖値が健康なイヌと同じ値にまで下がったのです。つまり、膵臓には血糖値を下げるホルモンが存在することを証明したのです。バンティングは、この血糖値を下げるホルモンを、「島（island）から分泌されるホルモン」という意味で「イスレチン」と名づけました。しかしマクラウドは、「島（insulae）」をラテン語読みしたほうがよいと助言し、**インスリン**と呼ぶようになりました。

バンティングとベストが膵臓から抽出したインスリンは、残念ながら血糖値を下げる作用が弱く、さまざまな消化酵素が含まれていたため、危険すぎてヒトに投与することができませんでした。しかし、バンティングとベストは、その不純物の含まれたインスリンをマクラウドに無断でヒトに投与する臨床試験を始めようとしていたのです。

この状況を危ぶんだマクラウドは、ヒトの糖尿病患者にインスリンを投与するためにも純度の高いインスリンが大量に必要と考え、ジェームス・B・コリップにインスリンの精製を頼み、コリップは見事にインスリンの精製に成功しました。インスリンが発見されてからわずか1年後の1922年、インスリンが分泌されないために起こる糖尿病 ― 1型糖尿病 ― に苦しんで瀕死の状態にあった14歳のレオナルド・トンプソンに世界で初めてインスリンが注射され、彼の命は救われました。このインスリンの発見と糖尿病治療法の確立という成果から、バンティングとマクラウドは、インスリンの発見から2年という異例の速さで1923年にノーベル生理学・医学賞を受賞しました。残念ながら、ノーベル賞授賞式に2人の姿はありませんでした。理由としてバンティングは、インスリンを最初に発見した自分とその実験を手伝ってくれたベストがノーベル賞をもらうものだと考えていて、実験室を貸してくれただけのマクラウドとの共同受賞に激怒していたといわれています。一方マクラウドは、バンティングがヒトに純度の低いインスリンを投与する臨床試験を無断で行おうとしていたことに激怒していただけでなく、コリップがいなければインスリンの大量精製とヒトへの投与試験に成功しなかったと周囲に漏らしていました。なお、バンティングはノーベル賞の賞金をベストと分け合い、一方マクラウドはノーベル賞の賞金をコリップと分け合いました。

袂をわかったバンティングとマクラウドでしたが、バンティング、ベスト、そしてコリップはインスリンを糖尿病の治療薬として特許化することで巨万の富を得るチャンスがあったのにもかかわらず、インスリンに関するすべての特許権利をたった1ドルでトロント大学に譲渡しました。もちろん、特許権利を持っているトロント大学は多くの企業から莫大な特許使用料を得ていましたが、バンティング、ベスト、コリップはまったく不満はありませんでした。最大の貢献者であるバンティングが、「この特許は他人に特許を先に取らせないようにする以外は目的にしない。抽出法の詳細が公表されれば、誰が抽出物を作ろうと自由であるが、利益を得るために独占権を取得することは許されない」と言ったといわれています。つまり、医学に関わる発見や発明は特許とするべきでないこと、ましてや医者は特許に関わるべきではないとバンティングは考えていたのです。このおかげで糖尿病患者は、インスリン注射という最新の糖尿病治療法を安価に受けることができたのです。

ちなみに後年、バンティングとコリップは、お互いの研究成果を称賛し合ったといわれています。1941年2月20日、バンティングを乗せた飛行機はニューファンドランド島で墜落し、その翌日バンティングはそのまま帰らぬ人となりました。49歳でした。なお旅立つ前夜一緒に過ごしていたのは、コリップだったといわれています。人生というのは、どこで何が起きるのかわかりません。

ホルモンの発展講義　インスリンによる血糖濃度の調節のしくみ

空腹時のヒトの血中には、常時およそ80～100 mg/dL のグルコースが含まれています。ちなみに、清涼飲料水には約11 g/dL のグルコース、つまり血中の約110倍のグルコースが含まれています。80～100 mg/dL というきわめて狭い範囲に血糖が一定の状態で保たれるのは、これまで述べてきた血糖を下げるインスリンや、血糖を上げる作用のあるランゲルハンス島のα細胞から分泌されるグルカゴン、副腎髄質から分泌されるアドレナリン、副腎皮質からコルチゾールといったホルモンが適切なタイミングと量で分泌されるからです。

インスリンはランゲルハンス島のβ細胞から分泌されます。このインスリンは、血中のグルコースを筋肉が使えるようにするだけでなく、血中に余っているグルコースを肝臓にグリコーゲンという形で貯蔵させ、また血中に余っているグルコースを脂肪組織に中性脂肪の形で貯蔵させることで血糖を下げます。つまり、インスリンは体の中で余ったエネルギーを無駄遣いしないようにする「倹約ホルモン」です。

血糖を下げるホルモンは、インスリンただ1つです。一方血糖を上げるホルモンは、グルカゴン、アドレナリン、コルチゾールと多数あります。具体的にグルカゴン、アドレナリンは肝臓などの細胞に作用して、グリコーゲンをグルコースに分解する反応を促進します。一方コルチゾールは、タンパク質からグルコースを合成する反応を促進します（**図46**）。これらにより血糖が上昇します。

これは太古の昔、ヒトは食事を満足に摂ることもできず、常に飢餓状態にあったことが原因だと

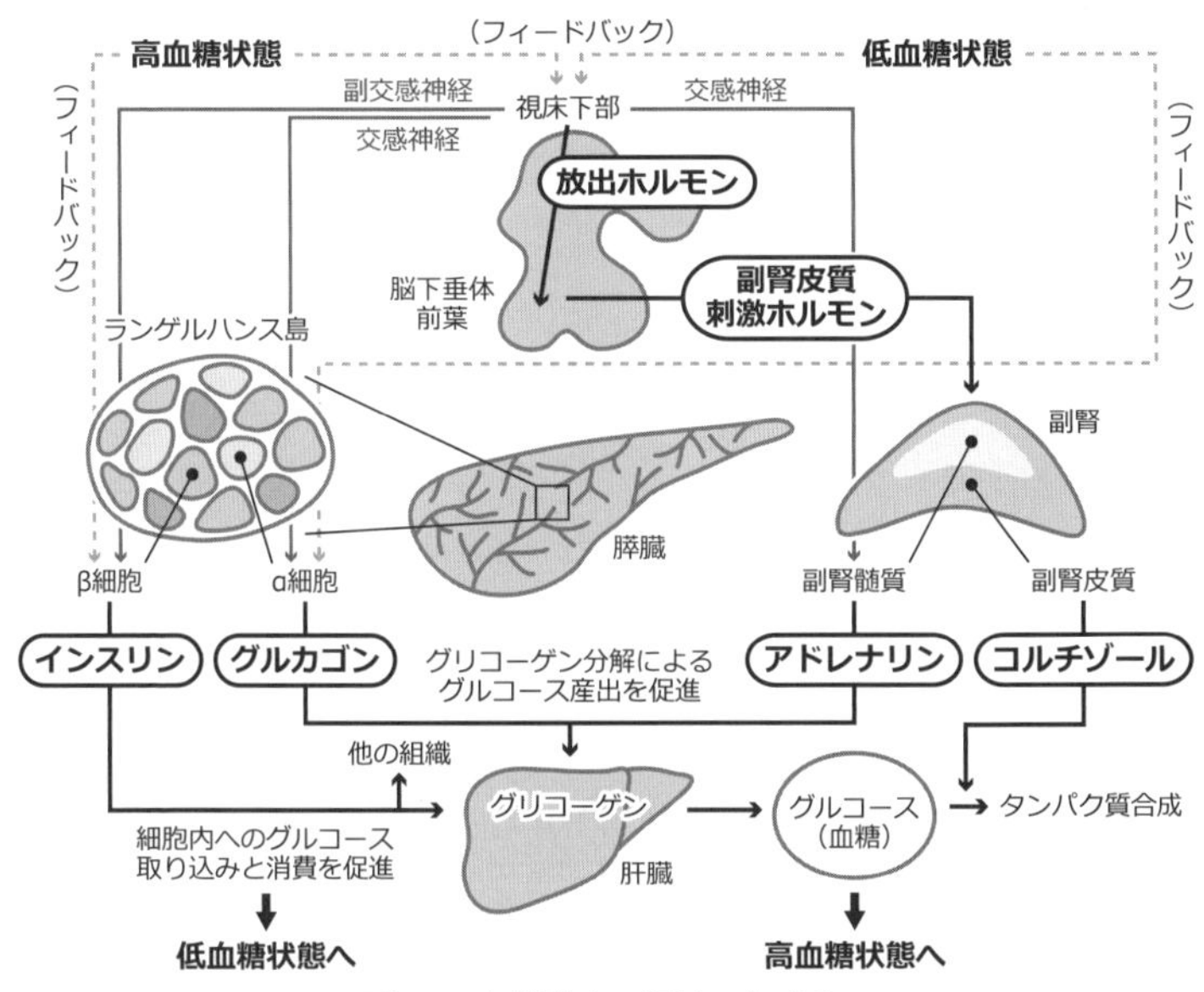

図 46　血糖濃度の調節のしくみ

考えられます。飢餓状態で血糖が常に低下しやすく、体に蓄えたエネルギーをすばやくかつ効率的に使える形にする、つまり、血糖をすばやく上昇させる必要がありました。一方、食事を摂りすぎて血糖が上昇しすぎて困るという状況は太古の昔ではほとんど起こり得ないので、積極的に血糖を下げる必要はなく、血糖を下げるホルモンはインスリンのただ1つだけで十分だったと考えられます。逆にいうと、血糖を下げるためのホルモンはインスリン以外存在しないため、β細胞からインスリンが分泌されなかったり、インスリンの分泌量が減ってしまったり、あるいはインスリンが分泌されても肝臓や筋肉がインスリンに反応しなかったりすると、血中のグルコースをうまく細胞内に取り込めないため血糖値を下げられず、血糖の高い状態が続きます。これが糖尿病の状態です。

▼糖尿病の種類

糖尿病は、2つのタイプに分けることができます。自分の免疫細胞がβ細胞を攻撃するためβ細胞が破壊されインスリンが分泌できなくなって起こる**1型糖尿病**と、インスリンの分泌量が減った、あるいはインスリンの効きが悪くなって起こる**2型糖尿病**です。1型糖尿病に対しては、食後にインスリンを自己注射することで、血糖値を正常な範囲に調節する必要があります。一方、2型糖尿病の場合、インスリン分泌は起こりますが、体内でインスリンの作用を抑える物質、たとえば脂肪細胞から分泌されるさまざまなアディポサイトカインが増加するので、インスリンが分泌されても肝臓や筋肉で血中のグルコースを取り込まなくなり、インスリンの効きが悪くなるインスリン抵抗性と呼ばれる症状が起こります。インスリン抵抗性が起こると、β細胞は血糖値を下げるために一生懸命インスリンを分泌し続けます。その結果β細胞が疲れ切ってしまい、インスリンの分泌量が減ってしまいます。そして、さらに血糖値が上昇し、糖尿病の状態が悪くなるという悪循環に陥ってしまいます。このような2型糖尿病は日本人の糖尿病患者の約9割を占め、不規則な食生活や運動不足などによって発症するので、**生活習慣病**の代表格です。

▼小腸から分泌されるホルモンとインスリンの意外な関係

食事を摂ると血糖値が上昇し、その結果血糖値を下げるために膵臓のβ細胞からインスリンが分泌されるということを学びました。このβ細胞から分泌されるインスリンの分泌量を、さらに増やすホルモンがあります。それは、消化管に存在する内分泌細胞から分泌される、インクレチンと呼ばれるホルモンです。

インクレチンには、**グルコース依存性インスリン分泌刺激ポリペプチド**（glucose-dependent insulinotropic polypeptide：**GIP**）と**グルカゴン様ペプチド-1**（glucagon-like peptide-1：**GLP-1**）の2種類があります。十二指腸や空腸といった小腸の上部に存在するK細胞からはGIPが分泌されます。一方、小腸の下部に存在するL細胞からはGLP-1が分泌されます。特にこのGLP-1は、インスリンの分泌をさらに促進するだけでなく、インスリンを分泌し続けて疲れてしまったβ細胞を元気づける作用もあります。ちなみにGLP-1は、血糖値が低いときや正常なときには、インスリンの分泌を引き起こしません。つまりGLP-1は、インスリンを分泌しているβ細胞を応援してさらにインスリンを分泌させる作用があります。

このK細胞とL細胞の細胞表面には、食物中に含まれるさまざまな物質を感知できるセンサー（受容体）があります。つまりK細胞とL細胞は、腸にどのような物質が運ばれてきたのかを感じてインクレチンを血中に分泌し、β細胞に作用してインスリンの分泌を促します。またインクレチンは、消化管の中に張りめぐらされている**迷走神経**にも作用します。この迷走神経の名前の由来は、脳から頸部、胸部、そして腹部の内臓、心臓、血管にまで神経が広範囲に伸びている様子が、あたかも体内を迷走しているように見えるからだという説があります。この迷走神経は、食欲を抑制する脳の部位と接続しているため、インクレチンが分泌されることによって食欲が抑えられます。また、インクレチンは胃にも作用して、胃の動きを抑え、腸に運ばれる食物の量を減らし、体に取り込まれる栄養素の量を減らそうとします。このようにインクレチンは、大車輪の活躍で血糖を下げようとします。ちなみに私の研究室では、L細胞の細胞表面にアミノ酸（L-オルニチンやL-グルタミン）や脂質（リゾリン脂質）を検知する受容体があり、食物に含まれるアミノ酸や脂質を検知することでGLP-1を分泌し、食欲を抑える作用があることを発見しています[17][18]。

このGLP-1やGIPは、血中に存在するジペプチジルペプチダーゼ-4（dipeptidyl peptidase-4：DPP-4）と呼ばれる酵素によってすばやく分解されるため、GLP-1やGIPが血中に存在する時間は、約2～5分程度といわれています。そのためGLP-1やGIPのインスリン分泌の促進作用は、あまり長続きしません。

ホルモン（GLP-1やインスリン）が細胞から分泌される様子を動画でご覧いただけます。ホルモンが分泌される瞬間、花火のように明るくなり、その後消える様子がわかります。

動画についてのより詳しい情報は、本書のウェブサポートページへ ⬇

GLP-1

インスリン

コラム　トカゲの唾液から糖尿病の治療薬

北米のアリゾナ砂漠や草原など乾燥地帯には、体長20～30㎝、大きいものでは50㎝程度のアメリカドクトカゲ（*Heloderma suspectum*）が生息しています。アメリカドクトカゲは獲物に噛みつくと、あごの毒腺からの毒液を獲物の体内に注入し、呼吸中枢を麻痺させます。このアメリカドクトカゲ、獲物をお腹いっぱいに飲み込んでも血糖が急激には上昇しません。そこでアメリカのジャン・P・ラウフマン博士の研究グループは、毒液の中に何かしら血糖値を上昇させないものがあるのではないかと考えました。毒液を解析したところ、いくつかのヒトの体に何らかの影響を与える可能性があるペプチドが毒液に含まれていることがわかりました。これらのペプチドは唾液腺のような外分泌腺（exocrine gland）に存在し、血糖値を上昇させない内分泌作用（endocrine action）を持つということから、exendine（エクセンディン）と名づけられました。このexendineの中でもexendin-4と呼ばれるペプチドは、当初さまざまな消化酵素を分泌する膵臓の腺房細胞から特にアミラーゼの分泌を促していました。その後の解析からこのexendin-4は、ヒトのGLP-1に似たペプチド（アミノ酸レベルで約53％類似しています）であることがわかったのです。

ヒトの血中に存在するDPP-4は、ヒトのGLP-1に含まれているアラニンを認識して分解します。一方exendin-4は、ヒトのGLP-1に含まれているアラニンの部分がグリシンに変異し、DPP-4で分解されにくくなっていました[19]。つまり、このexendin-4を分解されやすいGLP-1の代わりにヒトの血中に食後注射すれば、インスリン注射に代わって血糖値を下げることができます。そのためこのexendin-4は、新しい糖尿病の治療薬の候補として一躍注目を浴びました。そして、2005年にアメリカでエキセチナド（商品名：バイエッタ®）として発売され、日本では2010年10月から使えるようになりました。インスリン注射は、投与量や投与頻度を間違えると低血糖という重篤な副作用を引き起こしますが、このエキセチナドは、投与量を間違えたとしても低血糖を起こしにくく副作用も少ないため、現在では全世界で広く使用されています。

▼腸内細菌とホルモン分泌との密接な関係

私たちの体は、約200種類以上の細胞が約37兆個以上集合して形作られています。私たちの消化管の中には、それを優に超える約100兆個以上、約1000種類以上の多種多様な腸内細菌が存在しています。顕微鏡で腸を観察すると、この腸内細菌がお花畑（英語でflora）のように見えることから、「腸内フローラ」や**腸内細菌叢**（叢は草が群がっているところという意味）と呼ばれます。しかし、なぜ消化管の中にはこれほどまでに多種多様な腸内細菌が存在するのでしょうか？

2006年ジェフリー・I・ゴードンの研究グループは、肥満マウスと正常マウスで腸内細菌叢の組成が異なることを発見しました。そこで、腸内細菌が存在しない無菌状態で飼育したマウスに、肥満マウスの腸内細菌叢もしくは正常マウスの腸内細菌叢をそれぞれ移植しました。その結果、肥満マウスの腸内細菌叢を移植されたマウスは、体脂肪が約50％も増加しました。一方、正常マウスの腸内細菌叢を移植されたマウスは何の変化も起こりませんでした。[20] ゴードンはさらに研究を進め、ヒトにおいて、肥満の親から生まれた双子で、一方は肥満、もう一方はやせているという人々を集めて腸内細菌叢の組成を解析しました。すると、肥満の子どもは親と似ていましたが、やせている子どもは、親とは異なる腸内細菌叢の組成をしていることを2009年に発見しました。[21] そして極めつけの実験として、2013年、肥満のヒトとやせたヒトの腸内細菌叢を無菌状態で飼育したマウスに移植しました。すると、肥満のヒトの腸内細菌叢はマウスを肥満させ、やせたヒトの腸内細菌叢はマウスをやせさせたのです。さらに、両方のマウスを同じケージの中で飼育し、糞を介して

（マウスは、栄養や腸内細菌叢を補充するため糞を食べる（糞食）ことがあります）腸内細菌叢のやり取りを起こさせると、肥満マウスの腸内細菌叢がやせたマウスの腸内細菌叢に変化し、やせたのです[22]。これらの実験結果から、腸内細菌叢が作り出す何らかの物質が体の代謝状態に影響を与えること、また体にはそれらの物質を感じる何らかのしくみがあることが示唆されたのです。

私たちヒトは、食物繊維を分解することができません。この食物繊維を分解してくれるのが、腸内細菌です。腸内細菌は食物繊維を分解して酢酸、酪酸、プロピオン酸といった短鎖脂肪酸を作り出します。これら短鎖脂肪酸は、一部血液に取り込まれて、私たちの体の中をめぐります。この短鎖脂肪酸（炭素数が6個以下のもの）は、低分子なため揮発しやすく、不快なにおいがします。銀杏のにおいは酪酸です。余談ですが大便のにおいは、インドールという物質ですが、実はオレンジの花やジャスミンにも含まれています。インドールの量が多いと大便臭として感じるのですが、薄い濃度だといい香りの花に感じるので、私たちの嗅覚は不思議です。

その後の研究から私たちヒトの細胞には、短鎖脂肪酸を感知する受容体が存在することがわかってきました。2011年、フィオナ・グリブルの研究グループは、GLP-1を分泌する小腸のL細胞に短鎖脂肪酸受容体GPR43受容体（おもに酢酸とプロピオン酸を感じる）が存在し、L細胞が小腸の中に存在する短鎖脂肪酸を感知することでGLP-1を分泌することを発見しました[23]。また私の研究室では、まだ具体的な物質名を公表できないのですが、腸内細菌叢が作り出すある種の物質（代謝産物と呼ばれます）が、GLP-1の分泌を引き起こすことを見出しています。一方、キナという樹木の樹皮に存在する苦味物質であるキニーネやある種の腸内細菌代謝産物は、逆にG

LP-1の分泌を抑制することを見出しています。[24][25]これらのことから、腸内細菌叢が作り出すさまざまな代謝産物は、GLP-1の分泌を引き起こしたり、はたまた抑制したりすることで、食欲を調節する可能性があることがわかってきたのです。

まだ動物実験の段階ですが、肥満やメタボリックシンドロームを気にする人は、食事の量を減らすだけでなく、腸内細菌叢が短鎖脂肪酸やGLP-1の分泌を促す腸内細菌代謝産物を作りやすいような食事、たとえば食物繊維の多く含まれた野菜（ゴボウ、タマネギ、アスパラガス、大豆といったもの）を摂るように心がけたほうがいいように思われます。

▼糖尿病と運動

健康診断などで糖尿病の症状が発見されると、運動をすることや食事の内容を見直すように医師から言われます。運動をすることで食事で摂取したカロリーを消費することができ、その結果として、糖尿病や肥満の状態が改善されるとみなさん信じているのではないでしょうか。体重70キロの男性が時速4キロ（普通の速さ）のウォーキングを20分行った場合、消費カロリーは65キロカロリー、テニスを20分行った場合は170キロカロリー、時速20キロで自転車に20分乗る場合は180キロカロリーを消費します。ちなみに普通盛り（140グラム）のご飯は、235キロカロリーです。もう気づかれたと思いますが、軽い運動をしてもご飯1杯のカロリーすら消費できないのです（！）。ですから、運動だけでやせるのはなかなか困難で、やせるためには、食事の内容を見直して摂取するカロリーの量を減らす、つまりダイエットするしかありません。それでも運動は、糖尿病だけでなく、生活習慣病、高血圧、肥満などの症状を改善します。ではなぜ運動は、これらの症状を改善するのでしょうか？

運動をすると全身の筋肉を使い、筋肉で消費されたエネルギーを補給するため、心臓や血管が機能します。その結果、心臓や血管さらには筋肉から多種多様なホルモンが分泌されます。心臓からは、先ほども述べた血管を広げたり、腎臓から塩分を排泄させる作用のある心房性ナトリウム利尿ペプチドが、筋肉からは、インターロイキン-6（interleukin-6：ＩＬ-6）が分泌されます。このＩＬ-6は、肝臓や脂肪組織に作用して脂肪の利用を促進するだけでなく、[26]小腸の内分泌細胞にも作用してＧＬＰ-1の分泌を促進し血糖値を下げます。[27]このように、運動をすることでさまざまなホルモンが分泌されるため、生活習慣病の症状改善に効果があるのです。

筋細胞内には、筋肉を収縮させるためのエネルギー源である**アデノシン三リン酸**（adenosine triphosphate：**ATP**）が多量に貯蔵されています。このＡＴＰとは、塩基の一種であるアデニンに糖の一種であるリボースが結合したアデノシンという物質に、３つのリン酸が結合したものです（**図47**）。筋肉を収縮させると筋細胞の中では、ＡＴＰのリン酸の間の高エネルギーリン酸結合が切断され、ＡＴＰが**アデノシン二リン酸**（adenosine diphosphate：**ADP**）とリン酸に分解されます。その際に、大きなエネルギーが放出され、このエネルギーを利用して筋細胞は収縮します。そしてさらに筋収縮が続くと、リン酸を２つ失った**アデノシン一リン酸**（adenosine monophosphate：**AMP**）が筋細胞内に蓄積し、筋細胞内が低エネルギー状態に陥ります。

ちなみに、ホタルが持つ発光物質ルシフェリンは、ＡＴＰのエネルギーを光に変換して発光しま

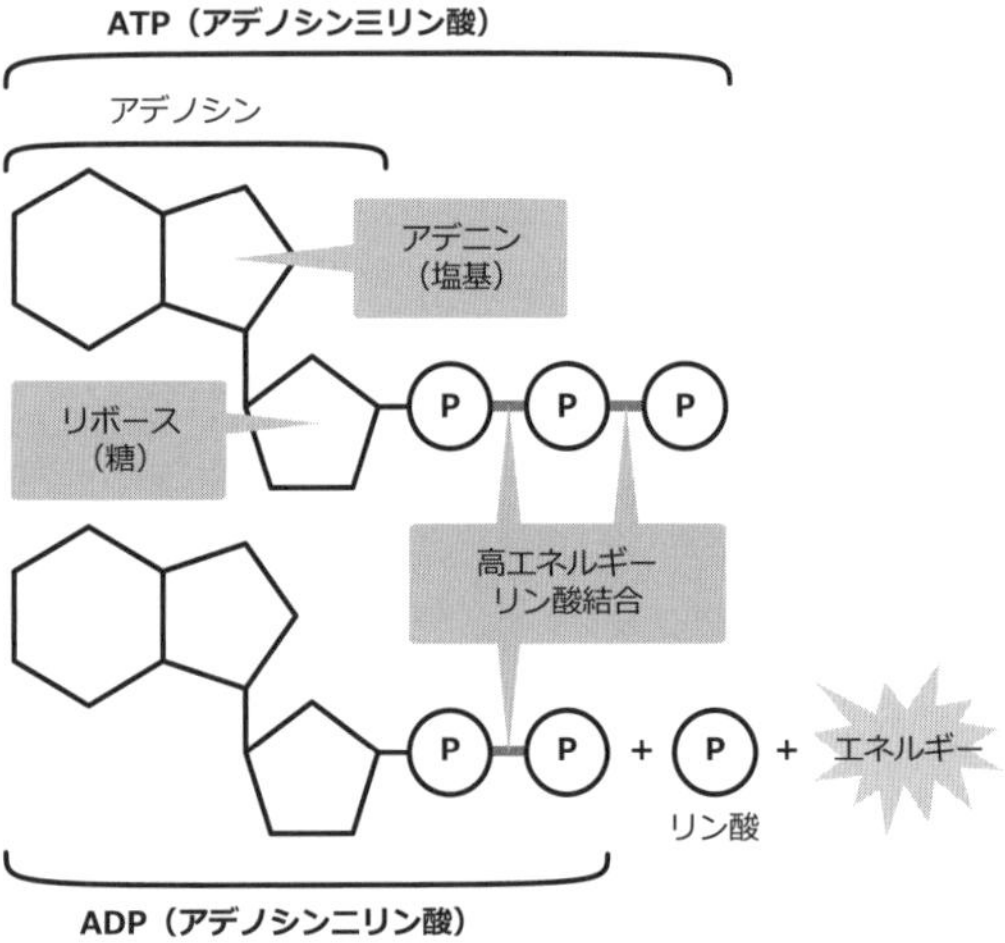

図 47　ATP と ADP

す。このルシフェリンを用いれば、どこにＡＴＰがあるのかを光で見つけることができます。またＡＴＰは、すべての生物に共通して存在する物質で、細菌や真菌が持つＡＴＰでも、ルシフェリンの発光は起こります。この性質を利用すれば、たとえば医療器具や調理器具にルシフェリンをふりかけ、もしルシフェリンの発光が検出されれば、その医療器具や調理器具は微生物に汚染されているということが簡便かつ高感度に検出できます。

さて筋細胞が低エネルギー状態に陥り、筋細胞内にＡＭＰが蓄積すると、細胞内のエネルギー状態の監視役である**ＡＭＰＫ**（AMP-activated protein kinase）と呼ばれるキナーゼが細胞内のエネルギーが不足してきたことを感じ、スイッチが入ります。つまりＡＭＰＫが活性化されます。活性化されたＡＭＰＫは、筋細胞外のエネルギーを作り出すための原材料であるグルコースの取り込みを促進したり、筋細胞内に存在する別の原材料である脂肪を分解したりすることでエネルギーを作り出します。一方で、エネルギーを多量に消費するタンパク質を作り出す活動をストップさせます。運動をすれば、インスリンが存在しなくても筋細胞にグルコースが取り込まれる、つまり運動をしさえすれば血糖を下げることができるのです。そのため、人間ドックなどの健康診断で糖尿病の症状が発見されると、運動をすることを勧められるのです。

さて、勘の鋭い人はもう気づかれたかもしれません。薬でAMPKを直接活性化することができれば、糖尿病や高血圧、肥満の症状を改善できるのでは？と考えるのではないでしょうか。2017年米国科学雑誌「Science」に、製薬企業が新たに開発した化合物（MK-8722）をマウスやサルに投与すると、筋細胞にグルコースが取り込まれて血糖値が低下すると報告されました[28]。これは、化合物を投与することでインスリンの分泌が促されたため血糖値が低下したのではありません。運動による血糖値低下作用を、化合物の摂取で模倣できたことを意味します。つまり、この化合物を摂取すれば、運動をしなくても運動をしているのと同じことになるのです。しかし、この化合物を摂取すると心臓が大きくなる心筋肥大を引き起こすという問題があります。一方、ほぼ同時期に別の製薬会社からもAMPKを活性化する化合物の報告がありましたが、こちらは、長期間服用することで、薬の作用が失われる問題がありました[29]。ローマは一日にして成らずといいますが、運動の代わりに薬を飲んで、糖尿病や生活習慣病を治そうと楽することを考えてはダメなようです。

▼知られてないけど大切な器官 ― 甲状腺

雑誌やテレビでは「加齢とともに落ちる基礎代謝を上げるサプリメント」、「基礎代謝を上げる自宅でできる運動とストレッチのやり方」、「ダイエットに必要な基礎代謝を上げる方法」など、代謝に関するさまざまな情報を流しています。また、基礎代謝を上げる効能をうたった多種多様なサプリメントのCMや広告も目にします。基礎代謝とは、何もじっとせずにいても、生命活動を維持するために生体が消費するエネルギー量のことです。

この基礎代謝のレベルを調節するのが、甲状腺から分泌される甲状腺ホルモンです。血中を循環する甲状腺ホルモンのほとんどはチロキシン（T_4）ですが、トリヨードサイロニン（T_3）のほうが生理作用は強いです。

年齢を重ねてくると、体がだるい、疲れやすい、貧血、便秘という症状が表れやすくなります。年齢のせいだとして見過ごされることが多い症状なのですが、実は甲状腺から分泌される甲状腺ホルモンの量が少なくなることで起こります。また女性の中には、上記の症状に加え、むくみ、だるさ、無気力といった症状も表れやすくなります。このような甲状腺ホルモンの分泌量が低下している状態を**甲状腺機能低下症**と呼び、その代表的な病気に**橋本病**があります。橋本病とは、自分自身の免疫細胞が誤って甲状腺を攻撃してしまうことで甲状腺で炎症反応が慢性的に起こり、時間経過とともに甲状腺が破壊された結果、甲状腺の機能が徐々に低下してしまう**自己免疫性疾患**の1つです。人口10万人に対して約80人の割合で発症するといわれ、日本では10万人を超える人がこの病気に罹患していると推定され、けっして珍しい病気ではありません。ちなみにヨウ素は海藻類全般に含まれていますが、摂りすぎによって甲状腺ホルモンの分泌量が減る場合があります。特に昆布やとろろ昆布、ひじきといった食品は、橋本病の方は控えたほうがよいといわれています。またヨウ素を含むうがい液にも注意が必要です。

甲状腺機能低下症は、年齢を重ねた人に関する病気だと思われがちですが、実は最近若い人でも増えている病気です。甲状腺ホルモンの分泌量が少ないと、不妊や流産、早産、妊娠高血圧症候群のリスクになります。若い人でも太りやすい、眠気がある、皮膚が乾燥しやすい、寒がり、便秘といった症状がある場合や、これまで健康診断では血中コレステロール値が正常だったのに急にその値が上昇してきたような場合（甲状腺ホルモンの分泌量が減ると、ステロイドホルモンや細胞膜の原料となるコレステロールをうまく使えなくなるため、血中コレステロール値が増加します）、一度甲状腺の検査を病院で受けたほうがよいでしょう。

逆に甲状腺ホルモンが分泌されすぎる病気もあります。**甲状腺機能亢進症**と呼ばれ、代表的なものに**バセドウ病**があります。実はこの疾患、1835年にイギリスのグレーヴス、1940年にドイツのバセドウが別々に発見したため、英語圏ではGraves（グレーヴス）病、ドイツ語圏ではBasedow（バセドウ）病と呼ばれます。当時、日本の医学はドイツから輸入していたため、バセドウ病と呼ばれています。クレオパトラがバセドウ病に罹患していたという見解もありますが、最近では、女性歌手がバセドウ病のため一時休業したことでも話題になりました。

脳の視床下部からは、甲状腺ホルモンを分泌させるためのホルモン（**甲状腺刺激ホルモン** thyroid stimulating hormone：**TSH**）が分泌されます（**図38**）。甲状腺にはＴＳＨを受け取る受容体、ＴＳＨ受容体があります。ＴＳＨがＴＳＨ受容体に結合すると、甲状腺から甲状腺ホルモンが分泌されます。バセドウ病の患者では、ＴＳＨ受容体に結合する抗体、自己抗体（TSH receptor antibody：TRAb と呼ばれます）が作られています。ＴＳＨ受容体を鍵穴、ＴＳＨを鍵とすると、自己抗体TRAbは合鍵といえます。つまりバセドウ病の患者では、鍵であるTSHの代わりに合鍵の自己抗体が鍵穴であるTSH受容体に作用して、甲状腺ホルモンを分泌させ続けるのです。治療方法としては、甲状腺ホルモンの合成を阻害する薬を飲むという方法が一番に選択されます。

甲状腺ホルモンが分泌され続けると、エネルギー代謝が高まり、体温が上昇し、食欲が旺盛になります。しかし、やせ始め下痢気味にもなります。甲状腺ホルモンは心臓にも作用して脈拍を速くし、血圧も高めます。その結果、心不全で亡くなってしまう場合もあります。バセドウ病の患者では、目が飛び出たようになります。女性の方で最近やせてきて、体が少し熱っぽくて、少し目が飛び出てきたかもと感じている方は、甲状腺に何かトラブルがあるかもしれませんので、一度甲状腺の検査を病院で受けたほうがよいでしょう。

▼ホルモンによって愛着が決まる?

たった9個のアミノ酸がつながってできたホルモンである**オキシトシン**は、脳の視床下部の**室傍核**(しつぼうかく)と呼ばれる部分で作られ、血流を介して全身に運ばれます。このオキシトシンは、分娩時に子宮を収縮させたり、乳腺を刺激して母乳分泌を促します。実際オキシトシンは、子宮収縮剤や陣痛促進剤としても用いられています。ちなみに分娩や授乳時に必要なオキシトシンは、女性だけでなく男性でも作られています。

視床下部では、バソプレシンというホルモンも作られています。バソプレシンは、オキシトシンと同様に9つのアミノ酸がつながってできているホルモンですが、オキシトシンとたった2か所のアミノ酸が異なっています。オキシトシンと違いバソプレシンは、先にも述べましたが血管を収縮させ血圧を上昇させたり、腎臓に作用して尿を濃縮して、体から排泄される水分の量を調節します。

北米原産の毛の長い小型のげっ歯類であるプレーリーハタネズミは、ほとんどの個体が一夫一婦制です。プレーリーハタネズミのつがいの多くは同じ巣穴に住み、一緒に子育てをしてパートナーと過ごすのを好みます。これまでの研究から、一夫一妻制の維持には、オキシトシンとバソプレシンが重要な作用をしていることがわかっていました。たとえば、オキシトシンをプレーリーハタネズミのメスの脳に注射すると、短期間一緒にいたオスと交尾をしない状態でも、そのオスのことを好むようになります。一方、オスの脳にバソプレシンを注射すると交尾なしで一緒にいたメスのことを好むようになります。[30] つまり、メスはオキシトシンによって、オスはバソプレシンによって相手に対して絆や愛着が形成されます。

一夫一妻制のプレーリーハタネズミとは逆に、乱婚制のヤマハタネズミが存在します。これらのネズミで、オキシトシン受容体とバソプレシン受容体が存在する脳の場所が調べられました。その結果、プレーリーハタネズミでは、1a型バソプレシン受容体（V1a受容体）が脳のさまざまな場所に存在しているのに対し、ヤマハタネズミではほとんど発現していませんでした。[31] また、オキシトシン受容体もプレーリーハタネズミとヤマハタネズミでは存在している場所が大きく異なりました。[32] そこで、V1a受容体を発現していないオスのヤマハタネズミの脳にV1a受容体を人為的に作らせると、メスと寄り添う時間が長くなったのです。[33] つまり、オキシトシンとバソプレシンは、子宮や乳腺と血管や腎臓に作用してそれぞれの機能を発揮するだけでなく、脳のニューロンにも作用して、絆の形成や愛着行動といった社会性行動を調節することがわかってきたのです。

１９７６年、日本人研究者によって発見された抗真菌抗生物質であるトリコスタチンＡ（trichostatin A：ＴＳＡ）は、その後の研究からヒストン脱アセチル化酵素（histone deacetylase：ＨＤＡＣ）を阻害する作用があることがわかりました。第2章でも説明しましたが、ヒストンがアセチル化を受けると遺伝子発現が上昇します（⇩96ページ）。つまり、ＴＳＡは、アセチル化を受けたヒストンをアセチル化されたままの状態にする作用があります。ＴＳＡを投与すると遺伝子発現を上昇させることができるのです。そこでこのＴＳＡを、メスのプレーリーハタネズミの脳に投与し、オスと一緒に飼育することで社会的行動がどのように変化するかという実験が行われました。通常交尾をしてつがいが形成されるには約1日必要ですが、ＴＳＡを投与すると、交尾せずに約6時間でつがいが形成されたのです。また、ＴＳＡが投与されると、つがい形成に重要な脳の部位でのオキシトシン受容体とバソプレシン受容体の発現が上昇し、またヒストンのアセチル化も上昇していました[34]。これらのことから、ヒストンがアセチル化されることがプレーリーハタネズミのつがい形成に重要であることがわかりました。

ちなみにＴＳＡは、注射や経口摂取では脳に届かないため、脳内に直接注射する必要があります。ただ、ＴＳＡのようにヒストンをアセチル化させるような薬剤によって、社会的行動を変化させられる可能性がわかったのは大きなインパクトがありました。プレーリーハタネズミで観察されたこれらの現象が、ヒトの絆や愛着行動にも当てはまるのか、またヒトにおけるホルモンによる社会性行動のしくみはどのようになっているのか、それらを解明する研究は始まったばかりです。

5

脳

あなたを生み出す装置

ヒトは生まれたときから現在に至るまで、莫大な量の情報にさらされています。もちろん、今こうしてこの本を読んでいるときもそうです。私たちの脳は、それらの情報の中から自分にとって大切であると感じたことや体験したことを、記憶として留めています。

▼昨日と今日の違いは大切

渋谷のスクランブル交差点でパッと目を閉じると、目を閉じる前に見ていた景色や聴こえていた音が耳に一瞬残ります。興味のないテレビコマーシャルの歌詞もその歌詞を聴いた直後であれば、復唱することができます。このほんの一瞬だけ、情報を受け取ったままの形で私たちの脳に記憶することができるのが**感覚記憶**と呼ばれるものです。見たものであれば1秒、聴いたことであれば5秒ほど記憶できるといわれています。この感覚記憶があるおかげで、私たちはテレビの画面に映し出された映像が動いているように見え、クラシックの旋律をひとつのつながった美しい曲として聴くことができるのです。

電車に乗っていて、ふと窓の外を見たときに看板が目に入り、その看板に書かれている文字に興味を持って看板をしげしげと見ていると、脳に記憶されます。この記憶は**短期記憶**と呼ばれ、その記憶の保持時間は、数十秒から数分間ほど続くといわれています。私たちは、死ぬまで言葉を覚えています。言葉のような非常に長く持続する記憶のことを、**長期記憶**といいます。つまり記憶が持続する時間によって、記憶の種類を分類することができます。

スリランカの首都はどこか、家族で旅行したときの思い出、自宅の住所や電話番号などの記憶のことを**陳述記憶**といいます。一方、ピアノを演奏したり、自転車に乗ったり、バットでボールを打ったりするような、体を使って習得した技術のことを**非陳述記憶**または**手続き記憶**といいます。鰻屋の前を通ったときに香ばしいにおいがしているのを感じた瞬間に口の中が唾液で満たされたり、怖い映画を見たときに体がこわばってしまったりといった、自分の意思とは関係なく体が反応するのもこの非陳述記憶によるものです。

みなさんも経験があると思いますが、スリランカの首都（スリジャヤワルダナプラコッテ）や電話番号を覚えるほうが、自転車の乗り方やピアノの演奏を習得するよりも容易です。しかし、スリランカの首都は一度覚えてもその後思い出すことがなければ忘れてしまいやすいですが、自転車の乗り方やピアノの演奏は、一度覚えるとなかなか忘れにくいです。このように陳述記憶は短時間で記憶できますが、すぐに失われてしまいやすい性質があります。一方で非陳述記憶は記憶するのが大変ですが、一度記憶されると忘れにくい性質があります。

事故や脳梗塞、脳腫瘍などが原因での記憶の失い方には、大きく分けて2種類あります。事故などで頭部に外傷を受ける前の記憶を失ってしまう**逆行性健忘**と、頭部に外傷を負った後、新しい出来事について記憶ができなくなってしまう**前向性健忘**です。

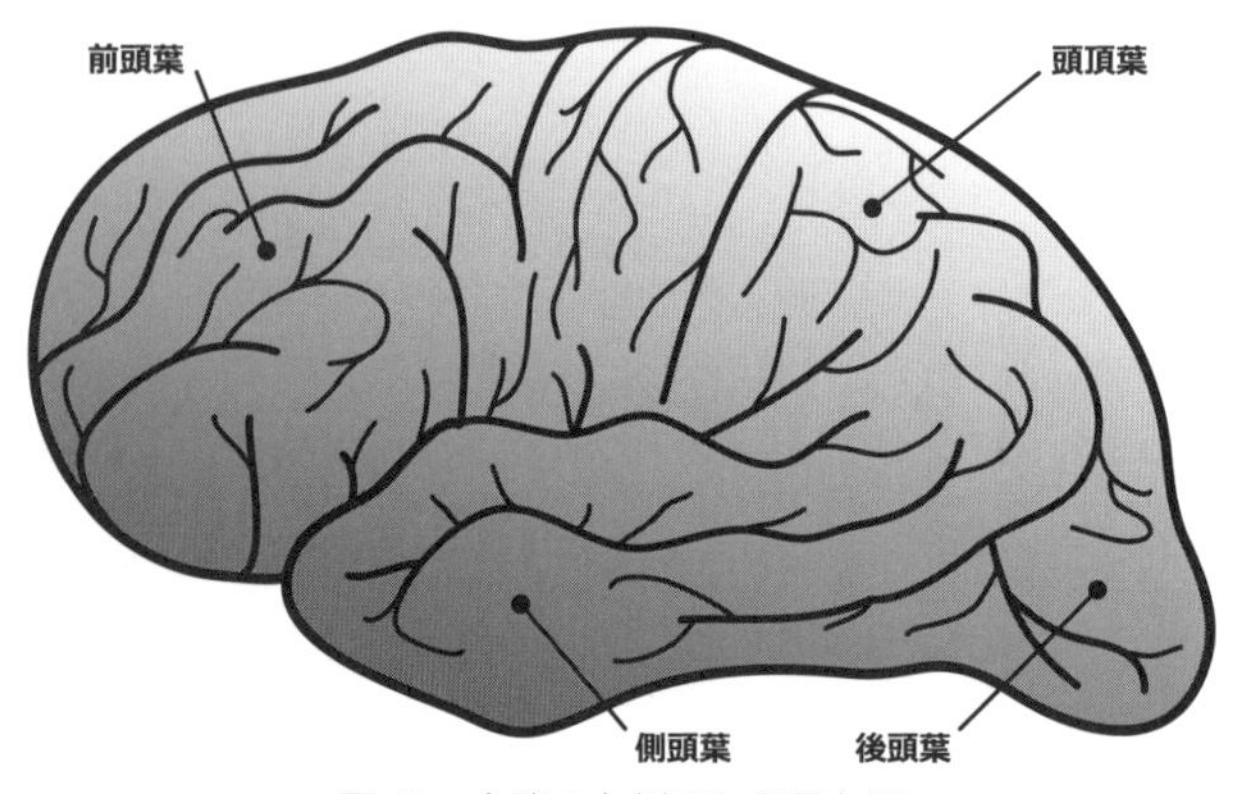

図48　大脳の左側面から見た図

前向性健忘の患者として世界中の研究者にその名前が知られている人がいます。その人とは、生前H・Mとして知られ、死後になってから名前が明らかとなったヘンリー・モレゾンです。モレゾンは10歳のときに事故に遭い、事故後から週に何度も意識を失うほどの重度のてんかん発作を繰り返すようになりました。1953年、モレゾンが27歳のとき、神経外科医であるウイリアム・ビーチャー・スコビルにより、てんかん発作を引き起こす脳の部位だろうとして考えられていた左右側頭葉の内側の一部を摘出する手術を受けました（**図48**）。手術は無事成功し、その後モレゾンのてんかん発作の回数は減りました。幼少期の記憶、言語能力、人格や一般的な知能は、術後もまったく正常でした。しかし、新しい記憶がまったくできなくなってしまっていました。その後、モレゾンの診察の結果から、私たちは日々のあらゆる生活の場面において、適切に行動をするためにさまざまな記憶を呼び出していることがわかりました。たとえば「今私はどこにいるのか、私が話している相手は誰なのか、この人と私はどのような関係にあるのか」などです。これらはふだんはまったく意識せず、無意識に行っていることです。つまり私たちの毎日は、自分自身の記憶と密接に関連していて、自分とは自分の記憶が作り出しているのです。

脳の基本講義① 脳の構造

脳は、大きく6つの領域、大脳、間脳、中脳、橋（きょう）、延髄（えんずい）、小脳に分けることができます。脳を構成しているニューロンの数は、大脳で数百億個、小脳で千億個、脳全体で千数百億個にもなります。一方、脳には、ニューロンや脳内の毛細血管の周囲を取り囲み、それらをがっちり保持する**グリア細胞**が1兆個程度存在します。

大脳を縦に切った断面を見ると、大脳皮質と呼ばれる脳の表面近くに灰白色の層（灰白質（かいはくしつ））が見られます。この部分にはニューロンの細胞体、パソコンでいうところの中央演算装置（CPU）が密集しています。そして大

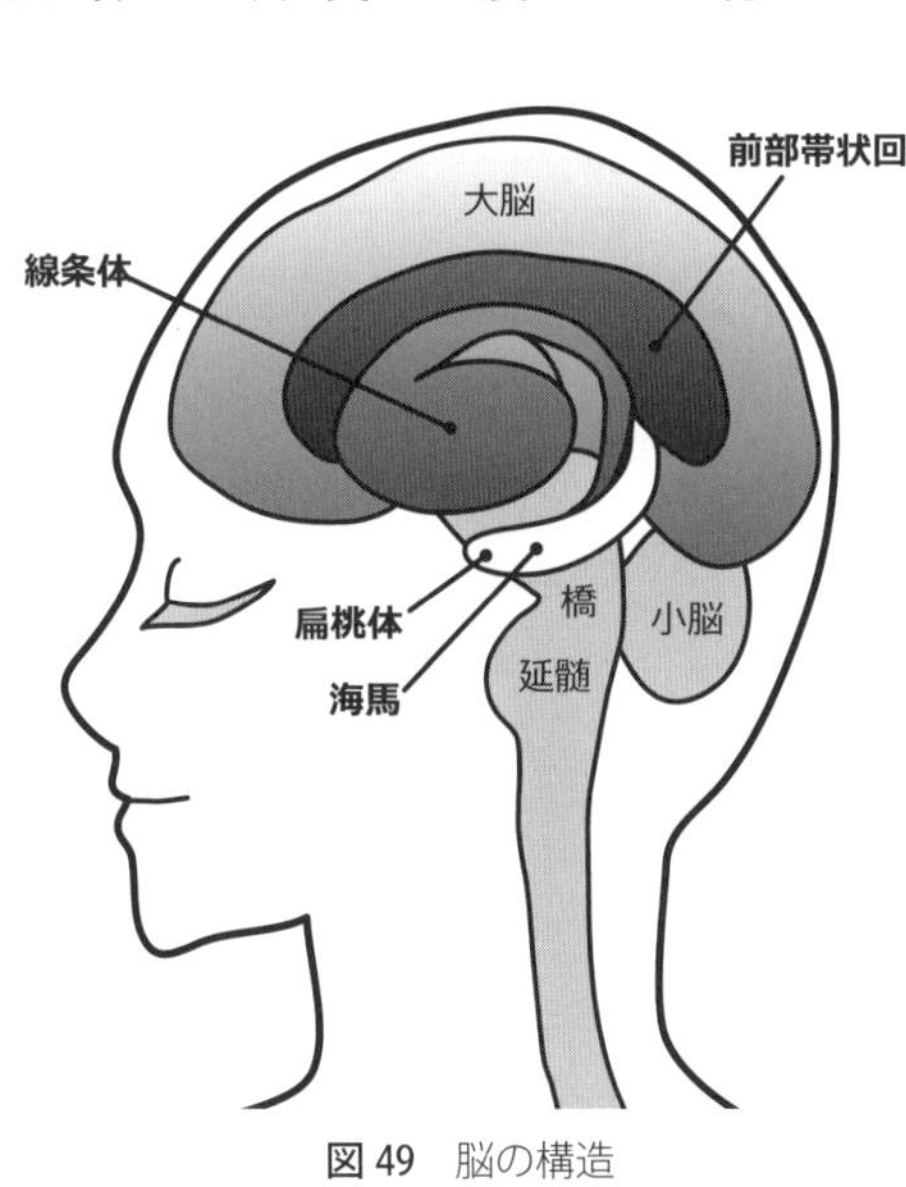

図49 脳の構造

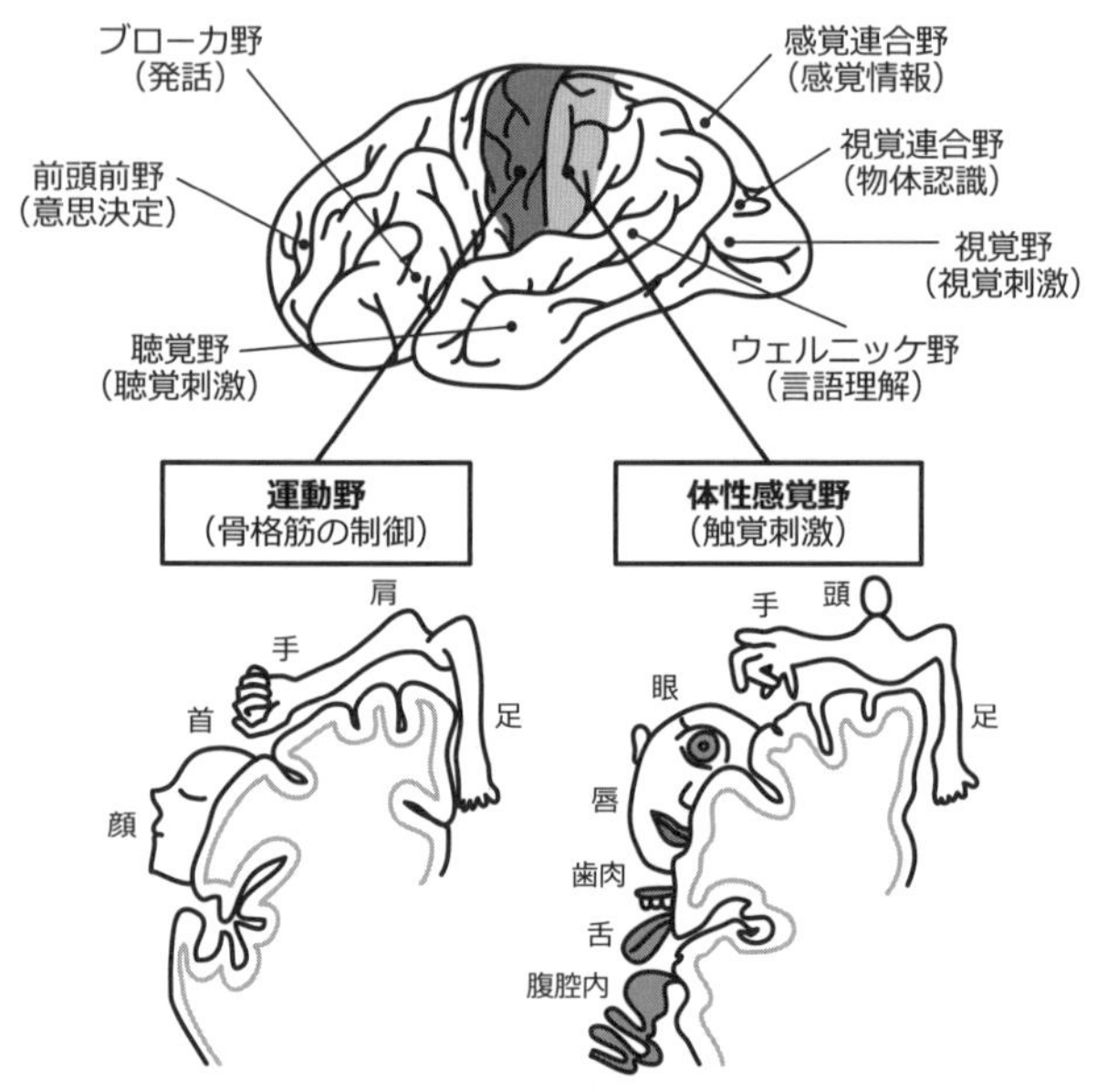

図 50　大脳皮質の機能の分布
〔『キャンベル生物学 原書 11 版』図 49. 16 および図 49. 17 を参考に作図〕

脳皮質のニューロンは、スイーツのミルフィーユのように規則正しい6層の構造をして整然と並んでいます。一方、表面よりも内側の白色の層（白質）には、ニューロンから次のニューロンへと情報を受け取りするための電線である**神経線維**（軸索と樹状突起を合わせてこのように呼びます）が集合しています（⇒詳細は212ページ「脳の基本講義②」）。ちなみに大脳では、受け取った情報を識別してその状況に応じた運動を命令したり、記憶、情動、認知、思考、言語という高度な機能を担ったりしています。

　大脳には、記憶に関わる**海馬**（かいば）や情動（怒り、恐れ、喜び、悲しみなどの感情）に関係する**扁桃体**（へんとうたい）も含まれます（**図49**）。習得した技術や直感や快感は、線条体に保存されます。上述したモレゾンがてんかん治療のために手術で摘出した脳の部位は、その後の解析から、側頭葉の内部にある海馬と扁桃体であったことが明らかになりました。モレゾンは、短期記憶はできても長期記憶ができないことから、短期記憶から長期記憶への移行には海馬と扁桃体が重要な役割を果たしていることが明らかになりました。

大脳は、それぞれの部位によって機能に違いがあります。たとえば、大脳の中心にある割れ目の前方が運動中枢、後方が皮膚の感覚中枢です。大脳の後側にある後頭葉は視覚中枢、耳に位置する側頭葉には聴覚中枢があります（**図50**）。大脳が機能しなくなってしまうと、運動、感覚、視覚、聴覚などの機能が失われてしまうため植物状態に陥ってしまいます。

間脳、中脳、橋と延髄をまとめて**脳幹**（のうかん）と呼びます。呼吸や血液循環など生命活動の基本的な機能を制御するとともに、体のさまざまな部位から届けられる知覚情報を大脳皮質へ伝達したり、体を動かす指令を中継したりする機能があります。そのため、脳幹が機能しなくなってしまうと脳死状態になってしまいます。

小脳は、筋や腱、関節からの感覚や内耳からの平衡感覚、大脳皮質からの情報を受けて、運動の強さや力の入れ具合、バランスなどを計算して調節する、全身の運動機能を調節します。このように脳の各部位はそれぞれ、機能分担をしています。

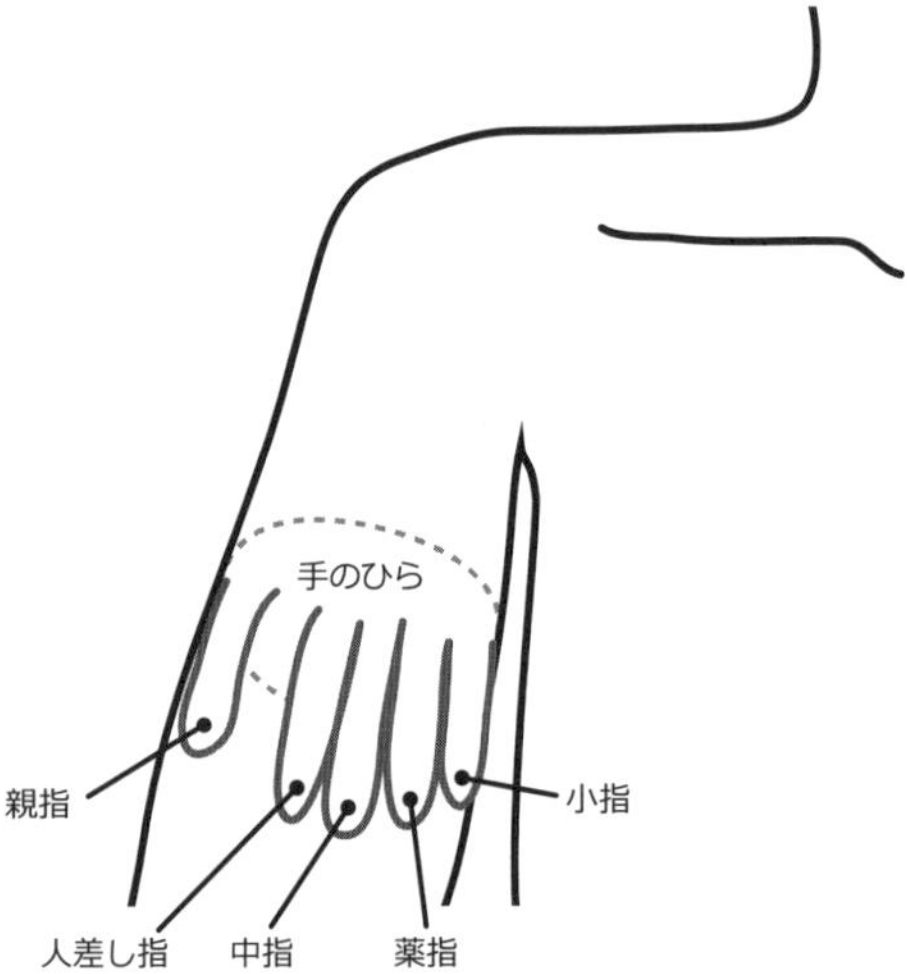

図51　上腕に現れた失った手の感覚

▼失ったはずの手や脚の痛みを感じる

病気や事故で腕や脚を失った人の中には、失ってしまったはずの腕や脚がまだ存在するように感じ、また激しく痛むことがあります。失ってしまったはずの幻の腕や脚の痛みを感じるので、幻肢(げんし)痛と呼ばれます。

私たちが腕を動かすとき、腕の筋肉の収縮弛緩の感覚や関節の曲がる感覚、腕の位置感覚などの体性感覚と、腕が動いている状況の視覚的感覚とが脳へ送られています。腕を失ってしまった場合、これらの体性および視覚的な感覚情報が脳へ伝達されなくなるため、脳の中で葛藤が生じ、その葛藤が痛みとして認識され、幻肢痛が発生するのではないかと考えられています。しかし、痛みを感じている腕や脚が実際には存在しないので、幻肢痛の治療は難しいと考えられています。失ってしまった手の感覚が上腕に現れたり（**図51**）、顔の頬に現れることがあります。[1] そのため、目の前のグラスを取ろうとすると上腕や顔の頬にある「幻の手」がグラスを取ろうとするように感じたりします。

大脳皮質の部位によってそれぞれが体のどの部位の感覚や運動を制御するのかは、あらかじめ決められており（**図50**）、このしくみのことを**脳地図**といいます。病気や事故で腕を失うと、失った腕に対応する感覚を司る部分の大脳皮質のニューロンには、腕からの感覚情報が伝えられなくなります。すると、これまで腕の感覚情報を受け取っていたニューロンが、顔の頬や上腕の感覚情報を受け取る部分へと物理的に移動して新たに神経回路を形成し、脳地図が書き換えられます。その結果、上腕や顔の頬を触ると失ってしまったはずの手が触られているように感じるようになるのです。言い換えると、大人になってからでも脳には変化できる可塑性があるのです。

▼脳地図の再構築

大人になっても脳地図を書き換えられるならば、腕を失う前の状態の脳地図に再度書き換えられるはずだと、V・S・ラマチャンドランは考えました。そして再度書き換えられるならば、幻肢痛や上腕や顔の頬にできた「幻の手」を消去できると考えたのです。ラマチャンドランは、段ボール箱の中に鏡を入れた簡素で安価な「鏡の箱」を作製しました（**図52**）。この鏡の箱を用いて健常な手を失ってしまった手の位置に映し出します。次に両手で同じ運動をします。すると失ってしまった手の位置に正常な手が写っているので、失ったはずの手が存在し、動いている錯覚に陥ります。ラマチャンドランは、この錯覚を利用すれば脳地図を再度書き換えられると考えたのです。

そこでラマチャンドランは、手の麻痺と痛みに長年苦しんでいる患者に、この鏡の箱を試してもらいました。その結果、鏡の箱に両腕を入れたと同時に手の麻痺がすぐさま消えたのです[2]。しかし、

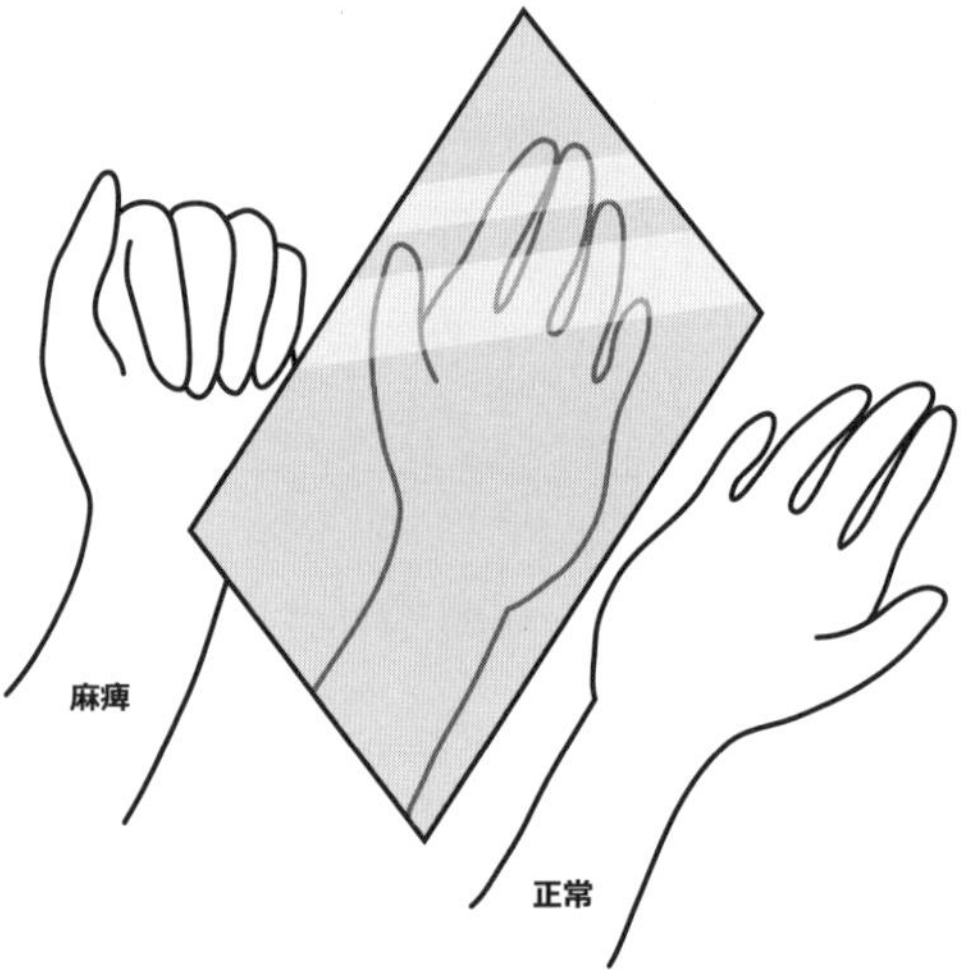

麻痺

正常

図52　鏡の箱

鏡の箱から手を出すとただちに手の麻痺と痛みが復活しました。そこでラマチャンドランは患者に鏡の箱を自宅に持ち帰らせ、毎日鏡の箱を試してもらったところ、手の麻痺は1週間ほどで消失しました。その後4週間、この鏡の箱を試したところ、最終的には手の痛み自体も消失しました。

ザイオン・ハーヴェイは、2歳のときに全身性の敗血症のため四肢を失ってしまいました。2015年にハーヴェイは、フィラデルフィア小児病院で10時間40分にもわたる両手の移植手術を受けました。移植手術は無事成功し、術後2週間で移植された手の指で物をつかめるまでになりました。2017年には、ひとりで着替えや食事、字を書くこともできるようになりました。ハーヴェイの回復に伴う脳地図の変化をウイリアム・ギーツらのグループが追跡していました。具体的には、ハーヴェイの唇や指に与えた刺激に反応する大脳皮質の領域が大脳皮質のどこに存在するのかを解析しました。その結果、唇の感覚に対応する脳の領域の一部が、手の感覚に対応する領域まで約2センチも移動し、脳地図の再構築が起こっていることがわかったのです[3]。

これらのことから、脳地図の再構築によって、幻肢痛を取り除くことができるだけでなく、移植した手の感覚も取り戻せるようです。今後、より効率よく脳地図の再構築を引き起こせるしくみを解明できれば、たとえば脳梗塞によって起こる運動麻痺からすばやく回復するための新たなリハビリテーション技術の提供につながるため、今後の研究の発展がおおいに期待されます。

▼体の痛みと寂しさや妬みは同じ痛み？

私たちは、寂しいときやつらいときに「心が痛む」「胸が締めつけられて痛い」と比喩的に表現します。では実際に寂しいときやつらいとき、私たちの脳では痛みを感じているのでしょうか？被験者と実験協力者2人の合計3人でテレビゲームをしてもらいます。そのゲームをしているときの被験者の脳の活動を機能的核磁気共鳴画像法（functional Magnetic Resonance Imaging：ｆＭＲＩ）を使って測定します。最初は3人で楽しく遊んでいるのですが、あるときを境に被験者だけがゲームに参加できない「仲間はずれ」にされた状態になります。つまり被験者が「寂しい」「つらい」と感じる状況の下で、脳はどのような反応を見せるのかをｆＭＲＩによって測定したのです。その結果、「寂しい」「つらい」状況では、体の痛みの情報を受け取る部位である内側前頭葉にある前部帯状回（**図49**）が活動することがわかりました。[4] どうも寂しいときやつらいときに私たちの脳は、それらを「痛み」として処理するようです。

日本語には、「他人の不幸は蜜の味」という言葉があります。ドイツ語には、「シャーデンフロイデ」という言葉があり、「他人の不幸（失敗）を喜ぶ気持ち」を意味します。高橋英彦（たかはしひでひこ）は、「妬み」

や「他人の不幸を喜ぶ」ような状況における健康な大学生19人の脳の活動をｆＭＲＩで測定しました。その結果、「妬み」の感情を抱くと、たとえば、自分よりも学業成績や所有物（お金や車など）などが優れた人と比較した場合、前部帯状回の活動が高まったのです。このことから、「妬み」とは「痛み」であることがわかりました。さらに、「妬み」の対象者に不幸が起こる、つまり「他人の不幸は蜜の味」な状態になった場合、「快感」を引き起こす部位である線条体の活動が高まりました。特に前部帯状回の活動が高い人ほど、線条体が強く活動しました。このことから、「妬み」を感じやすい人ほど他人に不幸が起こると心の痛みが軽減され「他人の不幸は蜜の味」状態に陥ることが明らかになりました[5]。ヒトには「他人を妬み」「他人の不幸を喜ぶ」神経回路が生まれながらにして脳に備わっているようです。この「妬み」や「他人の不幸は蜜の味」は、私たちヒトにとって本能で感じるもののようです。

脳の基本講義②　ニューロン同士での情報伝達

私たちの脳には、ニューロンとグリア細胞が存在し、それらがお互いに情報をやり取りしながら、私たちの行動や思考を1つひとつ決めています。

1つひとつのニューロンは、他の10万個あるともいわれるニューロンから情報を受け取り、次のニューロンへと情報を受け渡します。次のニューロンへ情報を受け渡す電線の役目をするのが軸索(じくさく)で、一般的に軸索はニューロンに1本しかありません。一方、他のニューロンから情報を受け取る部分は、木の幹から枝が複雑に伸びている様子に似ていることから**樹状突起**と呼ばれます。この樹状突起の表面には、ちょうどバラのとげのような小さな突起があり、**スパイン**（**棘突起**）と呼ばれます。このスパインと他のニューロンの神経終末が結合することで、**シナプス**という構造が作られます。

シナプスでは、ニューロン同士が接触しているわけではありません。実際には、**シナプス間隙**と呼ばれる20ナノメートルほどの隙間がありますが、便宜的に結合していると表現されます。**活動電位**と呼ばれる電気信号が軸索を通って分岐した先の神経終末のシナプス（**シナプス前細胞**と呼ばれる）に到達します。シナプス前終末には、次のニューロンに情報を伝えるための化学物質である、**神経伝達物質**を蓄えた小胞（**シナプス小胞**）が多数存在します。そして、活動電位がシナプス前終末に到達すると、シナプス小胞が、シナプス前終末の細胞膜と融合し、中身である神経伝達物質がシナプス間隙に放出され、電気信号が化学信号に変換されます。そして信号を受け取る側のニューロンのスパイン（**シナプス後細胞**と呼ばれる）には、その神経伝達物質に対する受容体が存在します。受容体が神経伝達物質を受け取ると、シナプス後細胞の細胞膜上にあるイオンが通過できる小さな孔である**イオンチャネル**が開き、化学信号が電気信号に再変換されます。そして、シナプス後細胞でのイオン流入が一定量を超えると、そのニューロンは自らの軸索に沿って活動電位を送り、次のニューロンへ情報を伝えます。脳のニューロンの間では、このプロセスが繰り返し行われています。（**図53**）。なおシナプスは、スパインだけでなくニューロンの細胞体や樹状突起の本体でも作られます。私たちの脳内では、ニューロンの1000から1万倍ほどの数のシナプスが存在すると

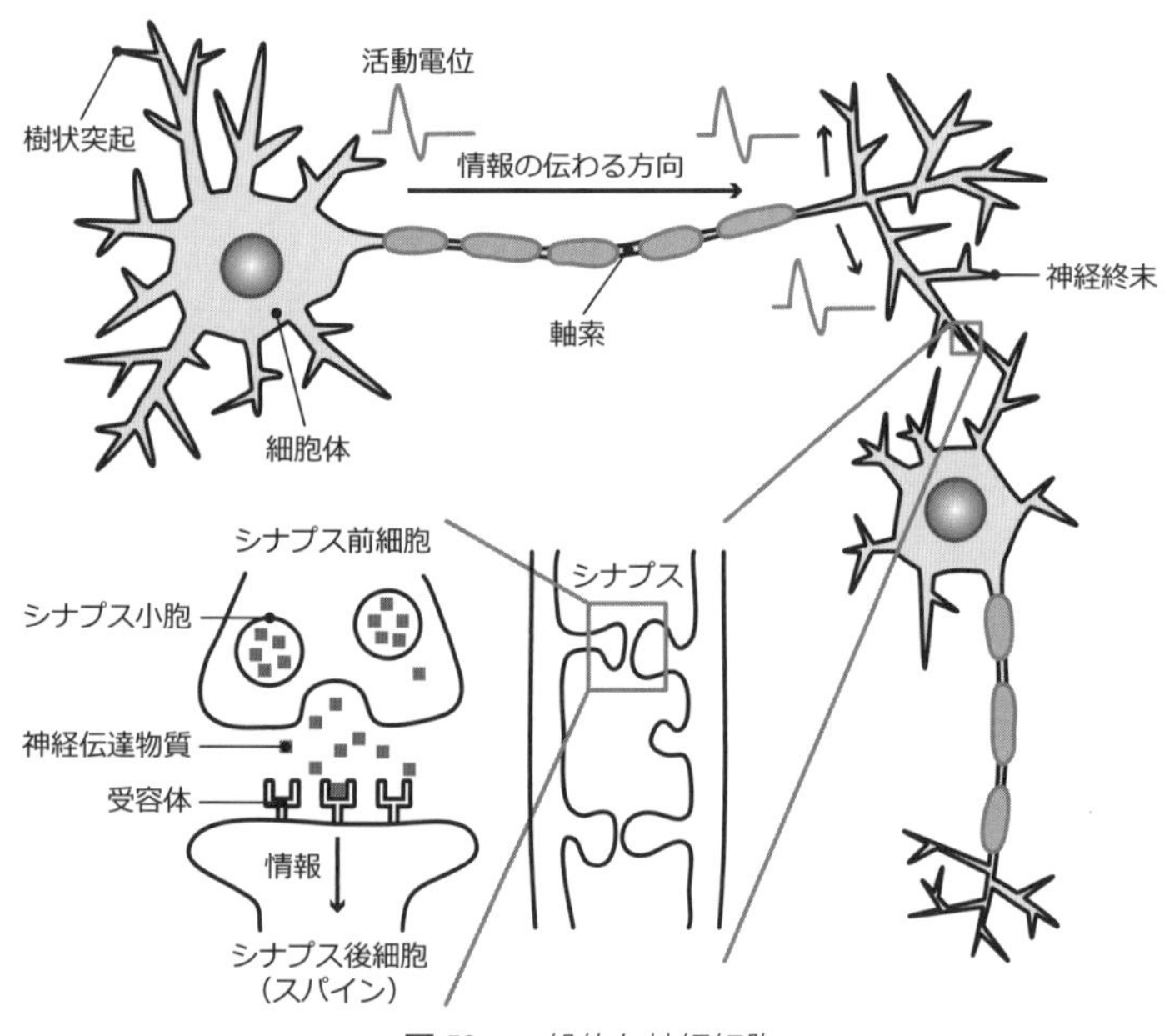

図 53　一般的な神経細胞

もいわれています。この膨大な数のシナプスでさまざまな神経伝達物質を用いて情報伝達が行われることで、私たちの脳は高度で複雑な生命機能を生み出すことができるのです。

脳内でのすばやい情報伝達、つまりシナプス間でのすばやい情報伝達の大部分を担う化学物質は、**グルタミン酸**と**γアミノ酪酸**（gamma-aminobutyric acid：**GABA**）の2種類です。グルタミン酸はニューロンを活性化し、GABAはその活動を抑える作用をします。シナプス間でのグルタミン酸を介した情報伝達が頻繁に起これば起こるほど、シナプス間の結合が促進され、その結合が強固になっていきます。これが記憶・学習のしくみと考えられています。

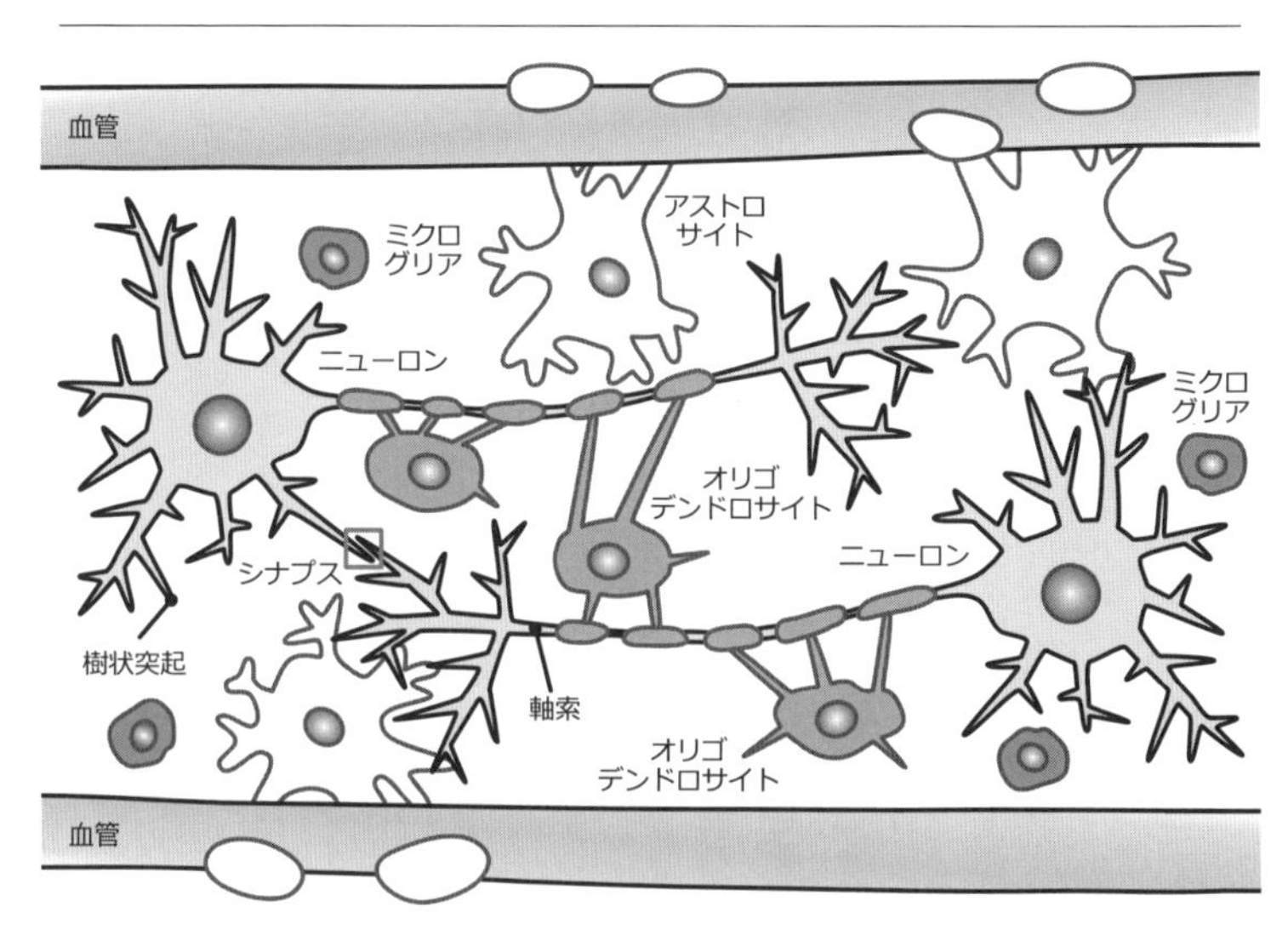

図 54　脳を構成する細胞

グルタミン酸やGABAは、シナプス間でのすばやい情報伝達を担う物質ですが、その情報伝達の活動を調整するのが、**アセチルコリン**、**ノルアドレナリン**、**ドーパミン**、**セロトニン**といった物質です。これらの物質は、ニューロンにグルタミン酸の産生を促したり、シナプス間でより効率的に情報伝達が起こるようにしたり、シナプス後細胞の神経伝達物質の受容体の感度を変調させたりします。さらに、シナプス間で不要な情報が伝達されないように「雑音」を低減させたり、逆にシナプス間での特定の信号を増幅したりもします。アセチルコリン、ノルアドレナリン、ドーパミン、セロトニンは、それ自身でグルタミン酸やGABAのようにシナプス間での情報伝達を行うこともできますが、それよりも重要な機能は、シナプス間での情報の流れを調整し、情報伝達物質全体のバランスを調整することです。そのため、アセチルコリン、ノルアドレナリン、ドーパミン、セロトニンのような神経伝達物質のことを、神経モジュレーターとも呼びます。

一方、**グリア細胞**は、ニューロンや脳内の毛細血管の間を取り囲み、それらをぎっちりと固定しています。グリア細胞には3種類あり、1種類目である**アストロサイト**は、シナプスを取り囲み、細胞外に放出された神経伝達物質を能動的に回収して、周囲のニューロンに不要な情報が伝達されないようにしています。2種類目の**オリゴデンドロサイト**は、ニューロンの軸索を**ミエリン**という電線カバーのようなもので電気的に絶縁し、ニューロン間での雑音を消し混線が起こらないようにしています。そして、3種類目の**ミクログリア**は、死んだニューロンや変性してしまったニューロンを貪食して取り除く、免疫機能を担当しています（**図54**）。

▼体の状態から脳は今の自分の状態を把握する

「危機的状況で芽生えた恋は長続きしない」とは、映画「スピード」の中でアニー（サンドラ・ブロック）が主人公のジャック（キアヌ・リーブス）に言った言葉です。では、危機的状況で恋は芽生えるのでしょうか？

揺れて恐怖を感じる吊り橋もしくは安全な橋を渡ったところで魅力的な女性が待っています。このどちらかの橋を渡ってきた男性に図版を見てもらい、その図版から思いついたことを物語にして説明してもらいます。その後、この図版を使った実験について説明をしたいので、もしよければ電話してほしい、とその女性は実験に協力した男性たちに自身の名前と電話番号の書かれたメモを渡します。すると、恐怖を感じる吊り橋を渡ってきた18人のうち9人、安全な橋を渡ってきた16人のうち2人が後で電話をかけてきました。このことから、恐怖を感じることで魅力的な女性がより魅力的に見えるようになり、電話をかけてくるようになったという研究報告がなされました[6]。この実験結果は、いわゆる「吊り橋効果」として世間一般に知られるようになり、現在では実験結果が少し拡大解釈されて、吊り橋の上で告白すると成就する、心臓がドキドキしている状態で告白されると、ときめいていると勘違いしてしまうというように考えられるようになったのかもしれません。

アドレナリンは、血中の濃度が増加すると心拍数と血圧を上昇させ、瞳孔を開かせ、血糖値を増加させる作用があります。そのため、アドレナリンを注射すると心臓をドキドキさせることができます。そこで人為的に気分の良い状態、あるいは逆に怒っている状態を作り出し、その状態で本人にはわからないようにアドレナリンもしくは生理食塩水を注射するようにします。そしてアドレナリンもしくは生理食塩水の注射によって、人為的に作り出した感情がどのような影響を受けるのか検討されました。その結果、アドレナリンを注射されたグループは、生理食塩水を注射されたグループと比較して、良い気分や怒っているという感情がアドレナリンの注射によって増幅されたのです[7]。どうも私たちヒトは、心拍数が増加している時点での感情を増幅するようにプログラムされている、つまり怒っているときに心臓がドキドキしていると、より怒りが増し、楽しいときに心臓がドキドキしているとさらに楽しく感じるようです。想像をふくらませて考えると、「危機的状況で恋が芽生える」のではなく、危機的状況になる前から相手に対して好意を持っている状態で危機的状況に陥ると相手に対してより好意を持つようになるのかもしれません。このあたりはみなさん自身で試してみるのもよいかもしれません。

▼ストレスと運動の関係

あなたは今まさに、大勢の人の前で自己紹介を始めようとしているとします。心拍は速くなり、口の中が乾いてきています。そして、手にはじっとりと汗をかき、手や足までふるえ始め、早く自己紹介を終えて逃げたいと思い始めています。

このようなストレスのかかる状況下では、脳の視床下部から**副腎皮質刺激ホルモン放出ホルモン**（corticotropin-releasing hormone：**CRH**）が**下垂体**へ分泌されます（⇩157ページも参照）。すると下垂体から**副腎皮質刺激ホルモン**（adrenocorticotropic hormone：**ACTH**）が分泌されます。そしてACTHが副腎皮質に到達すると、副腎皮質から**コルチゾール**が分泌されます。この一連の情報伝達の流れのことを**HPA軸**と呼びます。これは、**視床下部**（hypothalamus）・下垂体（pituitary gland）・**副腎**（adrenal gland）の3つの臓器の英語の頭文字が由来です。

私たちの脳ではストレスを、生命の危機だと勘違いします。生命の危機に対して私たちは「闘争」または「逃走」しようとするのですが、「闘争」または「逃走」するためにはすばやく動いたり瞬間に状況を判断したりしなければなりません。そこで私たちの体はコルチゾールを用いて心拍数を増加させ全身へ血液を運搬します。つまり、緊張したりストレスがかかったりすることで心拍数が増加してさまざまな生理現象が起こるのは、コルチゾールのしわざなのです。

コルチゾールは、感情に関与する扁桃体（図49）にも作用して、扁桃体のニューロンを興奮させます。すると扁桃体は、HPA軸をさらに活性化する、ストレス反応を増幅するアクセルとして機能してしまいます。つまり、ストレスがさらなるストレスを生むのです。ただ私たちの体の中には、ストレス反応を抑えるブレーキ役もいくつか存在します。その1つが海馬（図49）です。海馬は、記憶中枢でもありますが、感情を暴走させないためのブレーキでもあるのです。

では、慢性的なストレスは私たちの体にどのような影響を与えるのでしょうか？　イギリスのチョウは、時差ボケのような慢性的なストレスが脳にどのような影響を与えるのかをfMRIによって解析しました。その結果、慢性的なストレスから回復するための休息時間が短い人ほど血中のコルチゾール濃度が高く、海馬を含む側頭葉に萎縮が見られました。また、慢性的なストレスを受け続けると、短期記憶や空間認知テストの成績も良くありませんでした[8]。これらのことから、慢性的なストレスによってもの忘れや自分の居場所や方向がわからなくなってしまう可能性が高いというだけでなく、海馬が萎縮することで扁桃体の興奮を抑制できなくなり、慢性的なストレスがさらにストレスを引き起こすという悪循環に陥る危険性があります。

みなさんの中には、運動すること自体がストレスだという人もいるかもしれません。確かに、テニスやサッカーあるいはランニングをすると、筋肉を動かすので多量のエネルギーや酸素が必要になり、血流を増加させるために血圧も心拍数も増加します。その結果、運動すると血中のコルチゾール濃度が増加します。ただストレスと異なるのは、運動を止めてしまえば、血中のコルチゾール濃度は急激に低下して安静にしていたときの状態の濃度まですばやく戻る点です。

コレシストキニンテトラペプチド（cholecystokinin tetrapeptide：ＣＣＫ-４）と呼ばれるホルモンは、ヒトに注射すると息が苦しくなり、心拍数が増加し、重篤な不安症状やパニック発作を引き起こします。ただし、ペプチドホルモンのため、体内に注射しても急速に分解されるため、その発作の持続時間は非常に短いです。

パニック発作を引き起こすかもしれないＣＣＫ-４を、これまで一度もパニック発作を経験したことのない実験協力者12人に注射しました。[9] この実験に参加すると想像しただけでも緊張します。その結果、６人が体が硬直するほどのパニック発作を起こしました。パニック発作を起こす人が出たにもかかわらず、先ほどの注射実験に協力した12人全員は、勇敢にも次の実験にも参加しました。次は有酸素運動（１分間に取り込むことのできる酸素の最大量の70％の運動）を30分間行ってもらいます。そして運動後に再びＣＣＫ-４を注射すると、パニック発作を起こしたのは１人だけでした。

実験はこれで終わりません。これまでにパニック発作を経験したことがある12人の実験協力者にもＣＣＫ-４を注射したのです。その結果、９人がパニック発作を起こしました。さらにこの12人の実験協力者も、有酸素運動を30分行ってからＣＣＫ-４を注射する実験に参加しました。その結果、発作を起こしたのは12人中４人にまで減りました。ただし、発作を起こした人たちの症状は、有酸素運動をすることで非常に軽減されていたのです。[9] 運動をすると、体だけでなく気分もすっきりすると感じたことがみなさんあるのではないでしょうか。今回の研究結果から、有酸素運動はストレスやパニック発作を軽減できる可能性があることがわかったのです。

▼うつ病

うつ病は、誰がいつかかってもおかしくない病気です。眠れない、食欲がない、一日中気分が落ち込んでいる、何をしても楽しめない。また、ものの見方が否定的になり、自分がダメな人間だと感じてしまう。このようなことが一日中ほぼ絶え間なく感じられ、長い期間続くようであれば、うつ病のサインかもしれません。

残念ながら、うつ病が発症するしくみについてはまだ解明されていません。ただうつ病を治療する薬の研究は非常に進んでいます。１９６０年代、うつ状態を改善する薬（**抗うつ薬**と呼ばれます）の作用を研究していたところ、抗うつ薬を動物に投与すると、投与後数時間後にノルアドレナリンやセロトニンなどの神経伝達物質が増加することがわかりました。ちなみに、ノルアドレナリンとアドレナリン、ドーパミンはアミノ酸のチロシンから、セロトニンはトリプトファンから作られます。このようにアミノ酸から作られる神経伝達物質のことを**モノアミン**と呼びます。このモノアミンが脳で不足することで、うつ病が生じるのではないかというモノアミン仮説が提唱され、その仮説を元にさまざまな抗うつ薬が開発されています。

シナプス間隙に放出された神経伝達物質は、ニューロンやアストロサイトに回収されたり、もしくは分解されたりします。神経伝達物質の回収を行うのは、シナプス前終末に存在するトランスポーターと呼ばれる特別なタンパク質です。このトランスポーターがシナプス間隙に放出された神経伝達物質を回収し、シナプス間隙の神経伝達物質の濃度を適切な状態に保つおかげで、ニューロ

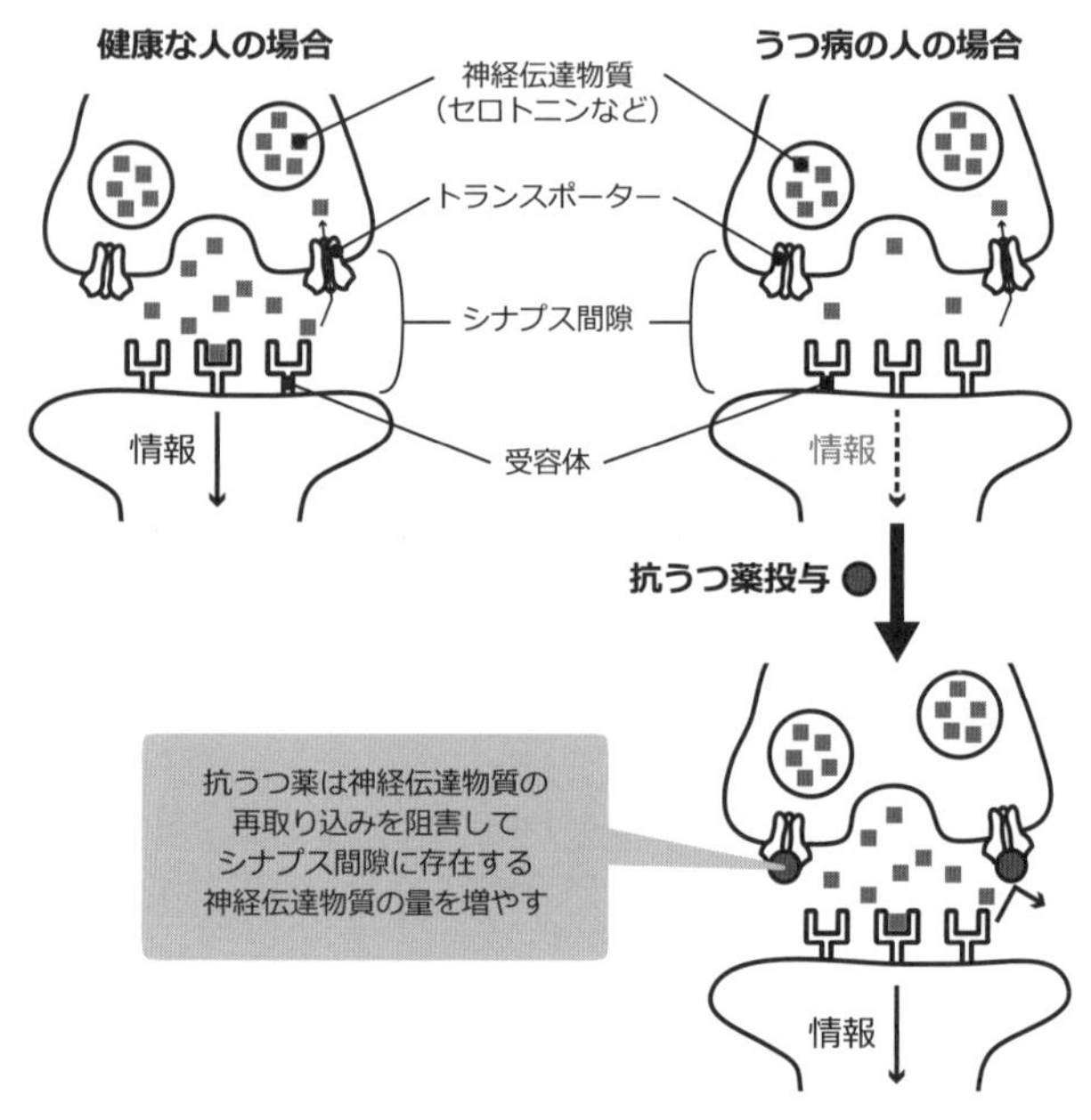

図55　抗うつ薬の効果

ンはたえず情報を次のニューロンへ伝えることができるのです。現在、臨床で使用されている抗うつ薬の多くは、このノルアドレナリンやセロトニンのトランスポーターの機能を阻害します。そのため、シナプス間隙でのノルアドレナリンやセロトニンの量が増加し、その結果、うつ病の症状が改善します（**図55**）。

ヒトの場合、抗うつ薬の服用後数時間以内に血中のモノアミンの量が増えるのにもかかわらず、うつ病の症状が改善するまでに平均3か月程度と長い時間がかかり、なぜそのような時間的なずれが生じるのか不明でした。

1995年、抗うつ薬がラットの前頭葉や海馬などで**脳由来神経栄養**

因子（brain-derived neurotrophic factor：BDNF）を増やすことがわかりました。[10] このBDNFは、ニューロンの成長や生存を助け、シナプスの機能を高めたりもする重要なタンパク質で、ニューロンの成長や増加を促す肥料のようなものです。これまでは、成人すると新たにニューロンは作られず、ただただ死んでいくものだと考えられていました。1998年アメリカのエリクソンらのグループは、ヒトの海馬でも神経が新たに作られる（神経新生）ことを明らかにしました。[11] 一方、神経新生を阻害すると学習・記憶力の低下やうつ病が増加することも明らかになりました。[12] これらのことから、抗うつ薬はシナプス間隙のモノアミンを増加させ、その結果何らかの機構でBDNFを増加させ、神経新生を引き起こし、新たに作られたニューロンがうつ病によって失われた神経回路を修復するのではないかと考えられています。つまり、抗うつ薬を服用してもすぐにうつ病の症状が改善しないのは、神経新生と神経回路の修復時間が必要だからだと考えられています。

最近の研究から、運動によって、神経新生を引き起こすBDNFが脳内で増加することがわかりました。[13] また、運動をすることで免疫系の細胞が分泌するサイトカインであるインターロイキン-6[14]や筋肉から分泌されるホルモンであるイリシン[15]が分泌されます。実はこれらの生理活性物質によっても神経新生が促されることがわかってきました。

これらの結果から、ストレスや不安の多い現代社会を生きる私たちにとって定期的に運動をすることは、お財布にも体にも優しい自然の薬ともいえそうです。ただ運動といっても、筋力トレーニングのような無酸素運動が効果的なのか、あるいはマラソンや水泳のような有酸素運動が効果的なのかは不明です。またどれくらいの時間、週何回運動するのが効果的なのかも不明です。今後は、どのような運動プログラムが症状改善に良いのか、詳細が明らかになることが待ち望まれます。

▼他人の気持ちに共感するしくみ

他人のつらい気持ちや心を完全に理解することは、非常に難しいです。しかし、私たちはある程度、他人の気持ちを推しはかることができます。では、どのようなしくみで他人の気持ちを感じることができるのでしょうか?

ジャコモ・リッツォラッティは、サルが手で物をつかんだり操作したりするときのニューロンの活動を調べていました。偶然にも実験者が手で物を拾う行為をサルの目の前で見せたとき、サルが物を拾うときに活動するニューロンが、サル自身は物を拾い上げていないにもかかわらず興奮することを発見しました[16]。その後の研究から、ニューロンが制御する行為と観察する行為が一致したときにこのニューロンは興奮することがわかったのです。このニューロンは、他人の行動を自身の脳の中に投影しているように見えることから、**ミラーニューロン**と名づけられました。

自閉スペクトラム症、学習障害、注意欠陥多動障害などの**発達障害**の発症率は、近年世界的に増加しています。増加した理由は、診断基準が変わったことや発達障害に関して意識が高まった影響で専門医に早い年齢で診察を受けるようになり、早期に発見されるようになったことも影響しているのではないかといわれていますが、はっきりとした理由は不明です。

発達障害は生まれつきの脳機能の発達の偏りによって「得意」「不得意」のデコボコが大きく、社会生活やコミュニケーションに障害をきたしてしまう精神疾患です。発達障害の中でも**自閉スペ**

クトラム症では、ミラーニューロンに何らかの障害が起こっているのではないかといわれています。

自閉スペクトラム症の子どもでは、他人の動きを見ても運動野の神経活動の抑制反応が観察されません。[17] また、自閉スペクトラム症の子どもは、他人の行動をまねるときのミラーニューロンの活動が低いことも報告されています。[18] これらのことから、他人を理解したり模倣したりすることに必要な神経回路の中にミラーニューロンがあり、ミラーニューロンを含めたさまざまな神経回路の異常が発達障害を引き起こすのではないかと考えられています。

一方、脳内のホルモンの作用が低下することで自閉スペクトラム症が発症する可能性も考えられています。たとえば**オキシトシン**は、脳内で作用すると絆形成や愛着行動を促進することが知られています（⇒198ページも参照）。そのため、オキシトシンの分泌量が減ったり、あるいはオキシトシン受容体の機能が低下したりすることで自閉スペクトラムを発症する可能性が考えられています。そこで、オキシトシンを鼻から投与（経鼻投与）することで、自閉スペクトラム症の症状を改善できるのではないかと考えられ、実際100人を超す自閉スペクトラム症患者に対してオキシトシン経鼻スプレーの効果が調べられました。結果は残念ながら、オキシトシン経鼻スプレーの効果は見られませんでした。ただ、自閉スペクトラム症の患者は他人の目を見る時間が短いのですが、オキシトシン経鼻スプレーの投与により他人の目を見る時間が長くなることや、同じ行動を繰り返す反復行動が減りました。そのため、ある程度の効果はあるようです。[19] ただ、オキシトシンを鼻から投与しても、実際にどれだけの量が脳に到達しているのかわからず、オキシトシンは自閉スペクトラムに効果があるはずなのに、脳に到達していないため効果が見られていないだけの可能性も考えられます。今後脳に十分な量を届けることのできる新しいオキシトシン経鼻薬剤が開発された際、どのような効果を示すのか期待が持たれます。

▼腸内細菌がヒトを救う？

みなさん朝ごはんをきちんと食べていますか？　私は毎朝、ヨーグルトだけは欠かさずに食べるようにしています。このヨーグルトに含まれるある細菌が動物の行動を良い方向に変化させると言ったら、みなさんはスーパーへ走るでしょうか。

肥満マウスの母親から生まれた仔マウスは、社会行動に異常が見られることが多いです。たとえば、他のマウスに興味を示さなかったり、新しいことに興味を示さなかったりと、ヒトの自閉スペクトラムと似た症状を示すのです。

マウロ・コスタ＝マティオーリのグループは、肥満マウスから生まれた社会行動に異常が見られる仔マウスに、社会行動に異常が見られない正常なマウスの腸内細菌叢（⇩190ページ）を移植しました。驚くことに、腸内細菌叢を移植された仔マウスの社会行動に異常が見られなくなったのです。次に、腸内細菌叢が存在しない無菌マウスの行動を解析すると、社会行動に異常が見られました。そこで無菌マウスに社会行動に異常が見られない正常なマウスの腸内細菌叢を移植すると、社会行動に異常が見られなくなりました。これらの結果から、腸内のある特定の細菌が失われることで、社会行動に異常が見られるのではないかと考えられました。そこでコスタ＝マティオーリのグループは、肥満マウスから生まれた社会行動に異常が見られる仔マウスの腸内細菌叢を調べたところ、乳酸菌の一種であるロイテリ菌が劇的に少なかったのです。そこで、このロイテリ菌を仔マウスに飲ませたところ社会行動の異常を正常化することができました。しかもこのロイテリ菌は、消化管の迷走神経を介して脳内のオキシトシンの量も増やすことがわかりました。[20]

この研究には続きがあり、遺伝子の欠損によって自閉スペクトラム様の症状を示すマウスでも、腸内のロイテリ菌が低下しており、ロイテリ菌を服用させることで社会行動の異常を正常化することができたのです。[21] ただ注意しなければならないのは、これらの実験結果はすべてマウスを用いたものです。そのため、ヒトでもロイテリ菌の服用によって自閉スペクトラムの症状が軽減されるのか検証する必要があります。実際、このロイテリ菌を用いた臨床試験が世界各国で行われているようですので、今後の研究結果が非常に気になります。

さてこれまでは、ストレスやうつ病、他人の気持ちに共感するしくみといったマクロなレベルで話をしてきました。そこで次は、細胞の中でどのような変化が起こると、記憶・学習といった現象が起こるのでしょうか？　ここでは研究が進んでいる長期記憶のしくみについて説明したいと思います。

脳の発展講義　記憶のしくみ

ニューロンは、シナプスで情報をやり取りしています。情報を出力する側をシナプス前細胞、情報を受け取る側をシナプス後細胞と呼びます。ニューロン間の情報伝達効率が上昇することで**長期**

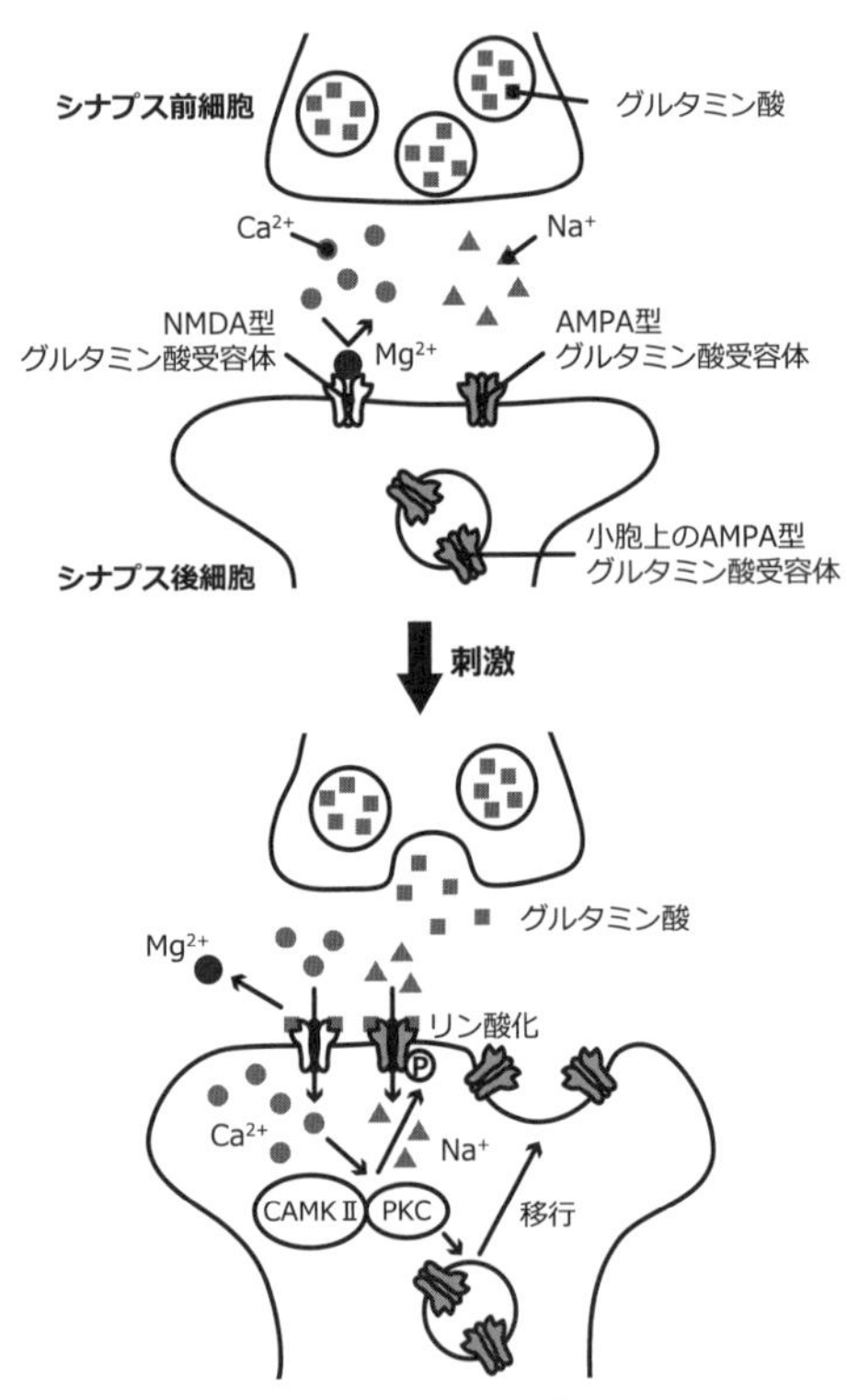

図 56　長期増強におけるシナプス後細胞の変化

増強（long term potentiation：LTP）と呼ばれる記憶・学習の基盤が作られます。このLTPが起こるとシナプス後細胞のスパイン（⇩212ページ「脳の基本講義②」を復習）が大きくなります[22]。

ニューロンの間では、主に**グルタミン酸**を用いて情報のやり取りを行っています。このグルタミン酸を感受するグルタミン酸受容体には、3種類あります。3種類すべてグルタミン酸を感受しますが、そのうち1つは人エアミノ酸のAMPA（α-アミノ-3-ヒドロキシ-5-メソオキサゾール-4-プロピオン酸）が結合するので**AMPA型グルタミン酸受容体**と呼ばれます。もう1つは、てんかんを引き起こす猛毒であるカイニン酸が結合するので、**カイニン酸型グルタミン酸受容体**と呼ばれます。そして最後のものが、NMDA（N-メチル-D-アスパラギン酸）が結合するので**NMDA型グルタミン酸受容体**

と呼ばれます。3つの受容体ともグルタミン酸を感受するのですが、それぞれの受容体はグルタミン酸以外にもAMPA、カイニン酸、NMDAを感受するため、それを区別するためにそれぞれ名前がつけられています。

シナプス後細胞には、NMDA型グルタミン酸受容体が発現しています。通常はマグネシウムイオン（Mg^{2+}）が結合し、活性化しないようになっています。シナプス前細胞からグルタミン酸が放出されると、このマグネシウムイオンがNMDA型グルタミン酸受容体から外れ、シナプス後細胞にカルシウムイオン（Ca^{2+}）が流入します。すると、カルシウム・カルモジュリン依存性プロテインキナーゼII（CAMKII）やプロテインキナーゼCと呼ばれるタンパク質リン酸化酵素が活性化され、シナプス後細胞のさまざまなタンパク質をリン酸化（⇒122ページを復習）します。その結果、AMPA型グルタミン酸受容体をリン酸化して、細胞内にナトリウムイオン（Na^{+}）の流入を引き起こします。また、細胞の中の小胞には、AMPA型グルタミン酸受容体が多数貯蔵されています。この小胞は、シナプス前からの刺激に応じて、シナプス後細胞の細胞膜方向に輸送され、細胞膜と融合します。その結果、小胞に蓄えられていたAMPA型グルタミン酸受容体がシナプス後細胞の膜に多数挿入されます（**図56**）。その結果、シナプス後細胞はグルタミン酸への感受性が向上して、シナプス間での情報伝達効率が上昇し、長期増強が起こるのです。

▼記憶・学習能力の獲得には、遺伝子も環境も大切

シナプス間で起こる長期増強は本当に記憶・学習に関与しているのでしょうか？　１９９２年、利根川進（とねがわすすむ）は、カルシウム・カルモジュリン依存性プロテインキナーゼⅡ（ＣＡＭＫⅡ）の遺伝子を破壊したマウス（ノックアウトマウスと呼ばれます）を作製し、そのマウスの記憶力を水迷路という装置を用いて測定しました。

マウスは水が嫌いなので、水のない場所へと必死で逃げます。そこで、マウスが水に濡れなくてすむ白い台をプールの中に設置し、プールを白い液体で満たし、台がどこに設置してあるのか、マウスにはわからないようにします。そしてマウスをプールに入れると、マウスは必死に濡れなくてすむ安全地帯の台を探し当てるまで泳ぎ続けます。この手続きを何度も繰り返すことで、最終的にマウスは安全地帯の台にすばやくたどり着くようになる、つまり台の場所を覚えるのです。

ＣＡＭＫⅡのノックアウトマウスは、いつまで経っても安全地帯の台の場所を覚えることができず、長時間泳ぎ続け[23]、海馬では長期増強が見られませんでした[24]。この結果から、記憶・学習には、ＣＡＭＫⅡというタンパク質リン酸化酵素が必要であることがわかりました。

ＮＭＤＡ型グルタミン酸受容体は、ＮＲ１とＮＲ２という２種類のタンパク質で作られています。実際には、２つのＮＲ１と２つのＮＲ２の合計４つのタンパク質が集合して、ＮＭＤＡ型グルタミン酸受容体を形成しています。このＮＭＤＡ型グルタミン酸受容体のＮＲ２は、成長に伴い少しずつ変化することが明らかになりました。具体的には、胎児のときのＮＲ２の部分は、ＮＲ２Ｂとい

うタンパク質でできているのですが、それが成長と共にNR2Aへと変化していきます。[25] なおNR1の部分は変化しません。このNR1+NR2Bという胎児型のNMDA型グルタミン酸受容体は、NR1+NR2Aからできている成人型のNMDA型グルタミン酸受容体と比較して、非常に伝達効率が良いこともわかりました。

利根川進は、NMDA型グルタミン酸受容体のNR1の遺伝子をノックアウトしたマウスを作製しました。NR1は、胎児から成人までの間NMDA型グルタミン酸受容体に含まれているので、NR1の遺伝子をノックアウトするとNMDA型グルタミン酸受容体が作られないマウスになります。そこでこのマウスの記憶力を測定したところ、長期増強が起こらず記憶力が非常に悪いことがわかりました。[26] 一方、成体になってもNR2Bを多量に作れるように遺伝子操作をしたマウスも作製されました。このマウスは予想通り、通常のマウスの2倍以上も記憶力の良いことがわかったのです。[27]

さて、NR1の遺伝子をノックアウトすると非常に記憶力が悪くなります。次はこのNR1ノックアウトマウスの1匹を小さなケージに1匹だけポツンと入れて育てます。もう1匹は、さまざまなおもちゃのあるケージに入れて育てます。2か月間それぞれのケージで飼育した後、記憶力を測定しました。その結果小さなケージに1匹だけポツンとケージに入れられて育ったマウスは、記憶力が非常に悪かったのですが、おもちゃのある環境の良いケージで育ったマウスの記憶力は良かったのです。[28] この結果から、記憶・学習に関わる遺伝子にたとえ変異があったとしても、生育環境によって記憶力は良くなることがわかったのです。また、ラリー・A・フェイグのグループは、マウスの幼少期の環境を整える、具体的には運動をさせたり、好奇心をくすぐるおもちゃを多数与えたりといった健全で刺激的な毎日を過ごさせると、記憶学習効率、特に長期増強が促進されることを見出しました。[29] これらのことから、マウスだけでなく私たちも良い生活環境、つまり知的好奇心を持ち続け、社会的なつながりを持って、運動を習慣的に行うことで、認知機能が向上するのかどうか興味があるところです。

近年では、記憶と、2章でも述べたエピゲノムの関係を示す研究成果も報告されています。平べったい親指などの形態異常や発達障害、また記憶・学習障害を伴う**ルビンシュタイン・テイビ症候群**という病気は、数万人に1人が発症するという非常に稀な病気です。この病気の原因遺伝子は、CBP（CREB binding protein）と呼ばれる、ヒストンをアセチル化する酵素の遺伝子です。[30] 第2章でも述べましたが、染色体をコンパクトにして細胞の核の中に詰め込めるようにするタンパク質であるヒストンがアセチル化されると、そのアセチル化されたヒストン付近の遺伝子が翻訳されるようになります。ルビンシュタイン・テイビ症候群の患者では、両親由来の *CBP* 遺伝子の片方が欠損していたり、あるいは、酵素反応を行う部位に変異があります。そのためヒストンのアセチル化のレベルが低下し、さまざまな遺伝子が翻訳されない状態になっていると考えられます。その翻訳されない遺伝子の中に、記憶・学習に関係する遺伝子が存在すると考えられます。

両親から受け継ぐ2つの *CBP* 遺伝子のうち、半分だけを欠失させたCBPノックアウトマウスが作製されました。このマウスを解析したところ、記憶・学習効率、特に長期記憶が低下していました。つまり、ヒトのルビンシュタイン・テイビ症候群と同じ症状を示すマウスだったのです。[31] そこで、ヒストンがアセチル化された状態を元に戻す酵素、ヒストン脱アセチル化酵素（histone deacetylase：HDAC）を阻害する薬をこのCBPノックアウトマウスに投与しました。その目的は、HDACを阻害することにより、CBPをノックアウトすることで起こったヒストンの低いアセチル化状態をある程度回復できるのではないかと考えたためです。実際、CBPノックアウトマウスの記憶・学習効率の低下は、HDACの投与によって部分的ですが回復しました[32]。このことから、エピゲノム情報を書き換えることで、記憶学習効率を向上させることができる可能性があります。

▼認知症

年齢を重ねるにしたがって徐々に「もの忘れ」が多くなります。もの忘れ自体は異常なことではありません。しかし「家族の顔を忘れる」、「住所を忘れる」、「何を話したのか忘れて同じ話を繰り返す」、「大切なものを盗られたと作り話をする」といった日常生活に支障をきたすような「もの忘れ」が見られ始めると、認知症として区別されます。

認知症は、脳の毛細血管に血液の塊である血栓が詰まって起こる脳梗塞や頭部を強打したことが原因で起こる脳血管性認知症と、脳内のニューロンが急激に死滅することによって起こる**アルツハイマー型認知症**と**レビー小体型認知症**などに分類されます。アルツハイマー型認知症とレビー小体型認知症の患者の脳では異常なタンパク質が記憶を司る海馬や大脳皮質に蓄積します。アルツハイマー型では、**アミロイドβ**（Aβ）と呼ばれるタンパク質が脳内で蓄積することで**老人斑**と呼ばれる特徴的な異常なタンパク質の集合体が作られます。また、ニューロンの軸索の中に存在する**タウ**と呼ばれるタンパク質が過剰にリン酸化されると、ニューロン内で凝集するようになります。この凝集したタウタンパク質のことを神経原線維変化と呼びます。なお変化といいますが、実際には糸くず状のものを意味しています。一方レビー小体型では、**α-シヌクレイン**というタンパク質がニューロン内で凝集しています。これらの異常なタンパク質が脳で蓄積した結果、ニューロンの機能が阻害され、最終的にはニューロンが徐々に死んでいくことで、アルツハイマー型認知症やレビー小体型認知症を発症すると考えられています。

世界の認知症患者は、現在3000万人以上ともいわれています。日本だけでなく世界的に見ても超高齢社会が進行している現状では、今後さらに認知症の患者数は増え続けると予想されます。今回紹介した研究成果がヒトにも当てはまる現象なのか、また当てはまるのであればどのようにすれば認知症治療のための薬や運動プログラムの開発につなげられるのかなど、認知症克服のための長い旅が始まろうとしています。この長い旅に出かけたいと思う人たちが今後増えることを期待しています。

コラム　認知症治療薬の開発の現状

アルツハイマーの発症原因は、現在まだ明らかになっていません。ただ、Aβやタウの蓄積を抑えることがアルツハイマーの発症を予防する鍵であるとの仮説のもと、治療薬の開発が進められています。

アルツハイマーは、家系とは関係なく現れますが、稀に若いときから症状を示す家系があります。このような常染色体優性（顕性）遺伝形式の家族性若年発症型アルツハイマー型認知症を発症した患者の遺伝子を解析したところ、Aβを作り出す遺伝子に変異がありました[33]。そのため、Aβの蓄積を抑えればアルツハイマーの発症を抑えられると考えられました。そこで、アルツハイマーの患者にAβに対するワクチンを注射し、Aβの凝集を抑えることで、認知症状が抑えられるのかどうか、検討されました。しかし結果は、ワクチン接種を受けた8人のうち7人は、最も深刻なレベルにまで認知症が進行しました。また、被験者の死後の脳を解剖したところ、Aβの蓄積が完全に抑えられていた患者もいましたが、ニューロンの死滅は抑えられていませんでした[34]。

一方、神経原線維変化を起こすタウはどうなのでしょうか？　タウはリン酸化されることで凝集します。そこで、タウ同士が結合することを阻害する化学物質の探索が行われました。その結果、不整脈やぜんそくなどの発作を抑える薬であるイソプロテレノールがタウと結合することがわかりました。そこで、脳にタウが蓄積しやすいように遺伝子を改変したマウスに3か月間イソプロテレノールを飲ませました。その結果、イソプロテレノールを飲んだマウスではタウの蓄積が抑制され、イソプロテレノールを飲まなかったマウスでは、タウが過剰に蓄積しニューロンが死滅し、マウス自体も死にました[35]。今後は、ヒトにおいて、イソプロテレノールを長期間服用した場合、アルツハイマーの発症を抑えられるのかどうか期待されます。

最近の研究から睡眠障害によってタウの分泌量が増加することがわかりました[36]。睡眠をとることでAβやタウが脳から取り除かれるのですが、その詳細な機構については、解明されていません。ただ、規則正しい生活を送り、しっかり睡眠をとることがアルツハイマー発症の予防に大切であることだけはいえそうです。

コラム　認知症を引き起こす新たな因子と認知症発症予防の可能性

ほとんどの人がおもに乳幼児期に感染する身近なウイルスである、ヒトヘルペスウイルス6A（HHV-6A）やヒトヘルペスウイルス7（HHV-7）が、Aβやタウの蓄積の引き金ではないかといわれています。これらのウイルスは感染後に体内で休眠状態となりますが、ストレスなどによって免疫力が低下すると、再活性化する場合があります。アルツハイマーの患者では健常者と比較して、HHV-6AとHHV-7が脳の中で約2倍以上存在しています。HHV-6AやHHV-7を駆除するため、脳内でAβやタウタンパク質が作り出されて脳組織を保護している可能性が報告されました[37]。アルツハイマーの発症にウイルスが関与しているのであれば、抗ウイルス剤の投与やHHV-6AやHHV-7に対するワクチンなどによって、アルツハイマーの治療を行うことが将来可能になるかもしれません。

ウイルスではなく慢性歯周炎を引き起こす口腔細菌（ポルフィロモナス・ジンジバリス菌）が脳へ侵入することで、アルツハイマーが発症する可能性についても報告されています。マウスの口腔内にジンジバリス菌を感染させたところ、6週間後には脳内でジンジバリス菌が著しく増加し、Aβも増加していました。そして、ジンジバリス菌が産生する毒性の高いタンパク質分解酵素であるジンジパインを阻害すると、ジンジバリス菌が脳内へ侵入することを阻害できるだけでなく、Aβの産生も抑制できたのです[38]。このことから、慢性歯周炎をきちんと治療することがアルツハイマーの予防につながる可能性があります。

先にも述べたように、運動によって筋肉からイリシンというホルモンが分泌され、脳内で作用してBDNF（脳由来神経栄養因子）の分泌を促し、神経新生を促します（⇒223ページ）。最近の研究から、このイリシンは、マウスの海馬でも作られ、脳内で分泌されていることがわかりました。健常なヒトにおいて脳脊髄液中のイリシン濃度は加齢と共に上昇し、アルツハイマーを発症すると変化しない、もしくは低下していました。そこでアルツハイマーの症状を示すマウスにイリシンを投与すると、認知機能が改善したのです。また、マウスを1日1時間強制的に泳がせたところ、運動によってアルツハイマーの症状の改善が見られました。このことから、イリシンにはニューロンの老化を抑える作用があり、脳内のイリシンの濃度低下が認知機能低下を引き起こす可能性が示されました[39]。

ただこの研究はマウスを用いた研究成果であるので、これがヒトにも当てはまるかどうかは、今後の研究課題です。しかし、今回の研究結果が正しく、ヒトでも運動によって脳内のイリシン濃度が高まるのであれば、イリシンはアルツハイマーの新たな治療薬としてかなり期待ができます。あるいは、イリシンを効率よく増やすことのできる運動プログラムを開発できれば、認知機能の低下を運動で防ぐことができそうです。

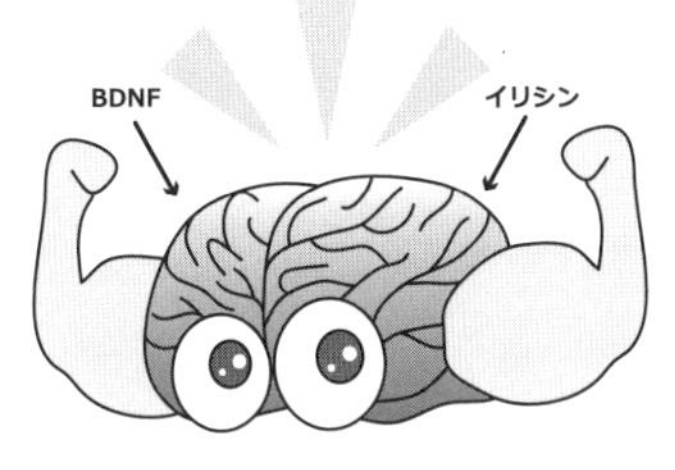

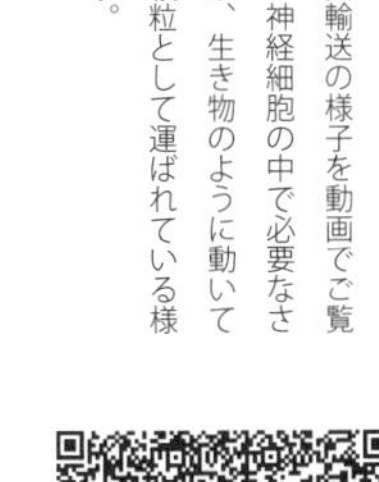

神経細胞の物質輸送の様子を動画でご覧いただけます。神経細胞の中で必要なさまざまな物質が、生き物のように動いて見える小さな顆粒として運ばれている様子がわかります。

動画についてのより詳しい情報は、本書のウェブサポートページへ

人名索引

事項索引

▶あ行

▶さ行

▶た行

▶な行

▶は行

▶ま行

参考文献・図書

※本書のウェブサポートページでも公開しています。ウェブサイトへのアクセスなどにご利用ください。

序章

1. Portier, P. & Richet, C., De l'action anaphylactique de certains venins. *Comptes rendus des séances de la Société de biologie et de ses filiales* 54, 170–172 (1902).
2. Bianconi, E. *et al.*, An estimation of the number of cells in the human body. *Annals of Human Biology* 40, 463–471 (2013).
3. Ishizaka, K. *et al.*, Physicochemical properties of reaginic antibody: V. Correlation of reaginic activity with γE-globulin antibody. *Journal of Immunology* 97, 840–853 (1966).

1章

1. 厚生労働省,「腸管出血性大腸菌 Q&A」平成 30 年 5 月 30 日改訂
https://www.mhlw.go.jp/stf/seisakunitsuite/bunya/0000177609.html
2. 厚生労働省,「平成 29 年度結核登録者情報調査年報集計について」
https://www.mhlw.go.jp/stf/seisakunitsuite/bunya/0000175095_00001.html
3. Fleming, A., On a remarkable bacteriolytic element found in tissues and secretions. *Proceedings of the Royal Society B, Biological Sciences* 93, 306–317 (1922).
4. Fleming, A., On the antibacterial action of cultures of a penicillium, with special reference to their use in the isolation of B. influenza. *British Journal of Experimental Pathology* 10, 226–236 (1929).
5. Chain, E. *et al.*, Penicillin as a chemotherapeutic agent. *Lancet* 236, 226–228 (1940).
6. Bhullar, K. *et al.*, Antibiotic resistance is prevalent in an isolated cave microbiome. *PLoS One* 7, e34953 (2012).
7. Nesme, J. *et al.*, Large-scale metagenomics-based study of antibiotic resistance in the environment. *Current Biology* 24, 1096–1100 (2014).
8. Nass, T. *et al.*, Analysis of a carbapenem-hydrolyzing class A beta-lactamase from enterobacter cloacae and of its LysR-type regulatory protein. *Proceedings of the National Academy of Sciences of the United States of America* 91, 7693–7697 (1994).
9. Akaza, N. *et al.*, Microorganisms inhabiting follicular contents of facial acne are not only *Propionibacterium* but also *Malassezia spp*. *Journal of Dermatology* 43, 906–911 (2016).
10. Chan, P. K. S., Outbreak of avian influenza A (N5N1) virus infection in Hong Kong in 1997. *Clinical Infectious Diseases* 34, S58–S64 (2002).
11. Taubenberger, J. K. *et al.*, Characterization of the 1918 infulenza virus polymerase genes. *Nature* 437, 889–893 (2005).
12. Tumpey, T. M. *et al.*, Characterization of the reconstructed 1918 Spanish influenza pandemic virus. *Science* 310, 77–80 (2005).
13. Dean, M. *et al.*, Genetic restriction of HIV-1 infection and progression to AIDS by a deletion allele of the CKR5 structural gene. *Science* 273, 1856–1862 (1996).
14. Glass, W. G. *et al.*, CCR5 deficiency inreases risk of symptomatic West Nile virus infection. *Journal of Experimental Medicine* 203, 35–40 (2006).
15. Falcon, A. *et al.*, CCR5 deficiency predisposes to fatal outcome in influenza virus infection.

Journal of General Virology 96, 2074–2078 (2015).
16. Hutter, G. *et al.*, Long-term control of HIV by CCR5 delta32/delta32 stem-cell transplantation. *New England Journal of Medicine* 360, 692–698 (2009).
17. Gupta, R. K. *et al.*, HIV-1 remission following CCR5Δ32/Δ32 haematopoietic stem-cell transplantation. *Nature* 568, 244–248 (2019).
18. Perez, E. E. *et al.*, Establishment of HIV-1 resistance in $CD4^+$ T cells by genome editing using zinc-finger nucleases. *Nature Biotechnology* 26, 808–816 (2008).

2章

1. Watson, J. D. & Crick, F. H. C., Molecular structure of nucleic acids. *Nature* 171, 737–738 (1953).
2. 公益財団法人エイズ予防財団,「厚生労働省委託事業 平成29年度血液凝固異常症全国調査報告書」
http://api-net.jfap.or.jp/library/alliedEnt/02/index.html
3. Lo, Y. M. D. *et al.*, Presence of fetal DNA in maternal plasma and serum. *Lancet* 350, 485–487 (1997).
4. Palomaki, G. E. *et al.*, DNA sequencing of maternal plasma reliably identifies trisomy 18 and trisomy 13 as well as Down syndrome: an international collaborative study. *Genetics in Medicine* 14, 296–305 (2012).
5. Susser, E. *et al.*, Schizophrenia after prenatal famine: Further evidence. *Archives of General Psychiatry* 53, 25–31 (1996).
6. 厚生労働省, 平成29年度「国民健康・栄養調査」
https://www.mhlw.go.jp/stf/houdou/0000177189_00001.html
7. Shin, T. *et al.*, A cat cloned by nuclear transplantation. *Nature* 415, 859 (2002).
8. Jourdan, G. *et al.*, The dimensionality of color vision in carriers of anomalous trichromacy. *Journal of Vision* 10, 1–19 (2010).
9. Gurdon, J. B., The developmental capacity of nuclei taken from intestinal epithelium cells of feeding tadpoles. *Development* 10, 622–640 (1962).
10. Takahashi, K. *et al.*, Induction of pluripotent stem cells from mouse embryonic and adult fibroblast cultures by defined factors. *Cell* 126, 663–676 (2006).
11. Alaux, C. *et al.*, Honey bee aggression supports a link between gene regulation and behavioral evolution. *Proceedings of the National Academy of Sciences of the United States of America* 106, 15400–15405 (2009).
12. Fullston, T. *et al.*, Paternal obesity initiates metabolic disturbances in two generations of mice with incomplete penetrance to the F2 generation and alters the transcriptional profile of testis and sperm microRNA content. *FASEB Journal* 27, 4226–4243 (2013).

3章

1. 国立がん研究センターがん情報サービス, 最新がん統計 (2019)
https://ganjoho.jp/reg_stat/statistics/stat/summary.html
2. 小高健, 世界で初めて人工発癌に成功. 近代日本の創造史 4, 16–25 (2007)
3. 「うさぎ追いし — 山極勝三郎物語」http://usagioishi.jp/index.html
4. ノーベル財団受賞候補者データベース
https: //www. nobelprize. org/nomination/redirector/? redir=archive/show_people. php&id=

8107
5. ノーベル財団受賞候補者データベース
https: //www. nobelprize. org/nomination/redirector/? redir=archive/show_people. php&id=10342
6. Rous, P., A sarcoma of the flow transmissible by an agent separable from the tumor cells. *Journal of Experimental Medicine* 13, 397–411 (1911).
7. Baltimore, D., RNA-dependent DNA polymerase in virions of RNA tumour viruses. *Nature* 226, 1209–1211 (1970).
8. Temin, H. M. & Mizutani, S., RNA-dependent DNA polymerase in virions of Rous sarcoma virus. *Nature* 226, 1211–1213 (1970).
9. 水谷哲，逆転写酵素の発見からノーベル賞受賞まで．蛋白質核酸酵素 39，1686–1688 (1994)
10. Takahashi, K. *et al.*, Induction of pluripotent stem cells from mouse embryonic and adult fibroblast cultures by defined factors. *Cell* 126, 663–676 (2006).
11. Goldfarb, M. *et al.*, Isolation and preliminary characterization of a human transforming gene from T24 bladder carcinoma cells. *Nature* 296, 404–409 (1982).
12. Parada, L. F. *et al.*, Human EJ bladder carcinoma oncogene is homologus of Harvey sarcoma virus *ras* gene. *Nature* 297, 474–478 (1982).
13. Taparowsky, E. *et al.*, Activation of the T24 bladder carcinoma transforming gene is linked to a single amino acid change. *Nature* 300, 762–765 (1982).
14. Nowell, P. *et al.*, A minute chromosome in human chronic granulocytic leukemia. *Science* 132, 1497 (1960).
15. Rowley, J. D., A new consistent chromosomal abnormality in chronic myelogenous leukaemia identified by quinacrine fluorescence and Giemsa staining. *Nature* 243, 290–293 (1973).
16. Knudson, A. G. Jr., Mutation and cancer: statistical study of retinoblastoma. *Proceedings of the National Academy of Sciences of the United States of America* 68, 820–823 (1971).
17. Cavenee, W. K. *et al.*, Expression of recessive alleles by chromosomal mechanisms in retinoblastoma. *Nature* 305, 779–784 (1983).
18. Friend, S. H. *et al.*, A human DNA segment with properties of the gene that predisposes to retinoblastoma and osteosarcoma. *Nature* 323, 643–646 (1986).
19. Bianconi, E. *et al.*, An estimation of the number of cells in the human body. *Annals of Human Biology* 40, 463–471 (2013).
20. Kinzler, K. W. *et al.*, Identification of FAP locus genes from chromosome 5q21. *Science* 253, 661–665 (1991).
21. Yamamoto, N. *et al.*, Unique cell lines harbouring both Epstein-Barr virus and adult T-cell leukaemia virus, established from leukaemia patients. *Nature* 299, 367–369 (1982).
22. Ishida, Y. *et al.*, Induced expression of PD-1, a novel member of immunoglobulin gene superfamily, upon programmed cell death. *EMBO Journal* 11, 3887–3895 (1992).
23. Okazaki, T. *et al.*, A rheostat for immune responses: the unique properties of PD-1 and their advantages for clinical application. *Nature Immunology* 14, 1212–1218 (2013).
24. Blackburn, E. H. *et al.*, A tandemly repeated sequence at the termini of the extrachromosomal ribosomal RNA genes in Tetrahymena. *Journal of Molecular Biology* 120, 33–53 (1978).
25. Angelina Jolie Pitt, Diary of a Surgery. The New York Times, 2015. 3. 24.
https://www.nytimes.com/2015/03/24/opinion/angelina-jolie-pitt-diary-of-a-surgery.html

26. Angelina Jolie, My medical choice. The New York Times, 2013. 5. 14.
https://www.nytimes.com/2013/05/14/opinion/my-medical-choice.html

4章

1. 厚生労働省，「日本人の食事摂取基準」（2015年版）
https://www.mhlw.go.jp/stf/houdou/0000041733.html
2. Ignarro, L. J. *et al.*, Endothelium-derived relaxing factor produced and released from artery and vein is nitric oxide. *Proceedings of the National Academy of Sciences of the United States of America* 84, 9265–9269（1987）.
3. Palmer, R. M. *et al.*, Nitric oxide release accounts for the biological activity of endothelium-derived relaxing factor. *Nature* 327, 524–526（1987）.
4. Kangawa, K. *et al.*, Purification and complete amino acid sequence of alpha-human atrial natriuretic polypeptide（alpha-hANP）. *Biochemical and Biophysical Research Communications* 118, 131–139（1984）.
5. Hetherington, A. W., The spontaneous activity and food intake of rats with hypothalamic lesions. *American Journal of Physiology* 136, 609–617（1942）.
6. Anand, B. K. *et al.*, Hypothalamic control of food intake in rats and cats. *Yale Journal of Biology and Medicine* 24, 123–140（1951）.
7. Hervey, G. R., The effects of lesions in the hypothalamus in parabiotic rats. *Journal of Physiology* 145, 336–352（1959）.
8. Kennedy, G. C., The role of depot fat in the hypothalamic control of food intake in the rat. *Proceedings of the Royal Society London B Biological Sciences* 140, 578–596（1953）.
9. Oomura, Y. *et al.*, Glucose and osmosensitive neurones of the rat hypothalamus. *Nature* 222, 282–284（1969）.
10. Coleman, D. L. *et al.*, Effects of parabiosis of normal with genetically diabetic mice. *American Journal of Physiology* 217, 1298–1304（1969）.
11. Coleman, D. L., Effects of parabiosis of obese with diabetes and normal mice. *Diabetologia* 9, 294–298（1973）.
12. Zhang, Y. *et al.*, Positional cloning of the mouse obese gene and its human homologue. *Nature* 372, 425–432（1994）.
13. Campfield, L. A. *et al.*, Recombinant mouse OB protein: evidence for a peripheral signal linking adiposity and central neural networks. *Science* 269, 546–549（1995）.
14. Maffei, M. *et al.*, Leptin levels in human and rodent: measurement of plasma leptin and ob RNA in obese and weight-reduced subjects. *Nature Medicine* 1, 1155–1161（1995）.
15. Montague, C. T. *et al.*, Congenital leptin deficiency is associated with severe early-onset obesity in humans. *Nature* 387, 903–908（1997）.
16. Kojima, M. *et al.*, Ghrelin is a growth-hormone-releasing acylated peptide from stomach. *Nature* 402, 656–660（1999）.
17. Oya, M. *et al.*, The G protein-coupled receptor family C group 6 subtype A（GPRC6A）receptor is involved in amino acid-induced glucagon-like peptide-1 secretion from GLUTag cells. *Journal of Biological Chemistry* 288, 4513–4521（2013）.
18. Harada, K. *et al.*, Lysophosphatidylinositol-induced activation of the cation channel TRPV2 triggers glucagon-like peptide-1 secretion in enteroendocrine L cells. *Journal of Biological Chemistry* 292, 10855–10864（2017）.

19. Eng, J. *et al.*, Isolation and characterization of exendin-4, an exendin-3 analogue, from Heloderma suspectum venom. Further evidence for an exendin receptor on dispersed acini from guinea pig pancreas. *Journal of Biological Chemistry* 267, 7402-7405 (1992).
20. Turnbaugh, P. *et al.*, An obesity-associated gut microbiome with increased capacity for energy harves. *Nature* 444, 1027-1031 (2006).
21. Turnbaugh, P. *et al.*, A core gut microbiome in obese and lean twins. *Nature* 457, 480-484 (2009).
22. Ridaura, V. K. *et al.*, Gut microbiota from twins discordant for obesity modulate metabolism in mice. *Science* 341, 1241214 (2013).
23. Tolhurst, G. *et al.*, Short-chain fatty acids stimulate glucagon-like peptide-1 secretion via the G-protein-coupled receptor FFAR2. *Diabetes* 61, 364-371 (2012).
24. Harada, K. *et al.*, Bitter tastant quinine modulates glucagon-like peptide-1 exocytosis from clonal GLUTag enteroendocrine L cells via actin reorganization. *Biochemical and Biophysical Research Communications* 500, 723-730 (2018).
25. Harada, K. *et al.*, Bacterial metabolite S-equol modulates glucagon-like peptide-1 secretion from enteroendocrine L cell line GLUTag cells via actin polymerization. *Biochemical and Biophysical Research Communications* 501, 1009-1015 (2018).
26. Lauritzen, H. P. *et al.*, Contraction and AICAR stimulate IL-6 vesicle depletion from skeletal muscle fibers in vivo. *Diabetes* 62, 3081-3092 (2013).
27. Ellingsgaard, H. *et al.*, Interleukin-6 enhances insulin secretion by increasing glucagon-like peptide-1 secretion from L cells and alpha cells. *Nature Medicine* 17, 1481-1489 (2011).
28. Myers, R. W. *et al.*, Systemic pan-AMPK activator MK-8722 improves glucose homeostasis but induces cardiac hypertrophy. *Science* 357, 507-511 (2017).
29. Cokorinos, E. C. *et al.*, Activation of skeletal muscle AMPK promotes glucose disposal and glucose lowering in non-human primates and mice. *Cell Metabolism* 25, 1147-1159 (2017).
30. Donaldson, Z. R. *et al.*, Oxytocin, vasopressin, and the neurogenetics of sociality. *Science* 322, 900-904 (2008).
31. Insel, T. R. *et al.*, Patterns of brain vasopressin receptor distribution associated with social organization in microtine rodents. *Journal of Neuroscience* 14, 5381-5392 (1994).
32. Insel, T. R. *et al.*, Oxytocin receptor distribution reflects social organization in monogamous and polygamous voles. *Proceedings of the National Academy of Sciences of the United States of America* 89, 5981-5985 (1992).
33. Lim, M. M. *et al.*, Enhanced partner preference in a promiscuous species by manipulating the expression of a single gene. *Nature* 429, 754-757 (2004).
34. Wang, H. *et al.*, Histone deacetylase inhibitors facilitate partner preference formation in female prairie voles. *Nature Neuroscience* 16, 919-924 (2013).

5章

1. Ramachandran, V. S., Behavioral and magnetoencephalographic correlates of plasticity in the adult human brain. *Proceedings of the National Academy of Sciences of the United States of America* 90, 10413-10420 (1993).
2. Ramachandran, V. S. *et al.*, Synaesthesia in phantom limbs induced with mirrors. *Proceedings of the Royal Society B, Biological Sciences* 263, 377-386 (1996).
3. Gaetz, W. *et al.*, Massive cortical reorganization is reversible following bilateral transplants of

the hands: evidence from the first successful bilateral pediatric hand transplant patient. *Annals of Clinical and Translational Neurology* 5, 92–97 (2017).

4. Eisenberger, N. I. *et al.*, Does rejection hurt? An FMRI study of social exclusion. *Science* 302, 290–292 (2003).
5. Takahashi, H. *et al.*, When your gain is my pain and your pain is my gain: Neural correlates of envy and schadenfreude. *Science* 323, 937–939 (2009).
6. Dutton, D. G. *et al.*, Some evidence for heightened sexual attraction under conditions of high anxiety. *Journal of Personality and Social Psychology* 30, 510–517 (1974).
7. Schachter, S. *et al.*, Cognitive, social, and physiological determinants of emotional state. *Psychological Review* 69, 379–399 (1962).
8. Cho, K., Chronic "jet lag" produces temporal lobe atrophy and spatial cognitive deficits. *Nature Neuroscience* 4, 567–568 (2001).
9. Ströhle, A. *et al.*, The acute antipanic and anxiolytic activity of aerobic exercise in patients with panic disorder and healthy control subjects. *Journal of Psychiatric Research* 43, 1013–1017 (2009).
10. Nibuya, M. *et al.*, Regulation of BDNF and trkB mRNA in rat brain by chronic electroconvulsive seizure and antidepressant drug treatments. *Journal of Neuroscience* 15, 7539–7547 (1995).
11. Eriksson, P. S. *et al.*, Neurogenesis in the adult human hippocampus. *Nature Medicine* 4, 1313–1317 (1998).
12. Snyder, J. S. *et al.*, Adult hippocampal neurogenesis buffers stress responses and depressive behaviour. *Nature* 476, 458–461 (2011).
13. Neeper, S. A. *et al.*, Physical activity increases mRNA for brain-derived neurotrophic factor and nerve growth factor in rat brain. *Brain Research* 726, 49–56 (1996).
14. Bowen, K. K. *et al.*, Adult interleukin-6 knockout mice show compromised neurogenesis. *Neuroreport* 22, 126–130 (2011).
15. Wrann, C. D. *et al.*, Exercise induces hippocampal BDNF through a PGC-1α/FNDC5 pathway. *Cell Metabolism* 18, 649–659. (2013).
16. Rizzolatti, G. *et al.*, Premotor cortex and the recognition of motor actions. *Cognitive Brain Research* 3, 131–141 (1996).
17. Oberman, L. M. *et al.*, EEG evidence for mirror neuron dysfunction in autism spectrum disorders. *Cognitive Brain Research* 24, 190–198 (2005).
18. Dapretto, M. *et al.*, Understanding emotions in others: mirror neuron dysfunction in children with autism spectrum disorders. *Nature Neuroscience* 9, 28–30 (2006).
19. Yamasue, H. *et al.*, Effect of intranasal oxytocin on the core social symptoms of autism spectrum disorder: a randomized clinical trial. *Molecular Psychiatry* doi:10. 1038/s41380-018-0097-2 (2018).
20. Buffington, S. A. *et al.*, Microbial reconstitution reverses maternal diet-induced social and synaptic deficits in offspring. *Cell* 165, 1762–1775 (2016).
21. Sgritta, M. *et al.*, Mechanisms underlying microbial-mediated changes in social behavior in mouse models of autism spectrum disorder. *Neuron* 101, 246–259 (2019).
22. Matsuzaki, M. *et al.*, Dendritic spine geometry is critical for AMPA receptor expression in hippocampal CA1 pyramidal neurons. *Nature Neuroscience* 4, 1086–1092 (2001).
23. Silva, A. J. *et al.*, Impaired spatial learning in alpha-calcium-calmodulin kinase II mutant

mice. *Science* 257, 206-211 (1992).
24. Silva, A. J. *et al.*, Deficient hippocampal long-term potentiation in alpha-calcium-calmodulin kinase II mutant mice. *Science* 257, 201-206 (1992).
25. Liu, X. B. *et al.*, Switching of NMDA receptor 2A and 2B subunits at thalamic and cortical synapses during early postnatal development. *Journal of Neuroscience* 24, 8885-8895 (2004).
26. Tsien, J. Z. *et al.*, The essential role of hippocampal CA1 NMDA receptor-dependent synaptic plasticity in spatial memory. *Cell* 87, 1327-1338 (1996).
27. Tang, Y. P. *et al.*, Genetic enhancement of learning and memory in mice. *Nature* 401, 63-69 (1999).
28. Rampon, C. *et al.*, Enrichment induces structural changes and recovery from nonspatial memory deficits in CA1 NMDAR1-knockout mice. *Nature Neuroscience* 3, 238-244 (2000).
29. Arai, J. A. *et al.*, Transgenerational rescue of a genetic defect in long-term potentiation and memory formation by juvenile enrichment. *Journal of Neuroscience* 29, 1496-1502 (2009).
30. Petrij, F. *et al.*, Rubinstein-Taybi syndrome caused by mutations in the transcriptional co-activator CBP. *Nature* 376, 348-351 (1995).
31. Oike, Y. *et al.*, Truncated CBP protein leads to classical Rubinstein-Taybi syndrome phenotypes in mice: implications for a dominant-negative mechanism. *Human Molecular Genetics* 8, 387-396 (1999).
32. Alarcón, J. M. *et al.*, Chromatin acetylation, memory, and LTP are impaired in CBP+/− mice: a model for the cognitive deficit in Rubinstein-Taybi syndrome and its amelioration. *Neuron* 42, 947-959 (2004).
33. Goate, A. *et al.*, Segregation of a missense mutation in the amyloid precursor protein gene with familial Alzheimer's disease. *Nature* 349, 704-706 (1991).
34. Holmes, C. *et al.*, Long-term effects of Abeta42 immunisation in Alzheimer's disease: follow-up of a randomised, placebo-controlled phase I trial. *Lancet* 372, 216-223 (2008).
35. Soeda, Y. *et al.*, Toxic tau oligomer formation blocked by capping of cysteine residues with 1, 2-dihydroxybenzene groups. *Nature Communications* 6, 10216 (2015).
36. Holth, J. K. *et al.*, The sleep-wake cycle regulates brain interstitial fluid tau in mice and CSF tau in humans. *Science* 363, 880-884 (2019).
37. Readhead, B. *et al.*, Multiscale analysis of independent Alzheimer's cohorts finds disruption of molecular, genetic, and clinical networks by human herpesvirus. *Neuron* 99, 64-82 (2018).
38. Dominy, S. S. *et al.*, Porphyromonas gingivalis in Alzheimer's disease brains: Evidence for disease causation and treatment with small-molecule inhibitors. *Science Advances* 5, eaau3333 (2019).
39. Lourenco, M. V. *et al.*, Exercise-linked FNDC5/irisin rescues synaptic plasticity and memory defects in Alzheimer's models. *Nature Medicine* 25, 165-175 (2019).

参考図書

・L・A・アーリ他『キャンベル生物学 原書 11 版』池内昌彦 他監訳，丸善出版（2018）.
・池谷裕二『進化しすぎた脳』講談社ブルーバックス（2007）.
・池谷裕二『単純な脳，複雑な「私」』講談社ブルーバックス（2013）.
・石浦章一『生命に仕組まれた遺伝子のいたずら』羊土社（2006）.
・石田三雄『ホルモンハンター』京都大学学術出版会（2012）.
・伊藤裕『腸！いい話』朝日新書（2011）.

・伊藤裕『なんでもホルモン』朝日新書（2015）.
・M・ウィルキンズ『二重らせん第三の男』長野敬・丸山敬訳，岩波書店（2005）.
・太田邦史『エピゲノムと生命』講談社ブルーバックス（2013）.
・岸本忠三・中嶋彰『現代免疫物語』講談社ブルーバックス（2007）.
・北口哲也・塚原伸治・坪井貴司・前川文彦『みんなの生命科学』化学同人（2016）.
・N・キャリー『エピジェネティクス革命』中山潤一訳，丸善出版（2015）.
・W・グラットザー『ヘウレーカ！ひらめきの瞬間』安藤喬志・井山弘幸訳，化学同人（2006）.
・黒木登志夫『がん遺伝子の発見』中公新書（1996）.
・F・S・コリンズ『遺伝子医療革命』矢野真千子訳，NHK 出版（2011）.
・斎藤博久『アレルギーはなぜ起こるか』講談社ブルーバックス（2008）.
・櫻井武『睡眠の科学』講談社ブルーバックス（2010）.
・櫻井武『食欲の科学』講談社ブルーバックス（2012）.
・佐藤健太郎『世界史を変えた薬』講談社現代新書（2015）.
・K・デイヴィーズ『1000 ドルゲノム』篠田謙一監修，武井摩利訳，創元社（2014）.
・J・ドーセ『生命のつぶやき』鈴村靖爾訳，集英社（2004）.
・仲野徹『エピジェネティクス』岩波新書（2014）.
・R・バゼル『ハーセプチン Her-2』中村清吾監修，福見一郎訳，篠原出版新社（2008）.
・馬場錬成『大村智』中央公論新社（2012）.
・A・ハンセン『一流の頭脳』御舩由美子訳，サンマーク出版（2018）.
・藤田恒夫『腸は考える』岩波新書（1991）.
・N・ホルト『完治　HIV に勝利した二人のベルリン患者の物語』矢野真千子訳，岩波書店（2015）.
・B・マドックス『ダークレディと呼ばれて』福岡伸一監訳，鹿田昌美訳，化学同人（2005）.
・V・S・ラマチャンドラン，S・ブレイクスリー『脳のなかの幽霊』山下篤子訳，角川書店（1999）.
・V・S・ラマチャンドラン『脳のなかの幽霊，ふたたび』山下篤子訳，角川書店（2005）.
・理化学研究所脳科学総合研究センター編『脳研究の最前線（上・下）』講談社ブルーバックス（2007）.
・J・J・レイティ，E・ヘイガーマン『脳を鍛えるには運動しかない！』野中香方子訳，NHK 出版（2009）.
・R・ロバーツ『セレンディピティー』安藤喬志訳，化学同人（1993）.
・J・D・ワトソン，A・ペリー『DNA（上・下）』青木薫訳，講談社ブルーバックス（2005）.
・J・D・ワトソン『二重らせん』江上不二夫・中村桂子訳，講談社ブルーバックス（2012）.
・J・ワプナー『フィラデルフィア染色体』斉藤隆央訳，柏書房（2015）.

著者紹介
坪井 貴司（つぼい たかし）
東京大学大学院総合文化研究科教授。博士（医学）。浜松医科大学大学院医学系研究科博士課程修了後、ブリストル大学医学部研究員、米国青少年糖尿病研究財団研究員、理化学研究所研究員、東京大学大学院総合文化研究科准教授を経て、2017年より現職。日本生理学会奨励賞、日本神経科学学会奨励賞、文部科学大臣表彰若手科学者賞を受賞。専門は分泌生理学、内分泌学、神経科学。基礎・応用の両面から、腸内細菌がどのように腸管のホルモン分泌機能を調節し、摂食や認知機能を制御するのか研究している。著訳書に『みんなの生命科学』（共著、化学同人）、『キャンベル生物学 原書11版』（分担翻訳、丸善出版）がある。

知識ゼロからの東大講義
そうだったのか！ ヒトの生物学

令和 元 年 11 月 30 日 発　　行
令和 2 年 7 月 10 日 第 4 刷発行

著作者　坪 井 貴 司

発行者　池 田 和 博

発行所　丸善出版株式会社
〒101-0051 東京都千代田区神田神保町二丁目17番
編集：電話(03)3512-3261／FAX(03)3512-3272
営業：電話(03)3512-3256／FAX(03)3512-3270
https://www.maruzen-publishing.co.jp

組版印刷・創栄図書印刷株式会社／製本・株式会社 星共社

ISBN 978-4-621-30451-8 C 3045　Printed in Japan